U0262217

国家出版基金项目
NATIONAL PUBLICATION FOUNDATION

"十四五"国家重点出版物出版规划项目

中国水资源管理战略丛书

中国水流生态保护补偿机制

赵钟楠 田英 陈媛媛 曹建廷 等 著

中国水利水电出版社
www.waterpub.com.cn
·北京·

内 容 提 要

　　本书在梳理国内水流生态保护补偿政策与实践进展的基础上，明确了水流生态保护补偿的概念内涵、理论基础和总体框架，针对江河源头区、重要水源地、重要河口、水土保持、蓄滞洪区、受损河湖等重点类型区域，提出了未来建立健全水流生态保护补偿框架及有关建议，为国家和各地建立健全水流生态保护补偿机制提供了参考。

　　本书可供从事水流生态保护补偿、水生态保护治理、生态文明建设等相关工作的科研、技术和管理人员阅读，也可供高校相关专业师生参考。

图书在版编目（ＣＩＰ）数据

　　中国水流生态保护补偿机制 / 赵钟楠等著. -- 北京：
中国水利水电出版社，2023.12
　　（中国水资源管理战略丛书）
　　ISBN 978-7-5226-2096-1

　　Ⅰ．①中… Ⅱ．①赵… Ⅲ．①水环境－生态环境保护
－研究－中国 Ⅳ．①X143

中国国家版本馆CIP数据核字(2024)第015003号

书　　名	中国水资源管理战略丛书 **中国水流生态保护补偿机制** ZHONGGUO SHUILIU SHENGTAI BAOHU BUCHANG JIZHI
作　　者	赵钟楠　田　英　陈嫒嫒　曹建廷　等 著
出版发行	中国水利水电出版社 （北京市海淀区玉渊潭南路 1 号 D 座　100038） 网址：www.waterpub.com.cn E-mail：sales@mwr.gov.cn 电话：（010）68545888（营销中心）
经　　售	北京科水图书销售有限公司 电话：（010）68545874、63202643 全国各地新华书店和相关出版物销售网点
排　　版	中国水利水电出版社微机排版中心
印　　刷	北京印匠彩色印刷有限公司
规　　格	170mm×240mm　16 开本　20 印张　348 千字
版　　次	2023 年 12 月第 1 版　2023 年 12 月第 1 次印刷
印　　数	001—600 册
定　　价	**120.00 元**

前言

　　生态保护补偿机制是调动各方积极性、保护好生态环境的重要手段，是生态文明制度建设的重要内容。水流是江河湖泊等的统称，具有重要的资源功能和生态功能。2016年，国务院办公厅《关于健全生态保护补偿机制的意见》（国办发〔2016〕31号）提出了推进森林、草原、湿地、荒漠、海洋、水流、耕地等重点领域的生态补偿。水流生态保护补偿成为与森林、草原等领域同等重要的生态保护补偿领域。水的流动性、关联性、利害双重性等特点，决定了水流生态保护补偿机制建设对于建立完善生态保护补偿机制，具有重要的理论和实践意义，有助于推动水资源可持续利用，促进区域人水和谐发展。结合新时期贯彻落实生态文明战略、建设美丽中国的新要求，亟须提出既能与最新的国家生态保护补偿政策框架相衔接，又能反映水流领域生态保护补偿特点和一般性要求的政策机制，以更好地指导我国的水流生态保护补偿实践。

　　为加快推进水流生态保护补偿机制建设的顶层设计，本书作者团队承担了2021年度水利部政策研究项目"水流生态保护补偿机制关键政策研究"。在此后的两年中，作者团队全面梳理有关成果，进一步深化水流生态保护补偿框架的构建，提出了我国推进水流生态保护补偿机制建设的总体设想。

　　本书共包括10章，针对如何在国家层面建立水流生态保护补偿机制，从技术层面回答了"五问"：谁补谁？补什么？补多少？怎么补？如何实施？第 1 章和第 2 章梳理了国内外生态保护补偿概况、理论基础、实践进展和存在问题，针对我国水流生态保护补偿机制建设的政策与实践进展进行总结；第 3 章明晰了水流生态保护补偿的概念与内涵、理论基础与总体框架，是全书的统领；第 4 章到第 9 章分别针对江河源头区、重要水源地、重要河口、水土保持、蓄滞洪区、受损河湖等重点区域，从水生态环境问题和水流生态保护补偿实践探索出发，围绕补偿范围、补偿主体与对象、补偿标准与方式、实施机制等内容开展了相关研究；第 10 章研究了流域横向生态保护补偿机制建设的开展情况和未来补偿方向。

本书由赵钟楠、田英制定撰写框架和总体思路；赵钟楠、田英、陈媛媛、张越、曹建廷、耿晓君参与本书撰写，其中第 1 章由曹建廷撰写，第 2 章、第 3 章由赵钟楠、田英、张越撰写，第 4 章至第 7 章由田英、陈媛媛撰写，第 8 章由耿晓君、曹建廷撰写，第 9 章和第 10 章由陈媛媛、张越撰写。第 1 章、第 2 章、第 8 章至第 10 章由曹建廷负责统稿，第 3 章至第 7 章由田英负责统稿，赵钟楠最后定稿。本书在撰写过程中得到了有关专家、学者的悉心指导。

水流生态保护补偿机制建设是一项不断创新的系统工程，目前国家正在研究制定《生态保护补偿条例》，水流生态保护补偿作为其中重点内容之一，将从法律法规层面得到明确。从法规到执行，需要配套政策和制度的制定与实施；从理论到实践，需要长期深入的探索。因此，相关研究还将继续深化。受认识所限，书中难免有偏颇和疏漏之处，敬请批评指正。

作者
2023 年 8 月

目录

第 1 章

生 态 补 偿 进 展

1.1　生态补偿简述

1.1.1　生态补偿源起

生态补偿源于 20 世纪 70 年代在美国建立的一个环境监管框架。当时，美国制定了保护生物多样性、水和土壤肥力的法律法规。这些法律法规要求土地所有者通过特定土地的使用抵消所产生的环境负外部性，例如实施土地休耕，以避免过度耕种带来的负外部性[1]。在欧洲，生态补偿不仅成为环境政策的重要工具，而且在冷战结束后改变了农业支持的导向，即从与生产挂钩的补贴转向旨在促进多功能农业发展的直接支付。多功能农业认为，农民不仅生产粮食，还为社会和环境提供其他重要服务，这些服务并未反映在他们生产的初级产品价格上。欧洲直接给予农民收入支持，作为他们开展可持续农业活动并提供环境服务的一种报酬形式。因此，欧洲的生态补偿项目与产生的正外部性有关，而不同于美国农业环境政策那样以抵消或避免农业中的负外部性为目的。在 20 世纪 90 年代，随着政府开始实施更严格的环境法规，并为土地所有者采取保护措施而提供激励措施，生态补偿在许多发展中国家逐渐得以实施。

与此同时，全球生物多样性正持续承受着巨大的压力，对生物多样性认识的提高，促进了生态补偿的发展。据世界自然基金会（World Wide Found for Nature or World Widelife Found，WWF）发布的《地球生命力报告 2008》，在过去的 35 年中，全球物种的数量平均减少了 30%，在热带地区甚至高达 50%[2]。据生物多样性和生态系统政府间科学政策平台（the Intergovernmental Science – Policy Platform on Biodiversity and E-cosystem Services，IPBES）评估报告，人类是地球生命系统的主要影响因素，已导致自然界的陆地、淡水和海洋生态系统衰退，有关生态系统状况的全球评估指标显示，相对自然基准平均下降了 47%，其中许多指标每 10 年至少下降 4%。在特有物种的陆地"热点"地区，自然栖息地的范围迄今普遍经历了更大程度的减少，条件也变得更糟，并且比其他陆地区域正在经历更快速的持续减少[3]。生物多样性丧失的原因纷繁复杂，其中一个原因是，人们过度开发土地、发展农业。现在人们已经普遍认识到，自然生态系统除了能为众多的植物和动物物种提供栖息地，产生社会和文化价值之外，还能为人类生产出众多具有经济价值的生态产品和生态服务。生态产品包括水果、蜂蜜、藤类等非木材林产品，生态服务包括森林固碳、净化流域水质和调节水量等。人类对这些生态产品和生态服务的重要性认识不足，以及对土地管理者的补偿不足，是造成全球土地利用方式迅速变化的主要原因，也是生物多样性丧失的关键因素。

从 20 世纪 90 年代起，随着生物多样性减少、流域水质水量问题、森林水源涵养与固碳问题等问题的凸显，加上经济市场化浪潮推动市场配置资源，包括配置生态环境资源的新古典经济学这一意识形态的流行，生态补偿研究和实践得到国际社会和学术界的高度关注和快速发展。据不完全统计，截至 2018 年，全世界有超过 550 个生态补偿项目，每年支付总额超过 360 亿美元[4]，涉及世界各地的水、生物多样性、森林、湿地等多个领域。

1.1.2　生态补偿的概念、类型和领域

1. 生态补偿的概念

（1）国际上的生态补偿概念。关于生态补偿，国际上通用的叫法是"生态服务付费"或"生态效益付费"。生态服务付费的定义千差万别，狭义的基于市场的定义是指提供者和受益人之间的直接交易（包括私人买家和卖家为提供生态系统服务自愿和有条件交易的方案），以至受益于生态系统服务的人（通常是间接地）向更大范围内提供服务的人支付的方案。目前引用最多的是国际林业研究中心的 Wunder 界定的概念：一种自愿的、有条件的交易，在这交易中至少有一个买方支付给至少一个卖方，以维持或采用有利于提供确定的环境服务的可持续土地管理行为[5]。由此概念可以看出生态补偿应包括：①一个自愿的交易行为，这不同于传统的命令与

控制手段；②购买的对象"生态环境服务"应有明确的界定；③至少有一个生态环境服务的购买者和至少一个生态环境服务的提供者；④当且仅当服务的提供者保障服务供给时才付费。由哥斯达黎加、哥伦比亚、美国等国家开展的环境服务支付项目也可以看出，国外的生态补偿主要限于激励生态保护正外部性行为的内部化。

生态补偿机制构建了生态系统服务交易的市场机制，同时需要承认市场不是"万能药"。有效的机制设计，要求既认识生物多样性、生态功能和生态服务之间的联系，又理解激励私人提供这些服务的动机。生态补偿机制的有效性取决于生态服务的性质以及当前的经济社会和政治状况等诸多方面。在国际上，政府的角色正在从传统生态服务购买方和监督方转变为生态补偿的促进方，即建立制度体系，完善相关政策和监管框架，使更多的经济行为主体能够参与提供和支付生态系统服务。

（2）国内的生态补偿概念。国内对于生态补偿的概念尚未有一个统一的认识，学者们从自己的学科角度，根据自己的研究目标提出了生态补偿的概念。最早的生态补偿概念由张诚谦[6]于1987年提出，他认为所谓生态补偿就是从利用资源所得的经济收益中提出一部分资金并以物质或能量的方式归还给生态系统，以维持生态系统的物质、能量在输入、输出时的动态平衡，其出发点在于通过物质和能量的补偿来维持生态系统的稳定和平衡。毛显强等[7]提出生态补偿是通过刺激损害（或保护）行为的主体，减少（或增加）因其行为带来的外部不经济性（或外部经济性）。其将生态补偿模式归纳成6类，分别是生态补偿费与生态补偿税、生态补偿保证金制度、财政补贴制度、优惠信贷、交易体系和国内外基金，倡导通过收费调整环境损害主体和环境增益主体之间的利益关系。吕忠梅[8]认为"生态补偿有广义和狭义之分。狭义的生态补偿是指由人类的经济社会活动给生态系统和自然资源造成破坏及对环境造成污染的补偿、恢复、综合治理等一系列活动的总称。广义的生态补偿在狭义的基础上还应包括对因环境保护丧失发展机会的区域内的居民进行的资金、技术、实物上的补偿和政策上的优惠，以及增进环境保护意识、提高环境保护水平而进行的科研、教育费用的支出"。梁丽娟等[9]从博弈论的角度提出生态补偿是为了走出生态"囚徒困境"的制度安排，通过建立生态补偿的选择性刺激机制，实现区域内的集体理性，她认为生态补偿应当考虑受益者和受损者的行为选择，她通过博弈分析，建立机制，引导双方作出保护生态环境的理性选择。任勇等[10]将生态补偿界定为"为改善、维护和恢复生态系统服务功能，调整相关利益者因保护或破坏生态环境活动产生的环境利益及其经济利益分配关系，以内化相关活动产生的外部成本为原则的一种具有经济激励特征的制度"。王金南等[11]认为"生态补偿至少具有三个层面上的含义：①自然生态补偿，指生物有机体、种群、群落或生态系统受到干扰时，所表现出来的适应能力或者恢复能力；②对生态系统的补偿，指人们采取措施弥补生态占用的行为，特别是对生态用地的占用补偿；③促进生态保护的经济手段和制度安排。从环境管理和公共政策的角度看，生态补偿的基本含义应该是一种以保护生态系统服务功能、促进人与自然和谐相处为目的，根据生态系统服务价值、生态保护成本、发展机会成本，运用财政、税费、市场等手段，调节生态保护者、受益者和破坏者经济利益关系的制度安排"。李文华等[12]在 2007 年将生态补偿界定为"以保护和可持续利用生态系统服务为目的，以经济手段为主调节相关利益关系的制度安排"，并在 2010 年将定义扩展为"以保护生态环境、促进人与自然和谐发展为目的，根据生态系统服务价值、生态保护成本、发展机会成本，运用政府和市场手段，调节生态保护利益相关者之间利益关系的公共制度"[13]。2013 年，国家发展改革委代表国务院向全国人大常委会作的《国务院关于生态补偿机制建设工作情况的报告》中，将生态补偿机制阐释为"在综合考虑生态保护成本、发展机会成本和生态服务价值的基础上，采取财政转移支付或市场交易等方式，对生态保护者给予合理补偿，是明确界定生态保护者与受益者权利义务、使生态保护经济外部性内部化的公共制度安排"[14]。2014 年，汪劲[15]以《生态补偿条例》草案的立法解释为背景，将生态补偿界定为"在综合考虑生态保护成本、发展机会成本和生态服务价值的基础上，采用行政、市场等方式，由生态保护受益者或生态损害者、加害者通过向生态保护者或因生态损害而受害者以支付金钱、物质或提供其他非物质利益等方式，弥补其成本支出以及其他相关损失的行为"。2021 年，国家发展改革委牵头编制的《生态保护补偿条例（送审稿）》中指出，生态保护补偿是指采取财政补助、区域合作、市场交易等方式对生态保护主体予以适当补偿的激励性制度安排。

　　综合已有的生态补偿研究与实践，生态补偿概念的发展大致经历了四个阶段的演变。第一阶段，从生态系统自身出发，把补偿看作是生态系统内部要素在受到外界干扰时的一种自我调节，以维持系统的结构、功能和稳定性；第二阶段，随着生态环境问题的日益严重，一些学者从生态环境保护的角度出发，把生态补偿看作是有效保护和改善生态环境的一种措施；第三阶段，把生态补偿作为经济行为外部成本内部化的一种方式，解决市场机制失灵造成的生态效益的外部性问题，并保持社会发展的公平性，达到保护生态与环境效益的目标；第四阶段，生态补偿是以保护生态环境、促进人与自然和谐发展为目的，根据生态系统服务价值、生态保护成本、发展机会成本，运用政府和市场手段，调节生态保护利益相关者之间利益关系的公共制度。

目前，作为生态保护的重要制度，生态补偿已基本形成了较为完整的概念框架，涉及生态补偿的行为主体、作用客体、相互关系等。生态补偿是行为主体活动通过生态系统传导给利益相关者并在行为主体和利益相关者之间调整利益关系的一种方式。生态补偿包括 3 个要素：①对生态系统施加活动的行为主体；②行为主体经济活动影响的客体，即生态系统，为传递介质；③由于生态系统服务功能改变而受到影响、遭受损失或获得效益的利益相关者。生态补偿既包括由于行为主体的活动增加或维持了生态系统服务功能，给利益相关者带来效益，从而接受利益相关者的补偿，也包括行为主体的活动对生态系统产生负面影响，给利益相关者带来损失，从而对利益相关者损失进行的补偿。

2. 生态补偿的基本类型

根据有关研究，基于生态补偿的资金来源不同，生态补偿机制可以分为使用者支付、政府支付、合规性支付三大类。

（1）使用者支付的生态补偿。生态系统服务的使用者补偿维持或加强生态系统服务的所有者。使用者可以是个人、公司、非政府组织或公共行为者，他们是保护、增强或重建生态系统服务的直接受益者。该类型的生态补偿包括水电公司、供水企业等生态服务的直接受益者向流域上游的所有者支付的费用，用于维护森林及控制土壤侵蚀的生态系统服务。

（2）政府支付的生态补偿。政府作为第三方代表生态服务使用者对所有者就维护或加强生态系统服务的活动提供补偿。资金来源于政府，购买方是公共或私人（如各类保护组织）的实体，这些实体不直接使用生态系统服务。该类型的生态补偿包括哥斯达黎加、墨西哥等政府项目，这些项目向所有者支付费用，以减少毁林或增加植树造林活动，提高防洪能力、改善水质或实现其他生态系统服务。

（3）合规性支付的生态补偿。该类型的生态补偿主要是指，相关法规规定有关方（主要开发者）需要为维持或增强约定的生态系统服务或产品的活动，向其他相关方提供补偿，以换取满足减缓要求的标准化的信用额度或抵消。这包括污染物排放权交易（水质）、湿地抵消银行和欧盟的温室气体排放交易项目。

鉴于生态补偿方式和范围广泛，一些补偿项目不完全适合上述分类，而是表现为一种混合类型，如一些补偿项目的补偿资金既包括使用者支付，又可能包含政府、国际组织、非政府组织等的支付。

3. 生态补偿的主要领域

基于生态系统服务的产生来源，总结生态补偿主要集中在三大领域：流域生态补偿、生物多样性和栖息地补偿、森林和土地利用碳汇补偿[16]。

（1）流域生态补偿。流域上游的土地利用活动（管理）与下游用户受到的水质变化和洪水威胁存在明显联系，这导致生态服务受益者易于向提供者支付费用。同时，流域生态补偿交易成本可能相对较低，因为现存的一些机构，如水务公司或政府部门，可以从分散的受益人那里收集资金。流域生态补偿支付的合规性较易确定，因为几乎所有补偿项目都是为开展的"活动"（如在指定的土地区域实施禁牧，安装围栏以防止牲畜进入河岸地区等特定的管理活动）付费，而不是为生态改善成效（例如改善水质）付费。

（2）生物多样性和栖息地补偿。生物多样性和栖息地生态补偿，使用抵消的方法对造成的损失进行补偿，确保不导致生物多样性和栖息地净损失。就实施的地理范围而言，这一类型仍然是发展最不理想的补偿类型，也是各国在实施过程中最具挑战性的类型。与流域生态补偿中的净化水质、调节径流等生态服务受益者直接相关且在流域范围内不同，生物多样性的受益者通常广泛分布，且其特定的益处是间接的或非物质的。

（3）森林和土地利用碳汇补偿。专指利用森林和土地利用的碳汇功能开展的生态补偿，这是近年最受关注的领域。作为应对气候变化的政策工具，补偿由于林业和土地利用的改变而专门增加的碳汇。《巴黎协定》明确承认森林在缓解气候变化方面的重要性，鼓励缔约方采取行动，包括基于成果的支付，支持和执行《联合国气候变化框架公约》（United Nations Framework Convention on Climate Change，UNFCCC）已确定的有关指导和决定中提出的有关以下方面的现有框架：采取的政策方法和积极的奖励措施，起到减少毁林和森林退化所涉活动，以及增强发展中国家养护、可持续管理森林和增加森林碳储量的作用；执行和支持替代减缓的政策方法，如关于森林综合管理和可持续管理的联合减缓和适应方法。

　　我国生态补偿领域划分得比较具体。2016年，国务院办公厅《关于健全生态保护补偿机制的意见》（国办发〔2016〕31号）提出了推进森林、草原、湿地、荒漠、海洋、水流、耕地等重点领域的生态补偿。2021年，中共中央办公厅、国务院办公厅印发《关于深化生态保护补偿制度改革的意见》（中办发〔2021〕50号），提出建立健全分类补偿制度，在强调这些传统重点补偿领域外，进一步提出"加快建设全国用能权、碳排放权交易市场。健全以国家温室气体自愿减排交易机制为基础的碳排放权抵消机制，将具有生态、社会等多种效益的林业、可再生能源、甲烷利用等领域温室气体自愿减排项目纳入全国碳排放权交易市场"。

1.1.3　生态补偿项目背景和主要组成

　　1. 生态补偿项目背景

　　生态补偿项目背景主要包括环境背景、经济社会背景、政治背景和背景动态变化。

　　（1）环境背景。生态系统分布及其生态补偿项目确定的生态服务的特性与补偿项目设计，影响项目实施的结果。已实施激励机制的经验显示，在提供的生态服务边际效益不是恒定不变时，不考虑生态利益随参与者的不同配置而变化的简单生态补偿项目可能不具有环境效益，需要设计复杂的激励项目来实现环境效益。大多数生态补偿项目依赖于可观察的替代指标，如采取的行动或结果（如建设缓冲带或提高森林覆盖率），因为直接监测生态系统服务的产出是困难的，或代价高昂的。对实施生态补偿项目最终生态系统服务的评估取决于选择的替代指标与环境效益之间关系的确定性。

　　（2）经济社会背景。资源分布、商品和服务价格以及项目所在地区的经济和社会系统的其他特征可以改变补偿项目的影响范围。已实施激励机制的经验显示，与命令和控制措施相比，在实施生态补偿项目的区域内，不同地区成本的异质性越大，生态补偿项目的成本效益潜力就越大。"购买"生态服务的可用资金不仅取决于对生态系统服务的潜在需求，还取决于融资机制的结构。例如生态服务通常为排他性的物品，受益者可通过市场机制直接购买，对于属于公共物品的生态系统服务而言，必须建立强制性的需求生成机制或政府支付服务供应费用机制，以克服"搭便车"现象。当生态服务供给者提供的生态服务机会成本最低、潜力最大，且其自身贫穷落后时，生态补偿最有可能有助于减轻贫困，助力经济发展。

当土地资源由许多小股东拥有时，生态服务供给者众多，生态补偿项目的交易成本可能会更高，这意味着项目成本的增加。然而，与非政府组织或社区等第三方中介机构合作可能会降低与众多生态服务供给者合作的成本。

（3）政治背景。生态服务供给者和受益者的政治影响力影响生态补偿项目的设计和实施。某些类型的生态补偿项目在政治上可能比其他政策工具更可行，更具有潜在的实施效果。已实施激励机制的经验显示，尽管生态补偿可能会受到有资格获得补偿的土地所有者的青睐，但其可行性将由所有利益相关者，包括生态系统服务受益者、决策者、金融投资者、社区成员和项目管理者的偏好和权力决定。作为政治进程的产物，现有补贴政策可能会干扰补偿机制的有效实施。生态补偿机制可能会受到现有补贴项目或税收制度的影响，这些补贴项目或税收制度旨在鼓励使用相关资源，这与生态补偿项目的生态系统服务目标背道而驰。

（4）背景动态变化。随着时间的推移，环境、经济社会和政治环境的变化也会影响生态补偿项目的成效。在设计生态补偿项目政策时，应考虑到背景在未来可能发生的变化，因为背景的变化将改变补偿项目的运行状况，从而决定项目随着时间的推移是否仍能保持成本效益、环境效益和公平性。已实施激励机制的经验显示，改变原来的收益，基于激励的政策可能会在无意中提高有害环境活动的盈利能力，破坏激励政策的环境效益。例如对农民在某些地块上保留林地进行补偿，可能会增加这块地的盈利能力，也可能导致更多其他地块的林地遭到破坏。价格变化会增加激励政策实施的成本，将对项目相关者产生不同分配后果，并可能损害项目的环境效益。农业产品价格的上涨增加了保持土地自然植被的机会成本。为维持补偿项目的环境效益，项目主持者可能增加项目预算，或在补偿项目中提供生态服务的土地所有者承担增加的成本。

2. 生态补偿项目主要组成

生态补偿项目主要由生态服务购买者、生态服务出售者、补偿协议建立及实施等组成。

（1）生态服务购买者。生态服务购买者在一些文献中又称生态补偿主体，是生态补偿项目的一个关键内容。生态服务购买者可以是生态服务的实际使用者，也可以是代表生态服务使用者的其他实体（通常是政府、非政府组织或国际机构）。不同生态服务购买者的生态补偿项目存在重大区别。一般情况下，生态服务购买者同时又是生态服务实际使用者的补偿项目可能是高效的，因为使用者直接参与补偿项目，拥有关于服务价值的最多信息，有确保机制运行良好的明确动机，可以直接了解生态服务出售者是否提供生态服务，并且有在必要时重新谈判（或终止协议）的能力。政府部门作为购买者的项目，购买者并非生态服务的直接使用者，因此对生态服务价值没有第一手资料，一般无法直接了解出售者是否提供生态服务，也没有直接的动力来确保项目的有效运作，相反可能受到各种政治因素的影响而降低项目实施效率。需要指出的是，政府购买生态服务可能使交易成本呈现规模经济，相比用户购买服务的生态补偿项目更具成本效益。在一些情况下，由于用户分散和交易成本的问题，政府购买可能是唯一选项。

（2）生态服务出售者。生态服务出售者在一些文献中又称生态补偿客体，是能够保障生态服务的供给者。一般来说，土地利用活动通过改变渗透、蒸发、侵蚀和其他过程，可以影响下游与水相关的生态服务。这意味着潜在的生态服务出售者是土地所有者，包括私人、集体土地所有者。无论卖家是谁，生态补偿项目购买方都力图利用其对生态服务供应成本的了解寻找低成本的出售者。如果生态补偿项目的参与是自愿的，生态服务出售者就不太可能接受低于其提供的生态服务成本的补偿，而生态补偿项目支付的条件性可确保出售者实际上提供生态服务。

（3）补偿协议建立及实施。生态补偿机制不是由社会规划者或经济理论家凭空创建的，而是在特定的环境、经济、社会和政治背景下建立的，并受到许多利益相关者的推动或掣肘。生态补偿项目动议者可以来自生态服务购买者、出售者或是第三方（如政府）。不同的动议者可能对补偿的形式产生深远的影响。生态补偿项目的次要目标，诸如扶贫、区域发展或改善治理等也可以对补偿项目的设计产生重大影响。总体而言，主要利用生态补偿合同协议的形式确定提供的生态服务（为保障生态服务的活动）、支付条件、补偿的支付额度和方式等。

1）生态服务出售者实施相关活动。生态服务出售者（供给者）按照合同约定或遵照政府的补偿政策要求，从事相应的活动，提供相关的生态服务。大部分生态补偿项目根据提供生态服务的特定的土地利用方式予以支付，例如对遭砍伐的森林重新造林，维系现有植被（森林），防止其遭到破坏。

2）提供的生态服务的效果度量。支付条件对于实施生态补偿项目至关重要，这样才能够验证提供的生态服务确实存在，并需建立一个基准，以此衡量额外增加的生态服务。这就需要了解土地利用方式到生态服务的因果路径（"过程"），识别提供生态服务的空间范围和分布状况，确定易于识别和监测、能简单和有效地反映生态服务的相关"指标"。在理想情况下，生态补偿项目将根据所提供的生态服务直接付款（例如根据碳汇封存数量）。然而，这种"基于产出"即绩效的支付通常是不可能的，因为土地使用者无法观察其提供的生态服务的水平（质量、数量），这也使其不能适当地管理土地的生态功能。因此，大多数生态补偿项目以特定用途土地为基础进行支付。在这些"基于投入"的生态补偿项目中，通常按面积进行计算，予以补偿和付款（例如根据保护了多少公顷森林进行付款），或者依据其他用于衡量投入的指标（例如种植的树木数量，或清除外来物种所花费的工作时间）进行补偿。基于投入的生态补偿项目通常监测两个方面：①监测生态服务供给者是否采用约定的土地利用方式，以遵守其合同；②监测针对这些土地的利用方式实际上是否产生了预期的生态服务。在实践中，许多生态补偿项目只是监测土地利用方式的合规性。

3）补偿的支付额度和方式。提供给生态服务供给者的补偿额度必须超过他们利用其他可替代的土地使用方式获得的收益，否则他们不会改变行为方式，同时支付额度必须低于生态服务使用者（受益者）认可的生态服务收益价值，否则使用者不会愿意为此付费。许多生态补偿项目针对特定活动，根据单位面积，以固定额度支付补偿。还有的依据提供的生态服务价值、生态服务供给成本，或综合这两种情况，在不同区域或提供不同生态服务的实体之间予以不同额度的支付。关于支付方式，生态补偿项目通常以现金支付，也可包括实物、产业、就业培训等其他方式。

1.1.4　生态补偿实施条件和应用范围

1. 生态补偿项目实施的前提条件

虽然生态补偿项目旨在消弭生态服务使用者和供给者之间在自然资源利用方面的冲突，但将生态补偿视为可普遍使用的工具，很容易误导生态保护投资。实施生态补偿一般需要具有以下前提条件。

（1）生态服务使用者支付的意愿超过生态服务供给者接受补偿的意愿。这是对生态补偿经济可行性的基本判断，即使用者认知的生态服务的价值是否超过土地所有者提供的生态服务预期的成本价值。通常我们既不知道生态服务的准确价值，也不知道参与项目的准确成本，但我们可以做出一定的估算。

（2）生态服务供给者对环境中的重要资源拥有足够的、安全的使用权限，可以有效地排除第三方干预。具体来说，土地所有者和资源管理人员实际负责生态服务供给的决策过程。提供生态系统服务的土地所有者需要确信其任何管理实践、投资带来的收益都将获得补偿，而不会存在土地被占用等风险。因此，缺乏明确界定的产权是生态补偿发展的重大障碍。

（3）生态服务使用者（或公共机构）有能力组织生态补偿。换句话说，生态服务使用者（或公共机构）能够有效开展生态补偿的引入和管理工作。为促进政策协同，创建由多个利益相关者组成的高级别的理事会或指导委员会有助于促进利益相关者的参与、加强协调并监督生态补偿项目的实施。

2. 生态补偿的应用范围

生态补偿是生态环境保护政策工具的组成部分。有效的生态环境保护机制设计需认识生物多样性、生态功能和生态服务之间的联系，同时由于部分生态服务具有公共物品属性，需认识私人提供这些服务需要的激励机制。有四种主要机制可以激励人们提供生态服务：①监管和惩罚，即以对生态环境保护违规行为进行处罚来强制执行，如分区限制、排放限额或设置进入规则等；②限额和交易，例如新兴的碳市场允许用户在上限范围内买卖排放权；③直接支付，即受益者对提供服务的一方支付报酬；④自律，即以自愿协议和社会规范鼓励"良好"行为，同时惩罚违规行为。政府主导为"监管和惩罚"，生态服务市场交易和生态补偿分别属于"限额和交易""直接支付"。哪种机制是"最好的"，取决于所关注的生态系统服务特性以及当前的经济社会和政治条件，也取决于这些机制的生态环境保护的有效性（生态环境绩效）和成本效益。

在生态环境保护领域，近年来市场交易和生态补偿更加受到重视。需要注意的是，生态补偿并不是解决所有环境问题的灵丹妙药。生态系统可能由于多种原因而管理不善，并非所有原因造成的市场失灵都适合采用生态补偿作为解决方案。例如，由于生态系统不属于任何人（如果国家无法执行管理规则，也与这种情况相同），当地生态系统管理者可能没有管理生态系统的权力，因此他们的管理决策往往会忽视对生态环境的影响。在这种情况下，适当的应对措施是确保当地生态系统管理者拥有适当的产权。如果生态系统管理不善与土地所有者（经营者）缺乏有利于自身经济利益（同时有利于生态环境）的土地利用活动的认识或信息有关，适当的应对措施是加强教育和提高认识。类似的情况是，如果资本市场的不完善阻碍了土地所有者采用既能提高生态服务供给同时又能获得个人盈利的技术或土地利用活动的方式，那么提供信贷支持是最有效的方法。因此，确定生态补偿是否为最佳途径需要深入分析市场失灵的潜在根源。

因此，生态补偿的应用范围是：生态系统服务外部性导致的生态系统管理不善的问题。如果生态系统的很大一部分服务价值是外部性的，用其他自愿的方法解决生态系统管理不善的问题就不太可能取得成效。赋予当地管理者（使用者）以生态系统的产权可能还不够，因为土地管理者（使用者）只获得到生态系统总贡献价值的一部分，而且这些收益可能低于其他土地使用方式。同样，诉诸培训或培养意识也不太可能有效，因为在大多数人眼中，他人的利益（外部性）与自己的利益不可能具有相同的权重，通常更关注自己应获得的利益。

生态补偿需要与其他措施相互配合，协调使用。在生态环境保护领域，市场机制与政府命令并不冲突。虽然基于激励机制（市场机制）的生态补偿和政府主导的其他政策工具的讨论通常以"非此即彼"来表述，但是更多与政策相关的问题都涉及如何对不同的政策工具进行组合，以实现生态环境保护目标。环境经济理论揭示，在市场失灵的多种根源共存的次优世界中，需要不同政策工具的组合。因此，关键问题不在于是否应该促进市场机制而非政府干预，而是需要市场、不同层次、不同部门有效组合，促进资源有效利用和生态环境保护管理。例如世界银行支持的生态补偿项目，已从独立的生态补偿项目转为将实施生态补偿作为更广泛政策工具的重要部分。

1.2　生态补偿的理论基础

生态补偿（生态服务付费）的经济学基础源于新古典福利经济学，这个概念表明，环境资源的退化与其被认为是免费的这一事实有关。生态系统服务付费和正外部性补偿背后的基本思想是，市场往往忽视环境服务的价值，从而导致自然资源的过度使用和最终枯竭。经济发展对环境造成负外部性，必须限制环境资源的获取或赋予环境资源价值，并使决策者考虑其行动的环境成本而将其内部化。通过为环境服务赋予货币价值，从而为市场参与者参与环境服务的保护、交易和投资创造激励措施。在新古典福利经济学中，有人认为这种经济决策外部性的内部化最好通过赋予自然资源以价值来完成，从而最终创造一个环境服务市场，市场中的价格反映潜在买家的实际需求和潜在卖家提供的特定服务的可用供应量。与任何其他货币市场一样，生态补偿项目必须定义所提供的服务价值，为特定服务创建一个标准的交换单位并确定购买者（买家）和出售者（卖家）。另外，对生态系统发生在不同空间（不同区域）的服务进行关联，生态服务空间关联和尺度可以反映在旨在获得这些服务的制度设计。生态补偿被视为保护宝贵的生态系统服务并促进自然资源可持续利用的重要政策工具。

1.2.1 外部性理论

资源与环境经济学认为，引起资源不合理开发利用以及环境污染破坏的一个重要原因是外部性。外部性理论是指一方的行为活动对活动之外的第三方产生非市场化影响，从而造成外加的效益或成本。外部性分为正外部性和负外部性，分别使他人受益而无需付费，或使他人受损而不付代价。如果外部性问题不能够得到合理的解决，将会降低保护环境行为的积极性，或加剧环境破坏行为，造成环境质量持续恶化。庇古税和科斯定理被认为是解决外部性问题的重要手段。庇古税主张政府采取适当的经济政策（如税收与补贴等）进行干预，消除外部不经济性。科斯定理则认为在产权明晰和交易成本为零的情况下，外部性可以通过市场解决费用补偿，实现外部成本内部化，进而促进环境质量的改善。生态补偿的本质就是将外部性内部化。实际上，生态补偿项目试图将科斯定理应用于实践，在一定条件下通过影响相关方的协议，解决生态环境保护（或破坏）的外部性。

以土地利用方式的改变为例（图1.1），土地经营者将土地由森林转换为牧场可获得更大的经济收益，但造成生物多样性损失、减少水服务、减少碳汇等负外部性。通过生态补偿（对生态服务支付费用），土地生态系统所有者（管理者）不改变土地的利用方式，仍保持森林植被及其提供的生态服务，同时获得比改为牧场更高的经济收益，这便解决了土地利用方式改变的外部性问题。

1.2.2 公共产品理论

有些生态产品作为公共资源，是一种典型的准公共产品，其在生产消费过程中的非竞争性，往往会导致资源的过度使用，从而引起公地悲剧，而消费过程中的非排他性易导致"搭便车"现象。生态产品的价值最终会

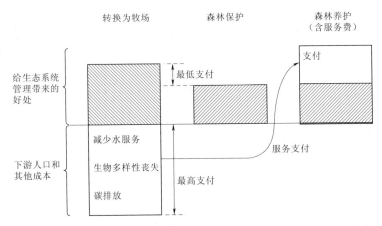

图 1.1　以土地利用方式为例的外部性问题及生态补偿途径示意图[17]

随着使用次数的增加而降低。换言之，必须将公共资源的枯竭视为负外部性，理解为主要经济活动的意外后果。公地悲剧对供给环境服务的损害包括场外影响（影响社会和整个环境）和现场影响（直接影响当地农民）。生态环境资源价值的实际承担者包含有形的物质产品和无形的生态效用，其中物质产品可直接通过市场以货币的形式进行补偿，而生态系统的其他效用需建立基于有偿使用原则的经济补偿制度，通过补偿消除场外影响，增加公共产品供给，以实现公共产品可持续利用（供给）的目的。

1.2.3　生态系统服务功能价值理论

生态系统具有多样化功能，将特定的生态功能简化为明确界定且可衡量的生态系统服务，并为这个服务定义一个交换价值，是生态商品化、决定生态补偿额度、实现生态补偿的重要基础。

1. 生态系统服务功能价值的内涵

生态系统指在自然界的一定空间内，生物与环境构成的统一整体，在这个统一整体中，生物与环境之间相互影响、相互制约，并在一定时期内处于相对稳定的动态平衡状态。生态系统的范围可大可小，相互交错。生态系统服务是人类直接或者间接从生态系统中获得的惠益。国内绝大多数学者认为，生态系统服务是指生态系统与生态过程所形成及维持的人类赖以生存的自然效用。它不仅为人类提供食物、医药和其他生产生活原料，还创造与维持了地球的生命支持系统，形成人类生存所必需的环境条件，同时为人类生活提供了休闲、娱乐与美学享受。据联合国千年生态系统评估项目开展的生态系统与人类福祉多尺度综合评估，生态系统服务分为四大类：①供给服务，如食物、水、木材、纤维等；②调节服务，如影响气候、洪水、疾病、废物和水质，以及保持水土等；③文化服务，如休闲娱乐、美学和精神；④支持服务，如土壤形成、营养物循环、光合作用产生氧气等[17]。

20 世纪 60 年代以来，随着环境经济学和生态经济学的兴起，人们日益认识到了生态系统的价值。美国未来资源研究所的环境经济学家 Krutilla[18] 提出"舒适型资源的经济价值理论"，奠定了生态环境价值分类框架的基础。Krutilla 和 Fisher[19] 根据生态环境服务是否可以通过市场体系进行正常交易，将生态环境价值分为两大部分：一部分是有形的、物质性的经济价值，属于（间接）市场价值；另一部分是无形的、舒适性的经济价值，属于非市场价值。

Boland 和 Freeman[20] 提出生态系统服务总经济价值的分类框架，即把生态系统服务价值分为使用价值和非使用价值。其中，使用价值又分为直接使用价值、间接使用价值和期权价值；非使用价值分为存在价值和遗赠价值。直接使用价值源自为特定目的而对生态系统服务的实际使用，包括森林的利用（例如伐木、薪材收集、药用植物、娱乐）和湿地的利用（例如收获芦苇用于建筑和其他用途、捕鱼）。这些直接使用可能涉及商业和非商业活动，其中一些非商业活动的使用对于低收入地区或国家农村人口的生存需求而言通常很重要。间接使用价值是指人类从生态系统对自然和人类系统的维护和保护相关的服务中获得的间接效用。这些间接使用效益包括水质和流量的维护、地下水补给、防洪和防风暴潮、碳汇、养分保留和小气候稳定。期权价值是指个人为了维持现有生态系统服务而对其进行保护以供将来有机会使用的价值，例如药用植物存在未来可用于药物和医药用途的价值。非使用价值传统上称为存在价值，存在价值反映了个人为确保特定生态系统的持续存在而支付的意愿。遗赠价值是指为了下一代或子孙后代的利益，愿意为保护特定状态的环境付出代价，从而使他们能够根据自己的喜好有机会使用生态系统服务。

2. 生态系统服务功能价值评估

目前关于生态系统服务价值的评估方法主要分为三大类，即市场化评估法、显示偏好评估法和状态偏好评估法。另外，效益转移法也值得重视。市场化评估法以成本收益分析为理论依据，包括基于市场价格法、基于成本的方法和基于生产的方法。这类方法根据生态产品的价格、成本和生产过程进行估值，估值结果相对准确，但容易受到市场不完全和政府干预导致的价格扭曲的影响，还有可能重复计算。显示偏好评估法包括旅行成本法和内涵价格法。状态偏好评估法主要包括条件价值法、选择实验法等，其中又以条件价值法的应用最为广泛和成熟。效益转移法的核心思想是找出最适于评估对象的单位价值，根据评估对象的人口或土地类型进行价值加总，得出某区域生态系统服务的总经济价值（表 1.1）[21-22]。

表 1.1　　　　　　　　　　生态系统服务价值评估方法

方法	具体方法	优　势	劣　势
市场化评估法	市场价格法	较容易获得市场产品（如木材、水产品）价格，估值相对准确	市场不完全、政府干预导致价格扭曲
	基于成本的方法（包括避免成本法、机会成本法、替代成本法等）	非市场产品的成本比收益更容易衡量	该方法假定成本收益是平衡的，但事实并非总是如此
	基于生产的方法（包括生产函数法、收入因子法等）	能广泛应用于生产性活动（如捕鱼、农业生产）的价值评估	需要构建资源投入与产出模型，还可能导致重复计算
显示偏好评估法	旅行成本法	能广泛应用于娱乐型生态系统服务（如森林公园、自然保护区）价值评估	对消费者行为有严格的假定，评估结果对统计方法很敏感
	内涵价格法	资产价格（如房产）相对容易评估	市场价格扭曲，居民行为受收入制约
状态偏好评估法	条件价值法	是一种被广泛应用的方法，能评估选择价值和存在价值，并能较好地评估总经济价值	从调查实施到结果处理，过程中容易产生诸多偏误
	选择实验法	与条件价值法类似，但应用相对较少	调研问卷设计较为复杂，需要受访者有较好的理解能力
效益转移法	单位价值转移、函数转移	是一种节约时间和经费的评估方法，广泛用于评估较大区域的生态系统服务价值，可评估生态系统的存量总价值	政策点与研究点存在差异，可能存在转移偏误；单位价值会变化，因而不适用于当前的评估

3. 生态系统服务功能与生态补偿

（1）生态系统服务功能是生态补偿产生的基础。生态系统服务功能价值在生态补偿的设计和实施中起着重要作用，它们提供有关个人和社会对环境资产以及生态系统服务变化的经济价值信息[23]。按照"谁受益，谁补偿"的原则，享受生态服务者应对生态服务提供者进行生态补偿，理论上，享受生态系统服务功能的价值是确定补偿额度的基础和依据。

（2）生态补偿是生态系统服务功能完善的重要手段。生态补偿方式、补偿类型的多样性和灵活性，以及补偿群体的广泛性可以有效地阻止生态系统服务功能的降低，使生态系统向良性方向发展。科学合理的生态补偿机制的建立和实施是解决当前复杂生态问题的良药，可以规范和约束人类开发建设的行为，维系和提升生态系统服务功能。

1.2.4　区域关联理论

区域关联是指区域之间存在物质流、能量流和信息流的联系，并由此导致区际之间生态系统服务功能的空间流转。这是生态服务的自然过程和内在机理，也是生态补偿的内在依据。

所谓生态系统服务功能的空间流转是指一些服务功能可能会通过某些途径在空间上转移到系统之外的具备适当条件的地区并产生效能。以森林生态系统服务功能的空间流转为例，森林生态系统提供的改善土壤状况、养分循环等生态系统服务功能在域内产生价值，而涵养水源、保持水土、调节地面径流、调节气候等更多类型的生态系统服务功能不仅可以在域内产生价值，而且可以通过河流、大气等介质传到域外，对一定距离内的农田、城市、水利设施等人类活动的实体产生有益或有害影响，这种空间流转往往具有非可控性，是一种客观规律。

生态系统服务功能的空间流转使得生态价值可以在异地实现，可以在比生态系统栖息地大得多的范围内产生经济价值。同时，这种服务功能的空间转移往往具有不可控性，造成生态资产占有与实际使用出现分离。例如生活在林区的居民，虽然对聚集周围的非国有森林享有所有权，但是无法完全享用森林涵养水源、保持水土和调节径流等生态系统服务功能所带来的效益；位于流域下游的居民或经济单位，却可以从生态系统服务功能的空间转移中无偿地获益。因此只有通过生态补偿才能实现流域上下游的效益共享和和谐发展。

1.3　生态补偿实践

1.3.1　国外生态补偿

近几十年来，生态补偿作为环境政策工具受到国际社会普遍重视，生态补偿项目数量和规模显著增加。据不完全统计，2015 年全球有 555 个补偿项目，其中 387 个流域生态补偿项目，120 个生物多样性和栖息地补偿项目，48 个森林和土地利用碳汇补偿项目，生态补偿年交易额估计为 360 亿～420 亿美元。下面针对此三个主要领域生态补偿项目进行阐述[4]。

1. 流域生态补偿项目

流域生态补偿项目是目前实施最多的补偿项目，涉及范围和补偿规模最大。表 1.2 列出了流域生态补偿项目的补偿机制（类型）、含义、案例、市场规模、项目数量和分布国家。下面结合表 1.2 和纽约市流域生态补偿成功案例作简要说明。

表 1.2　　　　　　　　　　　流域生态补偿项目

补偿机制 （类型）	含　义	案　例	市场规模 /亿美元	项目数量 /个	分布国家 /个
混合型流域补偿（用户和政府支付）	一个机构从多方用水户（私人方、非政府组织、政府机构）汇集资源，向上游土地所有者支付相关活动的费用，以获得上游提供良好水质等其他益处	基多水基金（Quito Water Fund）来自每月水费，当地电力公司和啤酒公司提供的 1% 附加费用于资助保护流域森林和草原的项目	4.02（2009 年）→5.64（2015 年）	16（2005 年）→86（2015 年）	22
双边流域补偿（用户和政府支付）	单一用水户向为其提供水文效益的活动或缓解风险影响服务的一方或多方提供补偿	20 世纪 90 年代，纽约市发行债券，支付卡茨基尔和特拉华流域的土地使用方式的变化，以确保饮用水的质量，成本远低于安装处理厂	0.13（2009 年）→0.93（2015 年）	19（2005 年）→111（2015 年）	27

补偿机制 （类型）	含　义	案　例	市场规模 /亿美元	项目数量 /个	分布国家 /个
河道流量回购补偿（用户和政府支付）	从历史或到期的水权持有者那里购买或租赁水权，使得水流保持在河流中，以提供水质效益并确保健康的生态流量	澳大利亚的河流修复项目，计划用十年以上时间，用超过30亿美元购买农民的水权，以确保墨累-达令流域河道内的流量	0.25 （2009年） →0.607 （2015年）	15 （2005年） →20 （2015年）	3
水质相关的交易和抵消（合规性）	供水服务提供者遵守相关法规，为土地所有者改善水质指标（例如养分、盐度或温度）的活动支付费用，以换取信用额度	在美国Hunter河盐度交易项目中，根据河流状况在矿山和发电站之间进行盐分信用交易，以控制河流盐度	0.083 （2009年） →0.222 （2015年）	10 （2005年） →31 （2015年）	3
补贴型流域生态补偿（政府资助）	公共财政对土地管理者改善或保护生态系统服务进行补偿奖励。资助者不直接从管理活动中受益	中国政府实施的坡耕地保护项目中，为阻止在陡坡上耕种而向农民支付费用，大约有5300万农民获得补偿，该项目使生态系统服务功能得到提升，改善了水质和防洪功能	63 （2009年） →127 （2015年）	17 （2005年） →139 （2015年）	39

以纽约卡茨基尔-特拉华流域生态补偿为例。1993年，美国《清洁水法》修正案要求市政府对其供应的地表水进行过滤，除非他们能证明已采取包括流域保护措施在内的其他措施，以保护其免受水污染危害。在纽约市建造一座水处理厂估计需要60亿～80亿美元，年运营成本超过2.5亿美元。替代方案是，纽约决定在哈德逊河（Hudson River）以西的卡茨基尔-特拉华（Catskills-Delaware）流域系统开发一个以发展农业为目标的项目，该流域系统从城市北部向外延伸120～200km，供应城市90%的水。经与上游社区详尽磋商后，确定了一个志愿项目。纽约市支付项目的员工费用和污染控制投资的成本——每个农场支付项目实施的员工费用和污染控制投资的资本成本，即农业最佳管理实践（BMPs）——以激励他们加入该项目。与每个农场密切合作，制定降低非点源污染的干预措施，包括"建设"和"基于自然"的干预措施，最大限度地提高效率、降低成本。

农民们通过自选的流域农业委员会管理这个项目，市政府和其他政府利益相关方在该委员会中拥有席位并参与投票（但仅拥有少数席位）。委员会与第三方机构签订合同实施该计划（例如当地农场支持服务和学术资源），并与独立的学术机构签订合同进行监测和研究。该项目取得了巨大的成功。项目实施 5 年后，流域 93％的农民自愿加入该项目，超过了项目初期设计达到水质目标所需的 85％的估计值。总体而言，与该项目有关的费用仅为建造和运行水处理设施预估费用的约 1/8。在该项目实施之前，纽约市自来水价格平均每年上涨 14％，之后未超过通货膨胀率（约 4％）[24]。

2. 生物多样性和栖息地补偿项目

2015 年，全球有 120 个生物多样性和栖息地补偿项目，其中 16 个为用户资助，104 个为合规性支付。由于不存在向生物多样性和栖息地的许多受益人收取费用的代表机构（类似自来水公司），并且难以确定通用受益指标，因此生物多样性生态补偿项目仍然仅限于 36 个国家，其中最成功的项目依赖于监管驱动。补偿性抵消的做法仍然存在争议，非政府组织强烈反对，担心其导致栖息地遭到破坏。恢复河流和湿地栖息地的合规性补偿项目受益于强有力的法规支持，这些法规规定了可信任的执行力和关于共同货币交换（例如湿地面积）的协议。该类型的补偿项目，交易或实施数据最不透明。全球交易额估计每年为 25 亿～84 亿美元，实施范围很广，表明跟踪支付状况存在困难（表 1.3）。

湿地银行是湿地银行建设者通过修复和保护湿地创造湿地信用，然后将湿地信用以市场价格出售给湿地开发者并从中盈利的市场化补偿机制。抵消信贷银行正在增长，但主要是在发达国家，每年的交易额估计为 36 亿美元。补偿性抵消的银行业务继续增长，然而，几乎所有的增长都发生在

表 1. 3　　　　　　　　　生物多样性和栖息地生态补偿项目

补偿机制 （类型）	含　义	案　例	市场规模 /亿美元	项目数量 /个	分布国家 /个
湿地和溪流抵消 （合规性）	为了对湿地或溪流的填埋进行补偿，开发商购买由政府机构认证、可以在场外创建类似的湿地和溪流相应的信用额度	根据美国《清洁水法》，获得湿地开发许可要从异地银行购买创造人工湿地的信用券	13～22 （2008 年） →14～67 （2015 年）	5 （2005 年→ 2015 年）	1

续表

补偿机制 （类型）	含义	案例	市场规模 /亿美元	项目数量 /个	分布国家 /个
合规性生物 多样性补偿 （合规性）	为了遵守减轻对生物多样性影响的监管要求，以抵消开发影响，开发商可以购买由第三方设立的特定栖息地类型的信用额度，购买以类似方式创建的生物多样性信用额度，或支付给一般抵消基金	澳大利亚新南威尔士州于 2007 年启动了生物多样性补偿和银行计划，以抵消开发对栖息地的影响。开发商可以从管理放牧、清除入侵物种或创建栖息地走廊等保护管理活动中购买信用额度，用于与栖息地类型相匹配的信用额度和影响的交易	5 （2008 年） →11～17 （2015 年）	99 （2005 年→ 2015 年）	33
自愿性生物 多样性抵消 （政府资助）	项目开发商选择可度量结果的保护行动，以减轻项目的影响，使与生物多样性相关的物种组成、栖息地结构、生态系统功能及人们的使用和文化价值等不损失，甚至净增加	在马来西亚沙巴州，马鲁阿生物银行拥有世界上数量最集中的猩猩之一。萨巴省政府与私营部门合作，投资恢复和维护 34000hm² 的热带雨林。生物银行出售生物多样性保护证书，每张证书代表恢复和保护 100m² 森林至少50 年	0.2→ 0.105	16 （2005 年→ 2015 年）	11

美国、澳大利亚、加拿大和德国（这些国家的湿地构成了最大的栖息地类型）。例如，自 1990 年起，美国湿地银行数量不断增长，至今已有 2000 多个，基本覆盖全美各州，在湿地补偿与保护方面发挥着重要作用[25]。马来西亚在自愿的基础上引入了抵消银行业务，在北马里亚纳群岛出于合规性目的引入了抵消银行业务，并正在哥伦比亚进行试点。在发展中国家，由产生影响的一方或分包商直接实施的抵消措施，被称为"受许可方负责的缓解措施"，是最常见的合规性选择，尽管许多国家（包括巴西、喀麦隆、中国、哥伦比亚、埃及、印度、莫桑比克和南非）允许开发商支付补偿费，以代替抵消。这些补偿费通常用于资助公共部门或非政府组织开展保护项目。

抵消银行为开发商承担抵消的风险和复杂性。从效率和生态的角度来看，与较小的、孤立的、由许可人负责的抵消项目相比，大型抵消银行可以在设计、维护和监测方面实现规模经济，使它们能够保护更大的连续区域，且具有更好的生态效果。一个有效的抵消系统需要强有力的法律、有效的合规监督和可信的执法。然而，透明度不足仍然是一个长期存在的问题。

尽管市场规模庞大，但有关信贷价格的数据仍然难以获得，与碳交易市场等新兴市场相比，市场基础设施（经纪、会计服务、标准）相对较少。也有人担心货币交换能否充分反映生态系统服务价值，并确保生态没有净损失。

3. 碳汇补偿项目

作为应对气候变化的政策工具，自 2009 年以来，为固碳和标准化碳抵消收益，碳汇补偿项目已花费 28 亿美元用于补偿林业和土地利用实践活动。2015 年，全球有 48 个森林和土地利用碳生态补偿项目，其中 31 个是政府资助项目，17 个是合规性项目。在过去的 20 年中，气候变化减缓的市场和融资机制在全球范围内涌现——从纯粹的自愿交换到国际融资机制（生物碳基金）、国家授权和国际条约灵活性机制（清洁发展机制）。《巴黎协定》引入了"国际转移的减缓结果"，使持续的碳交易市场发展合法化。当前，全球气候治理体系进入了以《巴黎协定》为核心的新阶段，重心逐步由规则谈判转向落地实施。建立、运行国际碳排放权交易机制成为《联合国气候变化框架公约》（UNFCCC）等气候治理框架的重要着眼点，尤其在国际社会对碳中和等理念关注度不断提升、气候行动力度持续强化的背景下，国际碳交易机制作为灵活机制对缔约方兑现碳减排承诺的重要性有望进一步上升[26]。

森林和土地利用碳抵消是碳汇补偿的重要方面，包括植树造林或修复造林、改善森林管理、可持续农业土地管理以及减少土地利用和森林退化所致排放量（Reducing Emissions from Reforestation and Forest Degradation，REDD）四个主要方面。REDD 主要有植树造林或再造林、改善森林管理或农业干预措施（表 1.4）。

4. 生态补偿的实施绩效和存在问题

（1）实施绩效。关于生态补偿项目的分布、项目数量和市场规模等数据揭示了生态补偿增长的很多方面。然而，这些数据无法衡量生态补偿在供给服务（如生物物理方面）、实施效率（如经济方面）或改善社会福利（如减贫、性别平等或保护财产权方面）领域的有效性。回顾生态补

表 1.4   森林和土地利用碳汇补偿项目

补偿机制 （类型）	含　义	案　例	市场规模 /亿美元	项目数量 /个	分布国家 /个
自愿性森林和土地利用碳市场 （用户资助）	买家愿意在政府监管要求之外购买碳抵消	微软、迪士尼等公司自愿购买森林碳抵消，以履行企业社会责任的承诺	0.46 （2009 年） →0.742 （2016 年）		67
合规性森林碳市场 （合规性）	通常通过总量控制和交易对温室气体排放进行监管，允许森林碳封存或避免森林砍伐，以抵消温室气体排放	2013 年启动的加利福尼亚州的总量控制与交易项目，林业为其抵消协议之一	0.05 （2009 年） →5.514 （2016 年）	4 （2009 年） →17 （2016 年）	8
REDD 准备金 （政府资助）	《联合国气候变化框架公约》下的一种机制，在该机制中，发展中的热带森林国家从其他国家那里获得支付补偿，用以实施避免森林砍伐和维持现有森林碳汇功能的活动	世界银行森林碳合作伙伴基金为准备接受 REDD＋（森林的可持续管理以及森林碳储量的保护和增加）付款的国家提供支持，包括制定国家 REDD＋战略、监测、报告和验证系统，以及参考排放水平	32 （2009 年） →81 （2014 年）	28 （2014 年）	28 （2014 年）
公共部门为减缓相关效能而支付费用（REDD） （政府资助）	发达国家可能会同意向发展中国家支付减少森林砍伐的费用（REDD），一旦取得成效，就会启动支付	挪威承诺向巴西亚马孙基金提供 10 亿美元，以降低巴西的森林砍伐速率。由于巴西自 2004 年以来减少了 80% 以上的森林砍伐速率，承诺的大部分资金都已拨付	29 （承诺）/ 2.18 （支付）	3（支付， 2014 年）	3（支付） /23 （待定支付）

偿有效性相关文献可知，补偿投入本身并不能保证其能够提供有价值的生态系统服务。绝大多数项目，甚至根本不清楚其有效性到底如何。

　　对现有森林生态补偿和流域生态补偿的有效性以及这些项目对社会福利的影响所做的研究，揭示了不同的结果且非常复杂。生态补偿项目成功的一个关键问题是它们的影响能否在项目结束时持续存在，即影响是否是永久性的。生态补偿的逻辑可能表明，一旦生态补偿停止，生态（如森林）可能不再受到保护，因为它们的收益将再次低于替代方案。2011—2013 年，在乌干达实施的生态补偿保护项目大大减少了森林砍伐，但利用

2016 年卫星图像的后续研究发现，生态补偿项目结束后，生态补偿接受者恢复了与对照区域成员相似的森林砍伐率。

与大多数保护项目一样，生态补偿项目的设计和实施很少考虑到对其有效性进行严格评估，致使这些项目后来的研究人员通常缺乏基准数据、控制区域或设计资料，因此很难开展有无对比效果的评估。此外，大部分文献都依赖于案例研究，可能存在案例选择出现偏差的问题。实施生态补偿的影响评估很少，阻碍了对生态补偿项目有效性或效率进行有意义的分析，阻碍了不同生态补偿项目的比较，并阻碍了对环境、经济和社会或政治目标之间的权衡的理解，而这些对促进多重效益的生态补偿项目尤为重要。

（2）存在的主要问题。生态补偿项目参与者选择不利、目标不适当和条件支付执行不力，构成了可能严重阻碍生态补偿项目成功的三个关键问题。生态补偿领域存在很多满足法规要求和环境质量合格的参与者，较少有存在环境质量不符合相关法规要求的参与者的风险。也就是说，实际不太需要实施生态补偿的土地所有者因没有额外增加成本，故而积极参加生态补偿以获得经济收益，而真正需要通过建立生态补偿机制提升生态环境质量地区的相关者却因投入成本等问题，缺少参与的积极性，导致选择了不合适的生态补偿项目。

生态补偿项目，特别是政府支付的生态补偿项目，往往天然具有强烈的非环境因素的政治经济动机，通常有多个目标，例如承载脱贫致富、乡村振兴等多种功能。过去的许多生态补偿项目就如保护区一样，大多位于发展水平较低、海拔较高的偏远地区。到目前为止，政策制定者和生态补偿实施者似乎必须越来越多地超出那些易于实施的地区，这就需要获得足够的生态服务资金，以支付在高胁迫地区提供生态服务的土地所有者的更高成本。

生态补偿项目条件支付不能有效实施。条件支付是生态补偿项目的一个明确特征[27]。然而，为了保证生态补偿的有效性，条件性还必须包括在达不到（遵守）合同相关约定情况下的条件执行。条件性的实施有两个要素：首先，必须监控合规性（即检测不合规的参与者，通常利用遥感技术验证或现场验证）；其次，观察到违规行为必须制裁，即警告、威胁并最终实施处罚，例如部分或全部停止付款。对项目参与者来说，尝试在不遵守规定（这存在道德风险）的情况下获得生态补偿，在许多情况下是一种理性策略。许多生态补偿项目在未满足规定时，很少使用制裁措施，这无疑会降低生态补偿的效果。这已被一些生态补偿项目实施效果的遥感评估揭示。

5. 生态补偿实践成功经验

尽管不同的生态补偿项目存在相当大的差异，但一些类型的生态补偿项目的数量、交易量、资金规模和地理分布范围大幅增长。对过去十年这些项目进行研究后发现，根据生态系统服务购买者（买家）、出售者（卖家）、交易指标和低交易成本机构这些特定属性可以很好地解释单个生态补偿项目的发展状况。对国际上已开展的生态保护补偿机制相关研究现状进行梳理，下面扼要地点出生态保护补偿的成功经验。

（1）有积极性的买家。与所有交易一样，生态补偿是由需求驱动的，即由感知到的生态服务稀缺性驱动。生态服务稀缺性可与水质、防洪、气候稳定性或生物多样性丧失有关。如果生态服务并不稀缺（或稀缺但被视为理所当然），就没有需求为此付费。由于生态系统的许多服务是公共产品，因此可以通过监管或补贴来创造需求。这可以防止"搭便车"现象，并克服组织分散受益人进行集体行动的成本。规模大的生态补偿项目多基于强制的合规性生态补偿（如抵消银行），或政府资助的生态补偿（例如通过水电费或政府付款资助的流域生态补偿）。这也解释了一点：许多国家缺乏法律和机构及必要的治理能力，无法满足监管需求，导致生物多样性、河内流量和水质的合规性生态补偿机制仍然仅限于少数国家。

（2）有积极性的卖家。如果生态补偿是为提供或确保提供生态服务，则需要向土地所有者支付费用，并且使他们的行为能够保障其提供的所需的服务。同时，支付给土地所有者的金额相对于机会成本必须具有竞争力。换句话说，只有向有经济动机的土地所有者支付的服务费用与其他开发价值（例如木材的采伐）一样有吸引力时，生态补偿本身才使维护树木存在比砍伐树木更有价值。在许多情况下，单纯来自生态补偿的收入不足以改变土地所有者的行为，可能需要与监管或其他策略协同使用。生态补贴项目的一个关键挑战在于确定提供服务的最重要的土地所有者。这需要一个评估机制，以确保最有效地使用资金。然而，由于交易成本或出于对实现减贫双重目标的考虑，许多补贴项目并不以生态服务提供能力为条件。

（3）建立度量指标。生态补偿，顾名思义就是服务的价值交换，因此如何衡量服务至关重要。从竞争买家和卖家的意义上说，大多数生态补偿交易不是基于市场运作的。生态补偿市场仅在价值度量指标易于评估，且服务可替代的情况下才可行。例如加利福尼亚州的合规性碳市场，其交易的抵消信用度量以相当于 1 吨二氧化碳当量的排放量进行计量。湿地和河流减缓项目同样采用低成本的度量指标，通常根据湿地和河流栖息地损失或恢复的面积定义信用额度。然而，这些代用指标反映的服务的准确程度仍然存在争议。在人们转向生物多样性和栖息地补偿时，度量指标的确定和交换变得更加困难。指标的选择，权衡时会有压力：易于评估的指标降低了交易成本并有助于补偿的实施（交换），但它们可能会错过真正重要的东西，实际上可能与保护目标不一致；相比之下，更严格的指标可能会准确地反映服务价值，但过于复杂，使交易成本变得过高，降低项目的可行性。

实际上，生态补偿项目通常存在众多分散的买家，他们支付服务费用，并存在众多的生态服务卖家，他们得到相应的补偿。同样，生态补偿项目必须有一种有效的交换手段，用来收集和分配资金。这是许多流域生态补偿项目成功的基础，因为流域内已存在的相关的水务公司可向受益人收取费用，无须再单独协商，大大降低了交易成本。在生态服务受益对象和范围不明晰的情况下，两个与生态补偿相关的制度问题凸显出来：①生态服务通常跨越不同机构的业务领域和不同的行政管辖区，为协调不同部门和区域，会产生高昂的交易成本；②受益人范围分散导致的问题，例如每个人都受益于生物多样性、碳封存等公共物品，实际上没有人被要求支付相关费用。

（4）加强生态补偿项目实施监测。针对生态补偿项目，需要跟踪管理、交易、预测和评估所需因素。进行生态补偿设计与项目实施时，注重加强对两种不同情况的监控：①监测服务供给者对约定条件（条件支付是生态补偿中最具创新性的要素）的遵守情况，同时对服务购买者进行监测，监测当服务提供者遵守相关约定履行合同义务时服务购买者按规定进行支付的情况；②对整个生态补偿项目是否产生影响进行更广泛的监测，例如针对项目目标设计的土地利用状况替代指标（森林覆盖率），以及最终推动支付的重要生态服务（例如避免河流沉积或保护生物多样性）的监测。

（5）充分发挥政府主导作用。对生态环境保护，无论是采取"指挥和控制"的方法，还是采取"经济激励或基于市场"的方法，政府都要发挥强有力的作用，包括界定和执行产权，强制执行合同，设定并实施污染和生态退化红线，规定并强制执行符合环境法的要求，监控环境法等法规的实施效果，以及对违规行为进行处罚等。对生态补偿而言，在国际上，政府的角色正在从传统的生态系统服务的买方（生态补偿保护资金的主要来源）和监管方（如制定环境标准、执行法规和合同），转变为生态补偿促进方，即通过建立政策和监管框架，促进更多的经济行为主体参与生态系统服务的提供和支付。根据生态系统服务提供者和受益者的集中或分散程度，政府发挥不同作用。针对生态系统服务提供者和受益者的集中情况，政府实施产权和合同管理，可以促进生态补偿实施，而这些集中地区当地的参与者是最好的方案实施者和资助者；针对分散情况，政府需要发挥强有力的作用，促进、授权、整合相关生态补偿融资和生态服务供给，并为促进与调动私营企业和社会部门参与生态补偿创造条件。

（6）加强项目过程的管理。良好的管理最终需要以过程为导向，并具有适应性，这样才能使项目长期有效。这是因为对环境的科学认识、经济社会和生态条件的变化、气候变化对生态环境的影响等不断发展，并存在不确定性。适应性管理是一个循环的过程，包括：定期评估项目执行情况、结果和成本；定期评估项目的评估流程；定期与所涉及的不同利益相关者协商，以改善共同管理和交叉学习；根据评估结果，修改项目的内容和目标。适应性管理是基于科学的管理，关系到创新的识别和应用，确保项目有能力适应动态的自然过程和人为过程。

（7）生态补偿措施应与其他管理措施相协调。生态补偿机制总体来说是相对较新的措施，通过不断试验和学习，实施效果将会有进一步改善。生态补偿实施成功与否受制于许多交易成本，而这些交易成本受不同的政治、经济、环境等背景的影响。生态补偿措施需要与其他生态环境保护工具协调使用，不应将生态补偿措施与其他生态环境保护管理措施分开看待。事实上，须鼓励生态和环境部门将生态补偿视为其他生态环境保护措施的重要补充而非完全的替代措施。

1.3.2　我国生态补偿

随着对生态环境认识的不断深入，加之进入新的历史发展阶段，党和各级政府对生态环境和利用激励机制加强生态环境保护更加重视。中共中央办公厅、国务院办公厅印发的《关于深化生态保护补偿制度改革的意见》（中办发〔2021〕50号）提出："生态环境是关系党的使命宗旨的重大政治问题，也是关系民生的重大社会问题。生态保护补偿制度作为生态文明制度的重要组成部分，是落实生态保护权责、调动各方参与生态保护积极性、推进生态文明建设的重要手段。"近年，在国家层面的强力推动下，生态补偿制度框架不断完善，生态补偿资金不断增加，涉及的重点领域和区域的生态补偿多有长足进步[28]。同时，在生态补偿实施过程中，存在一些制约生态补偿成效和进一步推广实施的问题。

1.3.2.1　我国的生态补偿制度建设

我国积极探索生态和环境保护的制度，已初步构建生态补偿制度框架，积极推进生态补偿。特别是 2005 年以来，大致可分三个阶段，国家陆续出台了众多生态补偿机制相关文件，我国生态补偿制度建设不断取得进展（表 1.5）。

表 1.5　　　　　　我国有关生态保护补偿机制建设方面的文件

文件名称	印发时间	印发部门	涉及生态保护补偿的内容
《排污费征收标准管理办法》	2003 年	国家发展计划委员会、财政部、环境保护总局、经济贸易委员会	对排污费的征收范围和标准进行了规范，如污水排污费、废弃排污费、固体废物及危险废物排污费、噪声超标准排污费等
《中共中央关于制定国民经济和社会发展第十一个五年规划的建议》	2005 年	国务院	按照谁开发谁保护、谁受益谁补偿的原则，加快建立生态补偿机制
《关于落实科学发展观加强环境保护的决定》（国发〔2005〕39 号）	2005 年	国务院	要完善生态补偿政策，尽快建立生态补偿机制
《关于开展生态补偿试点工作的指导意见》（环发〔2007〕130 号）	2007 年	国家环境保护总局	围绕自然保护区、重要生态功能区、矿产资源开发、流域水环境保护等重点领域，部署开展生态补偿试点工作
《节能减排综合性工作方案》（国发〔2007〕15 号）	2007 年	国务院	改进和完善资源开发生态补偿机制。开展跨流域生态补偿试点工作
《中华人民共和国环境保护法》（修订）	2014 年	全国人民代表大会常务委员会	国家建立、健全生态保护补偿制度
《关于加快推进生态文明建设的意见》（中发〔2015〕12 号）	2015 年	中共中央、国务院	健全生态保护补偿机制。科学界定生态保护者与受益者权利义务，加快形成生态损害者赔偿、受益者付费、保护者得到合理补偿的运行机制

续表

文件名称	印发时间	印发部门	涉及生态保护补偿的内容
《生态文明体制改革总体方案》（中发〔2015〕25号）	2015年	中共中央、国务院	完善生态补偿机制。探索建立多元化补偿机制，逐步增加对重点生态功能区转移支付，完善生态保护成效与资金分配挂钩的激励约束机制
《关于健全生态保护补偿机制的意见》（国办发〔2016〕31号）	2016年	国务院办公厅	实施生态保护补偿是调动各方积极性、保护好生态环境的重要手段，是生态文明制度建设的重要内容
《关于加快建立流域上下游横向生态保护补偿机制的指导意见》（财建〔2016〕928号）	2016年	财政部、环境保护部、国家发展改革委、水利部	推进地方为主、中央引导的横向生态保护补偿，鼓励受益地区与保护生态地区、流域下游与上游通过资金补偿、对口协作、产业转移、人才培训、共建园区等方式建立横向补偿关系
《生态综合补偿试点方案》（发改振兴〔2019〕1793号）	2019年	国家发展改革委	通过试点，创新森林生态效益补偿制度；推进建立流域上下游生态补偿制度；推动生态保护补偿工作制度化
《关于深化生态保护补偿制度改革的意见》（中办发〔2021〕50号）	2021年	中共中央办公厅、国务院办公厅	加快健全有效市场和有为政府更好结合、分类补偿与综合补偿统筹兼顾、纵向补偿与横向补偿协调推进、强化激励与硬化约束协同发力的生态保护补偿制度

1. 起步探索阶段（2005—2011年）

2005年，《中共中央关于制定国民经济和社会发展第十一个五年规划的建议》提出，按照谁开发谁保护、谁受益谁补偿的原则，加快建立生态补偿机制。同年，国务院印发的《关于落实科学发展观加强环境保护的决定》（国发〔2005〕39号）提出，"要完善生态补偿政策，尽快建立生态补偿机制。中央和地方财政转移支付应考虑生态补偿因素，国家和地方可分别开展生态补偿试点"。2007年，国家环境保护总局印发《关于开展生态补偿试点工作的指导意见》（环发〔2007〕130号），提出围绕自然保护区、重要生态功能区、矿产资源开发、流域水环境保护等重点领域，部署开展生态补偿试点工作。《国务院关于印发2007年工作要点的通知》（国发〔2007〕8号）在节能减排工作的重要任务中列入了"加快建立生态环境补偿机制"。2010年，国务院将研究制定生态补偿条例列入立法计划，国家发展改革委牵头启动生态补偿条例起草工作，并于2011年提出了《生态补偿条例》（草稿），同时起草了《关于建立健全生态补偿机制的若干意见》（征求意见稿），由于各方面认识不一致，最后均未出台。

2. 加快推进阶段（2012—2014 年）

2012 年以来，党的十八大提出"五位一体"总体布局，将生态文明建设摆到更加突出的位置；党的十八届三中全会作出全面深化改革的决定，强调要发挥市场机制在资源配置中的决定性作用，更好地发挥政府作用。作为生态文明制度体系的重要组成和市场机制发挥作用的有效途径，生态补偿机制建设明显提速。2012 年，党的十八大报告明确要求建立反映市场供求和资源稀缺程度、体现生态价值和代际补偿的资源有偿使用制度和生态补偿制度。2013 年，党的十八届三中全会审议通过《中共中央关于全面深化改革若干重大问题的决定》，提出"坚持谁受益、谁补偿原则，完善对重点生态功能区的生态补偿机制，推动地区间建立横向生态补偿制度"。2014 年中央一号文件提出"完善森林、草原、湿地、水土保持等生态补偿制度，继续执行公益林补偿、草原生态保护补助奖励政策，建立江河源头区、重要水源地、重要水生态修复治理区和蓄滞洪区生态补偿机制。支持地方开展耕地保护补偿"。2014 年新修订的《中华人民共和国环境保护法》提出，"国家建立、健全生态保护补偿制度。国家加大对生态保护地区的财政转移支付力度。有关地方人民政府应当落实生态保护补偿资金，确保其用于生态保护补偿。国家指导受益地区和生态保护地区人民政府通过协商或者按照市场规则进行生态保护补偿"。

3. 初步成型阶段（2015 年至今）

2015 年，《中共中央　国务院关于加快推进生态文明建设的意见》（中发〔2015〕12 号）提出"健全生态保护补偿机制。科学界定生态保护者与受益者权利义务，加快形成生态损害者赔偿、受益者付费、保护者得到合理补偿的运行机制""完善转移支付制度，归并和规范现有生态保护补偿渠道，加大对重点生态功能区的转移支付力度""建立地区间横向生态保护补偿机制，引导生态受益地区与保护地区之间、流域上游与下游之间，通过资金补助、产业转移、人才培训、共建园区等方式实施补偿。建立独立公正的生态环境损害评估制度"。同年，中共中央、国务院印发《生态文明体制改革总体方案》（中发〔2015〕25 号）进一步明确："完善生态补偿机制，探索建立多元化补偿机制，逐步增加对重点生态功能区转移支付，完善生态保护成效与资金分配挂钩的激励约束机制。制定横向生态补偿机制办法，以地方补偿为主，中央财政给予支持。鼓励各地区开展生态补偿试点……"

2016 年，国务院办公厅印发《关于健全生态保护补偿机制的意见》（国办发〔2016〕31 号），明确将推进七个方面的体制机制创新。①建立稳定投入机制，多渠道筹措资金，加大保护补偿力度；②完善重点生态区域补偿机制，划定并严守生态保护红线，研究制定相关生态保护补偿政策；③推进横向生态保护补偿，研究制定以地方补偿为主、中央财政给予支持的横向生态保护补偿机制办法；④健全配套制度体系，以生态产品产出能力为基础，完善测算方法，加快建立生态保护补偿标准体系；⑤创新政策协同机制，研究建立生态环境损害赔偿、生态产品市场交易与生态保护补偿协同推进生态环境保护的新机制；⑥结合生态保护补偿推进精准脱贫，创新资金使用方式，开展贫困地区生态综合补偿试点，探索生态脱贫新路子；⑦加快推进法治建设，不断推进生态保护补偿制度化和法制化。同年，财政部、环境保护部、国家发展改革委、水利部印发《关于加快建立流域上下游横向生态保护补偿机制的指导意见》（财建〔2016〕928 号）文件，要求推进地方为主、中央引导的横向生态保护补偿，鼓励受益地区与保护生态地区、流域下游与上游通过资金补偿、对口协作、产业转移、人才培训、共建园区等方式建立横向补偿关系。

2019 年，国家发展改革委印发《生态综合补偿试点方案》（发改振兴〔2019〕1793 号），选择 50 个县（市、区）开展生态综合补偿试点，大力推进生态补偿工作。2019 年，党的十九届四中全会要求"落实生态补偿和生态环境损害赔偿制度"。2020 年，党的十九届五中全会通过的《中共中央关于制定国民经济和社会发展第十四个五年规划和二〇三五年远景目标的建议》提出，建立生态产品价值实现机制，完善市场化、多元化生态补偿机制。

2021 年，中共中央办公厅、国务院办公厅印发《关于深化生态保护补偿制度改革的意见》（中办发〔2021〕50 号），要求"进一步深化生态保护补偿制度改革，加快生态文明制度体系建设"，要求"加快健全有效市场和有为政府更好结合、分类补偿与综合补偿统筹兼顾、纵向补偿与横向补偿协调推进、强化激励与硬化约束协同发力的生态保护补偿制度"。同年，国家发展改革委牵头编制的《生态保护补偿条例》（公开征求意见稿），将生态补偿纳入法制化轨道。

1.3.2.2 生态保护补偿财政支持力度

据《国务院关于生态补偿机制建设工作情况的报告》[14] 和《国务院关

于财政生态环保资金分配和使用情况的报告》[29] 等资料，近年我国生态补偿财政资金投入不断加大，反映了生态补偿的快速发展。

中央财政安排的生态补偿资金总额从 2001 年的 23 亿元增加到 2012 年的约 780 亿元，累计近 2500 亿元。其中，中央森林生态效益补偿资金从 2001 年的 10 亿元增加到 2012 年的 133 亿元，累计安排 549 亿元；草原生态奖励补助资金从 2011 年的 136 亿元增加到 2012 年的 150 亿元，累计安排 286 亿元；矿山地质环境专项资金从 2003 年的 1.7 亿元增加到 2012 年的 47 亿元，累计安排 237 亿元；水土保持补助资金从 2001 年的 13 亿元增加到 2012 年的 54 亿元，累计安排 269 亿元；国家重点生态功能区转移支付从 2008 年的 61 亿元增加到 2012 年的 371 亿元，累计安排 1101 亿元。财政部会同国家海洋局从 2010 年开始，利用中央分成的海域使用金 38.8 亿元，开展海洋保护区和生态脆弱区的整治修复。2013—2015 年，中央财政安排的生态补偿资金总额持续增加。

2016—2018 年，中央财政通过重点生态保护修复专项资金安排林业转移支付资金 2636 亿元，用于完善天然林保护制度，扩大退耕还林还草，大力支持造林绿化，启动大规模国土绿化行动，推进荒漠化治理，强化湿地保护和恢复。进一步加大重点生态功能区转移支付力度，2016—2018 年安排 1918 亿元，年均增长 12.3%，在对禁止开发区域和限制开发区域实现全覆盖的基础上，将青海三江源、南水北调中线工程水源地等纳入补助范围，加大对深度贫困地区、京津冀、长江经济带等生态功能重要区域的支持力度。

1.3.2.3　我国重点领域生态保护补偿状况

近 20 年来，随着生态补偿工作得到各级部门的重视，森林、湿地、水流、海洋、大气重点领域生态补偿工作都取得了重要突破和进展。水流生态保护补偿进展在第 2 章进行讲述，下面对除水流以外重点领域的生态补偿进行简要介绍。

1. 森林生态补偿

20 世纪 80 年代以来，中央政府及相关机构陆续提出要实行森林资源有偿使用和森林生态补偿制度。中国森林生态补偿取得了积极进展，开展了森林生态补偿试点，启动了退耕还林和天然林保护等林业生态重点工程[30-31]。2001 年，财政部、国家林业局出台了《关于开展森林生态效益补助资金试点工作的意见》；2004 年，财政部、国家林业局出台了《关于开展森林生态效益补偿基金管理办法》，2009 年和 2013 年分别对此办法进行了完善，提高了补偿标准，扩大了补偿面积。根据《林业改革发展资金管理办法》（财农〔2016〕196号），"森林生态效益补偿补助是指用于国家林业局会同财政部界定的国家级公益林保护和管理的支出。森林生态效益补偿补助包括管护补助支出和公共管护支出"，"集体和个人所有的国家级公益林管护补助支出，用于集体和个人的经济补偿和管护国家级公益林的劳务补助等支出"。例如2018年中央财政森林生态效益补偿方面，集体和个人所有的国家级公益林补偿标准为每年每亩15元（1亩＝1/15hm²），其中0.25元用于公共管护支出。

退耕还林生态补偿方面，我国也有尝试。我国在1998年特大洪水灾害之后，逐渐启动了退耕还林工程，1999年开始在陕西、四川、甘肃三省试点，2000年试点扩大到中西部地区的17个省（自治区、直辖市），2002年在25个省（自治区、直辖市）全面启动。2007年，国务院下发《关于完善退耕还林政策的通知》（国发〔2007〕25号），把原定的8年补助又延长了8年，但不再新增退耕还林任务。2014年，我国又启动了《新一轮退耕还林还草总体方案》（发改西部〔2014〕1772号），提出到2020年，将具备条件的坡耕地和严重沙化耕地约4240万亩退耕还林还草。2017年，国务院批准了国家林业局等部门提出的进一步扩大退耕还林还草规模的请示，同意调减18个省（自治区）3700万亩陡坡耕地基本农田用于退耕还林还草。截至2017年，中央财政已累计下达各项退耕还林资金4706.7亿元。在新一轮退耕还林中，中央财政补助标准为每亩1500元（其中中央财政专项资金安排现金补助1200元、国家发展改革委安排种苗造林费300元）。中央财政安排的补助资金分三次下达给省级人民政府，每亩第一年800元（其中种苗造林费300元）、第三年300元、第五年400元。退耕还林工程的实施，较好地防止了水土流失，改善了生态环境，同时促进了农村产业结构调整，一定程度上促进了农户增收。

各地主动探索，积极推进森林生态补偿实践。2012年，全国已有27个省（自治区、直辖市）建立了省级财政森林生态效益补偿基金，用于支持国家级公益林和地方公益林保护，资金规模达51亿元。例如，山东省级财政安排专项资金，同时组织市、县财政分别对省、市、县级生态公益林进行补偿，形成了中央、省、市、县四级联动的补偿机制。广东省由省、市、县按比例筹集公益林补偿资金。福建省从江河下游地区筹集资金，用于上游地区森林生态效益补偿。各地对地方公益林的补偿标准，东部地区明显高于中央对国家级公益林的补偿标准，西部地区则大多低于中央补偿标准。北京市对生态公益林每亩每年补助 40 元，并建立了护林员补助制度，每人每月补助 480 元。

2. 草原生态补偿

我国于 2003 年和 2011 年先后实施了旨在草原生态环境保护的退牧还草工程和草原生态保护补助奖励机制，草原生态补偿逐渐建立和发展[32]。退牧还草工程对全年禁牧和季节性休牧的牧民进行饲料粮补助，并且补助草原围栏建设。2003 年实施的退牧还草工程是保护草原生态环境、改善民生的西部大开发的标志性工程之一。2003—2011 年，累计安排草原围栏建设任务 7.78 亿亩，配套实施重度退化草原补播 1.86 亿亩，中央投入资金 209 亿元，惠及 181 个县（团场）、90 多万农牧户。工程实施后，工程区生态环境明显改善。根据 2010 年农业部监测结果，工程区平均植被盖度为 71%，比非工程区高出 12 个百分点，草群高度、鲜草产量和可食性鲜草产量分别比非工程区高出 37.9%、43.9% 和 49.1%。生物多样性、群落均匀性、饱和持水量、土壤有机质含量均有提高，草原涵养水源、防止水土流失、防风固沙等生态功能得到增强。

2011 年，财政部会同农业部出台了草原生态保护奖励补助政策，对禁牧草原按每亩每年 6 元的标准给予补助，对落实草畜平衡制度的草场按每亩每年 1.5 元的标准给予奖励，同时对人工种草良种和牧民生产资料给予补贴，对草原生态改善效果明显的地方给予绩效奖励。截至 2012 年年底，草原禁牧补助实施面积达 12.3 亿亩，享受草畜平衡奖励的草原面积达 26 亿亩。

2016 年中央一号文件强调"实施新一轮草原生态保护补助奖励政策，适当提高补奖标准"。自 2016 年我国第二轮草原生态补助奖励政策继续实施以来，政策覆盖范围由 2011 年第一轮的 8 个省（自治区）和新疆生产建设兵团扩展到了 13 个省（自治区）和新疆生产建设兵团。截至 2017 年，中央财政草原补奖资金投入超过 1200 亿元，实施草原禁牧面积 12 亿亩、草畜平衡面积 26 亿亩（《国务院关于草原生态环境保护工作情况的报告》）。除中央政府外，内蒙古自治区、甘肃省、青海省等省（自治区）政府多渠道筹集国家草原生态保护补奖配套资金，实施禁牧补助和草畜平衡奖励政策。

草原生态保护补助奖励机制成为当前中国最重要的生态补偿机制之一，是中国继森林生态效益补偿机制之后建立的第二个基于生态要素的生态补偿机制。2016—2018 年，通过落实好草原生态保护补奖政策，加快推进草牧业发展方式转变，促进草原生态环境稳步恢复，草原综合植被盖度达 55.7%（2018 年）。

3. 湿地生态补偿

我国自 1992 年加入《关于特别是作为水禽栖息地的国际重要湿地公约》（以下简称《湿地公约》）以来，采取了一系列措施保护和恢复湿地，并将中国湿地保护与合理利用列入《中国 21 世纪议程》和《中国生物多样性保护战略与行动计划（2011—2030）》优先发展领域。2009 年，国家提出建立湿地生态补偿制度，启动全国湿地生态补偿试点。2010 年，财政部会同国家林业局启动了湿地保护补助工作，将 27 个国际重要湿地、43 个湿地类型自然保护区、86 个国家湿地公园纳入补助范围。2014 年，中央财政增加安排林业补助资金，支持启动了退耕还湿、湿地生态效益补偿试点和湿地保护奖励等工作。2016 年，财政部、国家林业局印发《林业改革发展资金管理办法》（财农〔2016〕196 号），每年从林业改革发展资金中安排专门的湿地补助资金，包括湿地保护与恢复补助、退耕还湿补助、湿地生态效益补偿补助，用于支持湿地保护工作。各省、自治区、直辖市积极探索湿地生态补偿实践，黑龙江、广东、天津、江苏、青海和西藏等省（自治区、直辖市）安排专项资金用于湿地生态效益补偿的试点工作，山东省鼓励实施退耕还湿与退渔还湿，对积极响应的集体和个人给予补偿并对其转产转业给予帮扶。湖北省出台洪湖湿地生态补偿办法，以此加强对洪湖湿地资源的保护等[33]。2013 年起，江苏省省级生态补偿财政转移支付专项对全省湿地类生态红线区域保护予以补助，依照生态保护红线区域的不同以及地方财政水平等因素确定每亩平均补偿达 100 元。2020 年，浙江省政府明确提出，省财政对生态保护绩效考核达标的省级重要湿地开展生态补偿试点，补偿标准为每亩 30 元[34]。

4. 海洋生态补偿

我国海洋生态补偿内容主要可以概况为四个方面：①海岸开发和海洋使用补偿，是对海洋工程、海岸工程和海洋倾废等合法开发利用海洋活动导致海洋生态环境改变征收相应的费用，例如征收海域使用金等；②机会补偿，是对个人、群体或地方因保护海洋环境而放弃发展机会的行为予以补偿，例如对退出海洋捕捞的渔民给予补贴等；③海洋生态环境建设类补偿，是对海洋环境本身的补偿，即生境补偿和资源补偿，例如为了恢复和改善海洋生态环境，增殖和优化渔业资源，建设人工鱼礁、设立海洋自然保护区等；④海洋污染事故赔偿补偿，是对海洋污染事故、违法开发利用海洋资源等导致海洋生态损害征收的费用，例如溢油污染事故的赔偿补偿等。

5. 大气生态补偿

山东省进行了大量的实践并取得了良好的效果。2014 年颁布的《山东省环境空气质量生态补偿暂行办法》（鲁政办字〔2014〕27 号）规定：当某市级环境空气质量改善，对全省空气质量改善作出正向贡献，省级向市级补偿；市级环境空气质量恶化，对全省空气质量作出负贡献，市级向省级补偿。市级向省级缴纳的资金纳入省级生态补偿资金进行统筹，用于补偿环境空气质量改善的市，实质上是建立了环境空气质量恶化城市向改善城市进行补偿的横向机制，兼具纵向生态补偿和横向生态补偿的双重特征。除了在省级层面上推行面向各地级市的补偿之外，各个地级市也都进一步建立了面向所辖的各县区的大气生态补偿机制。2015 年，山东省 17 个地级市都已经建立完善的各个区县的大气生态补偿机制。河北省石家庄市也采取了类似的做法，在 2015 年建立了面向各区县的空气质量生态补偿机制。

6. 碳汇生态补偿

碳汇交易是实现生态产品价值和生态补偿的重要市场化手段，当前，我国碳汇交易市场尚处于浅层化发育阶段，交易方式单一、交易体系不够完善、市场化需求不足等问题突出。2016—2019 年，我国碳市场累计成交额从每年 25 亿元增加到 91.6 亿元[35]，市场规模不断增加。2020 年，习近平主席在第 75 届联合国大会一般性辩论上宣布："中国将提高国家自主贡献力度，采取更加有力的政策和措施，二氧化碳排放力争于 2030 年前达到峰值，努力争取 2060 年前实现碳中和。"2021 年，中共中央、国务院印发《关于完整准确全面贯彻新发展理念做好碳达峰碳中和工作的意见》（中发〔2021〕36 号）强调，要推进市场化机制建设，依托公共资源交易平台，加快建设完善全国碳排放权交易市场，逐步扩大市场覆盖范围，丰富交易品种和交易方式，完善配额分配管理。同时，将碳汇交易纳入全国碳排放权交易市场，建立健全能够体现碳汇价值的生态保护补偿机制。我国的碳交易市场机制、交易规模预计将快速发展。

1.3.2.4 我国生态保护补偿存在的主要问题

1. 生态补偿机制仍待完善

生态保护补偿机制中参与生态环境保护的所有者（生态服务供给者）、直接使用者和受益者各方权利义务关系不明确，制约了生态补偿的有效实施。以流域生态补偿为例，流域上下游水资源产权问题、上下游生态环境保护责任和义务、中央政府和地方政府在生态补偿中的责任和义务需要进一步明晰。国家对跨省级行政区生态补偿的引导协调仍待加强，除资金引导外，需要建立完善问责机制，对不能履行生态补偿协议的相关省份实施问责。

2. 多元化生态补偿机制尚未形成

尽管国家发展改革委等部门联合印发《建立市场化、多元化生态保护补偿机制行动计划》（发改西部〔2018〕1960号），明确了我国市场化多元化生态保护补偿政策框架，但目前各地相关实践仍处于起步探索阶段，政府引导、市场运作、社会参与的多元化生态保护补偿投融资机制尚未规模建立，补偿融资来源较为单一，主要是财政资金补偿。当前，经济下行压力加大，大力实施减税降费，各级财政收入持续放缓，财政收支矛盾突出，而生态环境治理任务艰巨，可用财力有限与包括生态补偿在内的生态环保资金需求的矛盾进一步凸显，生态补偿资金投入持续性压力加大。

3. 生态补偿中生态服务供给者的获得感有待提升

国家层面生态补偿资金大多由地方政府投入到不同的生态保护项目中，作为对生态保护作出贡献、生态服务供给者的民众获得的直接收益不足，获得感不强。需要加强不同层级政府在生态补偿中的主体地位，真正将生态补偿资金分配到微观层次的资源使用权主体，即生态服务供给者，使生态服务贡献者得到实在的补偿，实现生态补偿的长效机制。

4. 生态补偿相关基础工作需要加强

需要加强生态环境系统服务价值核算体系建设，其中生态服务价值是指以科学的方式算出一定区域在一定时间内生态系统的产品和服务价值的总和，包括计算森林、荒漠、湿地等生态系统及农田、牧场、水产养殖场等人工生态系统的生产总值。需要加强生态系统的监测和评估，特别是加强实施生态补偿地区生态系统状况的监测和评估，以衡量和揭示生态系统状况。需要加强生态补偿资金预算绩效管理，克服部分资金使用单位绩效管理制度不完善、预算执行率不高、部分绩效目标设置还不合理、一些绩效评价结果不科学、绩效评价结果应用未完全落实到位等问题。需要加强相关研究，结合经济社会情况，加强基于生态价值、生态保护成本、生态保护成效等因素确定实施生态补偿地区的补偿标准、补偿方式等，实现经济社会效益。

第 2 章

水流生态保护补偿进展

2.1　水流生态保护补偿机制建设的政策进展

　　20 世纪 70—80 年代以来，随着流域污染的加剧，水生态系统遭到破坏，水生态保护治理任务加重，政府和有关部门陆续出台了一系列法律法规和文件政策，要求加强水生态环境治理。自 2007 年国家环境保护总局（现生态环境部）印发《关于开展生态保护补偿试点工作的指导意见》（环发〔2007〕130 号）后，2016 年国务院办公厅印发了《关于健全生态保护补偿机制的意见》（国办发〔2016〕31 号）、财政部等四部门印发了《关于加快建立流域上下游横向生态保护补偿机制的指导意见》（财建〔2016〕928 号），各部门、各地方积极推进水流生态保护补偿机制建设，围绕流域上下游横向生态保护补偿，以及江河源头区、重要水源地、水土流失重点防治区、蓄滞洪区、受损河湖等重点区域开展实践，并积极探索建立健全水流生态保护补偿机制（表 2.1）。

表 2.1　　2011 年以来国家有关水流生态保护补偿机制建设的文件

文件名称	印发部门	涉及水流生态保护补偿内容
《中共中央、国务院关于加快水利改革发展的决定》（中发〔2011〕1 号）	中共中央、国务院	建立水生态补偿机制
《关于实行最严格水资源管理制度的意见》（国发〔2012〕3 号）	国务院	建立健全水生态补偿机制

续表

文件名称	印发部门	涉及水流生态保护补偿内容
《关于加快推进生态文明建设的意见》（中发〔2015〕12号）	中共中央、国务院	对水流等自然生态空间进行统一确权登记，健全生态保护补偿机制，建立地区间横向生态保护补偿机制
《生态文明体制改革总体方案》（中发〔2015〕25号）	中共中央、国务院	开展水流等产权确权试点，完善生态保护补偿机制，继续推进新安江水环境补偿试点工作，推动在京津冀水源涵养区、广西广东九洲江、福建广东汀江-韩江等开展跨地区生态补偿试点，在长江流域水环境敏感地区探索开展流域生态补偿试点工作
《关于深化泛珠三角区域合作的指导意见》（国发〔2016〕18号）	国务院	建立跨省流域生态保护补偿机制，研究建立地方投入为主、中央财政给予适当引导的资金投入机制，支持开展东江、西江、北江、汀江-韩江、九洲江等流域补偿试点工作
《关于健全生态保护补偿机制的意见》（国办发〔2016〕31号）	国务院办公厅	到2020年，实现水流等重点领域和重要区域生态保护补偿全覆盖；在水流领域方面，明确提出在七大类型的水域全面开展生态保护补偿工作
《关于全面推行河长制的意见》（厅字〔2016〕42号）	中共中央办公厅、国务院办公厅	积极推进建立水流生态保护补偿机制
《关于加快建立流域上下游横向生态保护补偿机制的指导意见》（财建〔2016〕928号）	财政部、环境保护部、国家发展改革委、水利部	提出了横向生态保护补偿机制的工作总体要求、工作内容和保障措施，并明确中央财政将对跨省流域上下游横向水流生态保护补偿工作给予支持
《关于建立健全长江经济带生态补偿与保护长效机制的指导意见》（财预〔2018〕19号）	财政部	明确要积极发挥财政在国家治理中的基础和重要支柱作用，推动长江流域生态保护和治理，建立健全长江经济带生态补偿与保护长效机制
《中央财政促进长江经济带生态保护修复奖励政策实施方案》（财建〔2018〕6号）	财政部、环境保护部、国家发展改革委、水利部	一是对流域内上下游临近省级政府间协商签订补偿协议、建立起流域横向生态保护补偿机制的给予奖励，鼓励相邻多个省份建立流域横向生态保护补偿机制；二是对省级行政区域内建立流域横向生态保护补偿机制予以奖励。用于引导地方落实好长江经济带发展规划纲要、水污染防治行动计划、最严格水资源管理制度、长江经济带生态环境保护规划、全国水资源保护规划等确定的任务

续表

文件名称	印发部门	涉及水流生态保护补偿内容
《关于水资源有偿使用制度改革的意见》（水资源〔2018〕60号）	水利部、国家发展改革委、财政部	推进区域间、流域间、流域上下游、行业间、用水户间等多种形式的水权交易，积极培育水市场，充分发挥市场配置水资源的作用
《建立市场化、多元化生态保护补偿机制行动计划》（发改西部〔2018〕1960号）	国家发展改革委、财政部、自然资源部、生态环境部、水利部、农业农村部、人民银行、市场监管总局、国家林业和草原局	明确要健全资源开发补偿、污染物减排补偿、水资源节约补偿等制度，健全交易平台，引导生态受益者对生态保护者的补偿。积极稳妥发展生态产业，建立健全绿色标识、绿色采购、绿色金融、绿色利益分享机制，引导社会投资者对生态保护者进行补偿
《生态综合补偿试点方案》（发改振兴〔2019〕1793号）	国家发展改革委	推进流域上下游横向生态保护补偿，加强省内流域横向生态保护补偿试点工作。完善重点流域跨省断面监测网络和绩效考核机制，对纳入横向生态保护补偿试点的流域开展绩效评价。鼓励地方探索建立资金补偿之外的其他多元化合作方式
《关于印发〈支持引导黄河全流域建立横向生态补偿机制试点实施方案〉的通知》（财资环〔2020〕20号）	财政部、生态环境部、水利部、国家林业和草原局	资金分配采用因素分配法，分配测算的因素主要考虑各省（区）在黄河流域生态环境保护和高质量发展方面所做的工作、努力程度以及取得的成效。主要因素及权重分别为：水源涵养指标30%，水资源贡献指标25%，水质改善指标25%，用水效率指标20%，其他调节系数
《财政部关于水土保持补偿费等四项非税收入划转税务部门征收的通知》（财税〔2020〕58号）	财政部	自2021年起，将水土保持补偿费、地方水库移民扶持基金、排污权出让收入、防空地下室易地建设费划转至税务部门征收
《支持长江全流域建立横向生态保护补偿机制的实施方案》（财资环〔2021〕25号）	财政部、生态环境部、水利部、国家林业和草原局	巩固长江经济带现有流域横向生态保护补偿机制建设成果，推动建立长江全流域横向生态保护补偿机制
《关于加强长江经济带重要湖泊保护和治理的指导意见》（发改地区〔2021〕1617号）	国家发展改革委	鼓励重要湖泊所在地建立生态保护补偿机制，推动重要湖泊及重要湖泊出入湖河流所在地积极探索流域生态保护补偿的新方式，协商确定湖泊水生态环境改善目标，加快形成湖泊生态环境共保联治格局。发挥中央资金引导和地方政府主导作用，完善补偿资金渠道

2.2 水流生态保护补偿机制建设的实践探索

近年来，全国各地积极开展水流生态保护补偿实践，为推动国家层面水流生态保护补偿机制建设提供了基础。目前我国水流生态保护补偿实践工作进展表现出以下特点[36-37]。

1. 中央层面和地方层面水流生态保护补偿同步推进

在国家层面，如2011年，财政部印发《国家重点生态功能区转移支付办法》（财预〔2011〕428号），由中央财政对青海三江源自然保护区、南水北调中线水源地保护区等国家重点生态功能区安排转移支付；2011年，财政部和环境保护部（现生态环境部）牵头组织在新安江启动实施全国首个跨省流域生态保护补偿机制试点；2018年和2020年，财政部、生态环境部、国家发展改革委、水利部等部门探索在长江和黄河流域开展全流域生态保护补偿工作。在地方层面，如2008年，浙江省建立省级生态环保财力转移支付资金，对境内八大水系干流和流域面积100km² 以上的一级支流源头和流域面积较大的45个市、县进行补偿；2016年，辽宁省出台健全生态保护补偿机制的实施意见，加大对东部山区水源涵养的补偿力度，以大伙房、桓仁水源地为重点积极推进跨市供水饮用水源横向生态补偿机制试点；2017年，山西省推进在汾河流域建立汾河源头、主要支流源头、岩溶泉域重点保护区、集中式饮用水水源地生态补偿机制；2018年，河北、天津两地政府建立引滦入津上下游横向生态补偿；从2018年起的江西省流域生态补偿机制建设中，将用水总量控制成效、"河长制"推进执行情况作为资金分配因素指标；另外，新疆于2017年提出研究建立自治区冰川保护生态效益补偿机制，四川省也于同年在全国率先开展了水利风景区生态补偿研究和试点。

2. 流域补偿和重点区域水流补偿同步探索推进

目前，流域生态保护补偿开展较为广泛，早期一般以水质补偿为主。继2011年新安江启动实施全国首个跨省流域生态保护补偿机制试点以来，广西和广东开展九洲江、福建和广东开展汀江-韩江、江西和广东开展东江等跨省生态补偿试点，云南、贵州、四川开展赤水河流域跨省横向生态保护补偿。省级层面，在江西、福建、湖南等省开展的省内流域生态保护补偿机制建设中，创新地将用水总量控制成效、断面下泄水量等作为补偿资金分配的依据。重点区域水流生态保护补偿可分为江河源头区、重要水源地、水土流失重点防治区、蓄滞洪区、受损河湖等五个具体类型。目前已开展国家层面和跨省重点区域水流生态保护补偿的实践主要集中于江河源头区、重要水源地、水土流失重点防治区。如 2005 年以来国家通过三江源一期工程、二期工程，积极推动青海省三江源地区生态保护与修复。2018 年，京冀两地建立了密云水库上游潮白河流域生态保护补偿机制，拓展了重要水源地生态保护补偿的内涵，将水量作为考核依据之一，实行多来水、多奖励的机制。国务院批复《丹江口库区及上游地区对口协作工作方案》（发改地区〔2013〕544 号），推动北京、天津与河南、湖北、陕西 5 省（直辖市）开展对口协作工作。国家出台《水土保持补偿费征收使用管理办法》（财综〔2014〕8 号），通过在全国各省（自治区、直辖市）征收水土保持费，加强水土保持治理与保护。蓄滞洪区和受损河湖等重点区域水流生态补偿实践相对匮乏。2000 年，国家出台了《蓄滞洪区运用补偿暂行办法》（中华人民共和国国务院令 286 号），规定在蓄滞洪区运用后，针对蓄滞洪区内具有常住户口的居民损失进行运用补偿，此外并无针对性的生态补偿政策和补偿资金。历史上的生产生活活动造成生态退化的受损河湖生态保护补偿主要针对退田还湖、湿地保护，针对退化水生态空间、退减用水的补偿相对缺乏。

　　3. 政府主导、地方参与的多元化水流补偿模式不断出现

　　在补偿模式上，早期多以中央政府财政转移支付为主。近年来，随着市场化多元化生态补偿机制的推进，水流生态保护补偿呈现出政府主导、地方参与，水权交易、土地入股、绿色金融、生态标识等多种方式多元化发展。如湖南省长沙市株树桥水库饮用水水源地生态补偿，一部分由长沙水业集团有限公司承担，按日供水 65 万 m³ 计算，从原水费中提取生态补偿资金，其余由长沙市财政补齐，用于水源地周边水源涵养林的补偿、环保型种植补偿、居民生态补助补偿等。赤水河流域横向生态保护补偿中，除了由四川、贵州、云南三省每年共同出资 2 亿元设立赤水河流域水环境横向补偿资金外，下游酒类企业还通过支付生态保护补偿资金的方式，用以支持上游农户改变种植方式和种植结构、减少农业面源污染维护河湖水质的费用。黄河滩区开封市祥符区刘店乡在打造万亩菊花扶贫基地项目时，周边村民通过金融扶贫贷款基金、土地等方式入股，获得长期稳定的补偿受益。

2.3　水流生态保护补偿的启示

　　尽管中央和地方相继开展了一些涉水生态保护补偿实践探索，取得有

益的经验，但水利部门大多参与程度有限，我国水流生态保护补偿总体上还处于起步阶段，仍然存在以下问题。

1. 水流生态保护补偿的权责关系不明晰

由于水生态产品与服务受益范围差异大，并且具有强烈外部性，因此水生态保护责任主体不明确。《中华人民共和国宪法》规定，重要的自然资源归国家所有，并由政府作为代理人进行托管。然而，这样的产权制度在水生态系统服务领域还没有有效发挥作用，补偿关系中的保护责任义务主体难以界定。社会组织和公众既是生态环境保护的直接实施者，也是社会秩序的监督者、组织者，应对政府、企业行为起到监督作用。目前开展的水流生态保护补偿未明确社会公众的监督职责。相关权责关系不明晰影响水流生态保护补偿的实施推广和长效运行。

各类主体应该清楚明白各自在生态环境保护中的责任与担当。明晰各级政府的财政事权和支出责任，真正形成权责清晰、上下协调、空间均衡、分配有效的生态公共产品供给制度，明确中央对地方一般转移支付的事权范围和财政支出责任；明确制定不同层级政府的事权清单和与之对应的支出责任清单，更加精准地落实水资源、水生态环境保护责任制度，才能更好地实施水流生态保护补偿。

2. 重点区域水流生态保护补偿推进不平衡

从类型上来看，目前国内水流生态保护补偿实践主要集中于江河源头区、重要水源地、水土流失重点防治区治理修复，对于重要河口、蓄滞洪区、受损河湖等其他重点区域的补偿实践相对缺乏。重点区域水流生态保护补偿难以实施主要有以下几个原因。①补偿范围不明确，对于江河源头区、受损河湖等，补偿类型没有明确的空间划定要求，其受益范围广，受益主体难以确定，导致补偿主客体难以确定，中央财力只能承担国家级补偿，地方积极性不高；②补偿标准难以确定，对于蓄滞洪区等类型，合理设置补偿标准，建立长效补偿机制，在促进公平的同时引导居民生活方式转变，尚有一定困难。

从地域分布上来看，以地方为主的补偿，东部地区开展较多而中西部较少，以国家为主的补偿则相反。由于东部地区经济社会发展水平整体较高，因此以补偿作为一种调节提升的手段，政府意愿明显。而中西部地区发展水平较为落后，保护和发展矛盾突出，地方政府不愿为庞大的水生态保护与修复工程买单。在如何有效调动各方积极性的问题上，还需要进一步研究。

3. 缺乏规范统一的水流生态保护补偿模式

水流生态保护补偿实践在补偿标准、资金筹措、补偿方式、监督评价等方面差异大，形式分散。补偿标准的制定主要根据各地方对单一水生态系统服务功能的需求，并经过政府间协商，不能准确反映水生态系统各项功能的保护需求，也不能完全反映补偿主客体的贡献与损害程度；水流涉及水量、水质、水生态、水域空间等多个要素，综合性补偿标准测算考核复杂、实施难度大，且标准的制定往往以补偿开始实施年的基础数据为参照，未能建立随经济社会发展水平而调整的动态补偿标准。补偿方式多以资金补偿为主，补偿资金来源主要是中央政府和各级地方政府的转移支付，资金渠道窄且来源各异，资金领域和补偿领域相互交叉，难以形成规范的补偿资金筹集渠道，增加了补偿开展的难度和资金监管难度。补偿效果评估缺乏科学、合理的绩效考核指标和方法，对补偿效率和效果难以把控。

应构建科学合理的水流生态保护补偿框架，结合不同水生态系统特点、开发利用程度、生态保护需求、所在区域经济社会发展水平等实际情况，统筹水量、水质、水沙等要素，统筹防灾、供水、生态等功能，构建原则统一、指标差异的水流生态保护补偿框架，并根据各重点区域制定相应的补偿标准指标。建立完善补偿成效评价工作体系，在建立基础数据台账、资金使用绩效、补偿效果评估等方面，提供技术支持并实施年度评估或滚动评估，为监督考核提供依据。

4. 水流生态保护补偿资金保障难度较大

相对于森林生态保护补偿、草原生态保护补偿等具有相对稳定资金渠道以保障实施而言，水行政主管部门作为水流生态保护补偿的主管部门，缺乏明确的资金来源，难以保障补偿机制长期运行。有限的水流生态保护补偿资金主要来源于中央政府和各级地方政府，市场化、社会化参与程度不够，资金筹集渠道单一，地方政府财政压力大，补偿标准低，补偿资金总量小，生态补偿实际投入与保护治理成本、放弃经济发展成本相比差距大，生态补偿的可持续性差。

第 3 章

水流生态保护补偿总体框架

3.1 水流生态保护补偿的概念与内涵

水流生态保护补偿是某种或多种行为对水文循环过程和水生态系统产生影响，导致水生态系统服务功能发生变化，从而在行为主体和利益相关者之间进行利益调整的一种方式。本章主要介绍水流生态保护补偿的目的、内涵及补偿机理，它们是建立健全水流生态保护补偿框架体系的基础。

3.1.1 水流生态保护补偿的概念

水流生态保护补偿是以维护水生态系统稳定、促进人水和谐为出发点，以保护和合理利用水资源、保护和修复治理水生态系统、维护和提升水环境质量、实现水生态产品可持续供给为主要目的，统筹考虑水生态保护治理成本、经济社会发展损失和水生态系统服务价值，调节涉水保护治理及开发利用相关方利益关系的行为。

水流生态保护补偿的本质是能在经济社会均衡发展和水生态保护两者之间达到利益最优的一种经济政策和协调机制。水流生态保护补偿有以下几个要素。

（1）补偿的产生源于保护与发展的权利和义务不对等。由于水流具有空间转移的特征，因此在河流水系内生态环境保护和经济开发中存在实施主体与受益主体不一致的矛盾，流域与行政区域的空间重叠，使得自然生态系统和经济社会系统的矛盾凸显。行政单元打破了自然水循环，割裂了水生态系统的整体性，人类用水作为新要素参与流域水循环；而流域在一定程度上通过水流的随机性、空间差异性和利害双重性限制了人类的发展与扩张。

（2）政府是补偿的主要实施者，企业等作为多元化市场主体参与。由于水流作为一种自然资源，具有鲜明的公共属性，水资源开发利用保护、水生态空间维护治理、水灾害防控抵御都是以人民政府为主体或经人民政府授权进行，因此对于水流开展的生态保护补偿，也应根据规模和重要程度，由不同级别人民政府主导。同时，通过自然资产确权、水资源税征收、取用水许可交易等市场经济手段，一方面拓宽补偿手段，激发实施补偿的内生动力；另一方面进一步确保水流生态保护补偿的公平公正，促进补偿的良性发展。

（3）补偿的标准应充分体现水流特点。水作为一种资源，其开发利用在流域内具有竞争性和整体性；同时水是物质和能量移动与传播的重要介质之一，能挟裹土、沙及污染物随之流动，是区域之间相互联系的纽带。因此水流能充分反映流域内自然规律特点、经济社会发展规律和生态保护修复需求，是不同区域生产发展、生活保障、生态保护水平的"指示剂"。以水流为核心的生态保护补偿，应以河道内的水量、水质、水沙、水力联系等自然要素和河道外用水、污染、节水等经济社会要素相结合，统筹考虑，制定补偿标准。

（4）补偿的具体任务。水流生态保护补偿任务包括为改善和修复重要河湖生态系统的整体功能和稳定性，在长期过度开发导致水生态环境持续恶化的流域或区域，对开展水生态环境治理和修复的行为主体进行补偿，以及为维护水生态功能将部分区域作为限制或禁止开发区域，对因保护水生态环境而发展受限的群体进行补偿。

3.1.2　水流生态保护补偿的内涵

伴随着水的流动和水文循环过程，流域内水资源、经济社会、生态环境系统相互作用，不断进行物质循环、能量流动和信息传递，形成了独特而完整的流域水文生态过程，构成一个完整的复杂系统，与之相关的水资源和生态环境要素在空间和时间上不断发生变化。水土等资源的开发、利用、保护、治理等过程，会对流域的水文循环过程、泥沙等物质运动过程和水生态系统的结构与功能产生一定的影响，并以水生态系统为介质将影响传导给利益相关者，产生利益的损益关系。以维护流域良好的水文循环过程和水生态系统服务功能为目标，通过生态补偿方式对这种损益关系进行合理调整，即产生了水流生态保护补偿。

水流生态保护补偿是基于公平公正原则对行为主体和利益相关者之间

的利益进行调整，利用补偿的方式调整行为主体和利益相关者之间的利益关系，实现生态环境外部成本内部化。补偿的前提是行为主体活动影响了生态系统服务功能，增加或降低了利益相关者的生态保护成本和发展收益损失情况。补偿的依据主要是水生态系统中各要素的变化情况。同时，还要综合考虑生态保护成本、发展收益损失、生态价值、财政承受能力等。

建立和完善水流生态保护补偿的核心是按照水资源-经济社会-生态环境系统协调发展的要求，立足于损害者、受损者、保护者和受益者四类对象，以维护生态系统服务功能、流域水文循环过程，明确各类开发利用保护治理活动损益关系为基础，合理调节区域间关系、人与水关系和主客体关系，规范流域水土等资源开发和生态环境容量占用的行为，促进水生态保护和修复行为。

水流生态保护补偿包含了三个过程的内在关系。①影响过程，行为主体的经济活动对流域水文循环过程产生影响，从而对水生态系统产生影响，包括对水生态系统产生积极影响的生态保护、修复治理活动，以及对水生态系统产生消极影响的水土等资源开发和生产建设活动；②传导过程，行为主体对水生态系统的影响改变了水生态系统结构和服务功能，并通过水生态系统传导方式，主要表现为改变流域水文循环过程并改变水循环过程中伴生的物质流、能量流和信息流的循环与平衡关系，传导给利益相关者，增加或损害利益相关者正常享有水生态系统服务功能的权力和收益，形成损益关系；③补偿过程，利益相关者接收到水生态系统传导的信息后，与行为主体之间产生利益调整，形成补偿关系，补偿关系的建立在一定程度上也体现水生态系统服务功能的价值。这样，区域间、不同利益主体间生态保护事权和享有的生态服务权益实现公平合理分担（图3.1）。

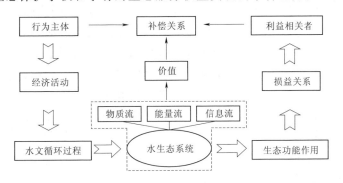

图3.1　水流生态保护补偿关系示意图

3.2　水流生态保护补偿的理论基础

　　水流生态保护补偿问题的研究涉及流域水资源系统、生态环境系统和经济社会系统三大系统此消彼长的利益关系平衡，其理论依据主要是流域水循环理论、水生态系统服务功能理论和经济学外部性理论。流域水循环理论明确了水文循环过程及其伴随的物质、能量、信息等的形成转化和演变的动态平衡规律。水生态系统服务功能理论明确了流域水资源和水生态系统的动态平衡原理和生态系统服务功能价值。经济学外部性理论明确了水资源和水生态的外部性、公共物品属性，明确了水流生态保护补偿的必要性。

3.2.1　流域水循环理论

　　水以流域为单元不断循环演化，降水、地表水、土壤水、地下水之间不断相互转换，并与循环过程中的生态环境不断发生相互作用，引起水土资源和生态环境要素的不断变化。流域水循环是自然界物质循环、能量流动和信息传递的重要方式之一。水在循环运动过程中及其连带的物理化学及生物作用要素之间遵循以流域为单元的水量平衡、物质平衡、能量平衡、化学平衡和生物平衡等方面的动态平衡关系。在自然因素影响下，水循环的途径和循环路径以及程度的强弱，决定了水土等资源的区域分布以及时空变化规律，也就决定了区域天然水生态的基本状况和特点。

　　河流水系具有连续性和流动性。水的自然流动规律决定了水资源具有以流域单元为整体，从上游向下游、从支流汇入干流的自然特性。人类对水资源的开发利用以及对水生态的保护与治理修复，可能对流域水循环和水生态系统产生深远影响，特别是上游和支流的人类活动会对下游和干流地区产生重大影响，如上游地区破坏天然植被、大量开垦坡耕地，可能导致水土流失和洪涝灾害不断加剧；不合理的水工程建设和运行，可能会严重恶化流域生态状况；上中游地区过度开发利用水资源，可能会导致下游河道断流、湖泊湿地萎缩甚至使许多与水相关的生物物种遭到灭顶之灾；地下水严重超采，可能会使地下水生态系统遭到严重破坏等。

　　在自然循环因素持续作用的背景下，流域不断受到人类活动的干预和影响，从而使得水的自然循环过程和动态平衡关系不断发生演变，流域水量平衡、物质平衡、能量平衡、化学平衡和生物平衡等动态平衡关系发生显著的改变，导致水生态系统的结构和功能作用发生改变。

3.2.2　水生态系统服务功能理论

水是生态系统存在和发展的基础条件，是多种生态系统服务功能的源泉。水和以水为载体的物质循环、能量流动和信息传递，对水生态系统和人类提供了支持和服务的功能。对水生态系统而言，水既是其物质组成成分，又是物质循环、能量流动和信息传递的载体；对人类社会而言，水的自然资源属性、经济社会属性和生态环境属性，为人类经济社会发展提供了物质和产品的支持。水生态系统服务功能始于自然系统的长期演变、循环与转化过程中形成的水及与水直接关联的物质，既体现在对人类社会的产品供给方面，包括人类从河流、湖泊和湿地以及地下水生态系统获取的物质和精神方面的满足等，又体现在对水生态系统存在和演化的自然环境的维持方面。

1. 水生态系统服务功能

关于生态系统服务功能，联合国《千年生态系统评估报告》及相关研究成果将生态系统服务功能类别划分为支持功能（生态系统的基础功能）、供给功能（从生态系统中获得产品）、调节功能（从生态系统的调节过程中获得效益）和文化功能（从生态系统中获得非物质的享受和效益）四类。水生态系统也具有相应的支持功能、供给功能、调节功能和文化功能。根据水的自然资源、经济社会和生态环境等属性，水生态系统的支持功能主要为水及作为水的赋存空间的河流、湖泊、湿地以及地下水系统形成的自然演变功能；调节功能主要为水文循环过程中产生的洪水调蓄、气候调节、稀释净化等生态系统服务功能；供给功能和文化功能主要为向人类提供物质和产品支持以及美学享受等社会服务功能。因此，将水生态系统服务功能分为自然演变功能、生态系统服务功能和社会服务功能三类，将生态系统服务功能中的供给功能和文化功能均纳入社会服务功能。

（1）自然演变功能。包括水文循环过程中维系地质自然演化、物质输移、维系岸线和冲沙防淤等输移、传导功能，体现水及作为水的赋存空间的河流、湖泊、湿地以及地下水系统的自然价值。

河流具有维系地质自然演化、维系水文循环平衡、补给地下水、冲沙防淤、防止岸线侵蚀、造地成陆、输送物质等自然演变功能。

湖泊、湿地具有维系地质自然演化、维系水文循环平衡、补给地下水、输送物质等自然演变功能。

地下水系统具有维系地质自然演化、维系水文循环平衡、输送物质、支持地表生态环境（防止地面沉降、防止地表土壤的沙化和盐碱化）、补给河流湖泊湿地等自然演变功能。

（2）生态系统服务功能。包括调蓄洪水、稀释净化、调节气候和维系生物多样性等生态系统服务功能，体现水生态系统的生态价值。

河流具有调节周边地区温度、湿度，通过河道和河岸带湿地调蓄洪水、降低洪峰流量和滞后洪水过程，通过稀释、扩散、沉淀、分解合成、生物吸附等物理、化学、生物过程稀释污染、净化水体，通过输送和制造营养物质、提供适宜生境的方式维系生物多样性等多种生态系统服务功能。

湖泊、湿地具有显著调节局部地区湿度、温度和降水状况，通过特殊的结构和流动缓慢的水体调节水文过程、蓄滞容纳洪水，减轻干旱、风沙、土壤沙化过程，稀释、储存、降解和转化污染、有毒物质，净化水体，以及以水陆交错带形成的边缘效应和独特的生态环境维系生物多样性等多种生态系统服务功能。

地下水系统因其特殊的地质属性，具有稀释净化的生态系统服务功能，并通过地下水蒸腾蒸发发挥调节气候的作用。

（3）社会服务功能。包括向人类提供物质和产品支持以及美学享受等功能，体现水的资源价值和水生态系统的经济社会价值。

河流具有向人类提供水资源即提供生活用水、生产用水和河道外生态用水，提供水产品，提供水能资源满足发电需要，提供航运通道以及提供休闲娱乐活动场所带来旅游资源、形成景观效应、提供美学享受等社会服务功能。

湖泊具有向人类提供水资源即提供生活用水、生产用水和河道外生态用水，提供水产品和生物产品（包括粮食、家禽、牲畜等食物，药品以及木材、纤维、泥炭等工业原材料），提供航运通道、提供休闲娱乐活动场所带来旅游资源、形成景观效应、提供美学享受等社会服务功能。

湿地生物生产能力极高，具有向人类提供水产品和生物产品（包括粮食、家禽、牲畜等食物，药品以及木材、纤维、泥炭等工业原材料），提供休闲娱乐活动场所、带来旅游资源、形成景观效应、提供美学享受等社会服务功能。

地下水系统具有向人类提供水资源即提供生活用水、生产用水和河道外生态用水的社会服务功能，并因其特殊的地质属性，可提供地热发电、矿泉水、温泉以及特别的地质效应，提供地下溶洞等奇观形成地下水系统的特殊社会服务功能。

2. 水生态系统服务功能影响要素

不同水生态系统服务功能依赖于水生态系统本身的结构和生态特征，最根本的是受水体自然属性特征要素的影响，这些要素包括水量、水质、水文过程、水位、水深、流速、含沙量和水温等。水量、水质和水文过程是最受关注的直观影响因子，也是人类对水生态系统干扰最为显著的指标体现。水量、水质和水生态过程决定了水生态系统的完整性和受干扰后的恢复能力，决定了水生态系统的健康程度，也决定了水生态系统的生态系统服务功能和社会服务功能（图3.2）。

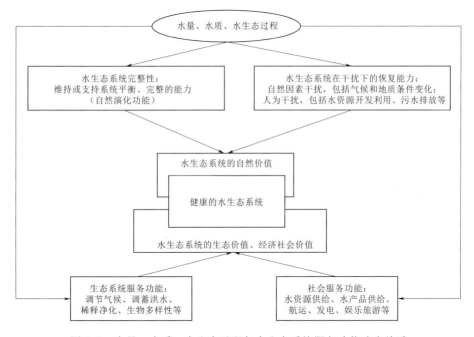

图3.2　水量、水质、水生态过程与水生态系统服务功能响应关系

（1）水量与水生态系统服务功能。水量的变化会引起水生态系统的物理响应，直接影响水生态系统的自然演化功能，并造成水生态系统生态系统服务功能和社会服务功能的重大改变。水生态系统内流量或水量的减少，会减少水体面积，改变水体形态、悬浮物的沉积速度等，导致河流、湖泊、湿地等水生态系统服务功能消失或减弱，对排入水体的污染物的稀释能力降低、对周边地区的温度和湿度调节能力降低、无法向人类提供足

够的生活生产用水、生物多样性消失等，并难以及时恢复。另外，水量过多，洪水泛滥，也将打破水生态系统的原有平衡，影响水生态系统的服务功能。

（2）水质与水生态系统服务功能。水质对水生态系统服务功能影响显著。人类对水资源的过度开发和不合理使用，挤占生态用水、排放污染物扰动破坏水体，使得水体水质恶化，带来一系列水生态系统属性的改变。水体的净化功能严重受损，水质破坏，使得水体中的水生生物受到威胁，大量鱼类死亡或濒临灭亡，水生厌氧植物大量繁殖，使生物多样性严重降低。作为重要水源地，河流、湖泊水质恶化使人类的饮用水和粮食安全受到威胁，河流、湖泊的社会服务功能发生变化，同时能提供的水产品质量降低，食物链的顶层物种累积更多的有害物质，对人类和动物的食品安全造成影响。另外，河流、湖泊的景观效应、美学享受和旅游资源属性也因水质恶化而趋向不利的一面。

（3）水文过程与水生态系统服务功能。水文过程的季节性或时空性改变直接影响着水体的各种属性。当河流、湖泊水位大幅变动时，其对沿岸的植被组成和成带现象造成很大的影响。一般来讲，水位的突然升高会导致沿岸湿地植被中的湿生植被数量和种类减少，使沿岸原有的生物多样性降低，同时导致水生物种的入侵和大量繁殖。而当流量减少时，最直接的效应就是流速降低、水深变小和水面面积减少。流速降低会使河流输送泥沙的能力降低，造成河道、湖泊淤积及形态的改变，还会潜在地影响某些浮游植物和游泳生物的分布和丰富度，例如造成低流量时间变长，给鱼类的洄游和产卵传递错误信息，同时改变水生生物栖息地环境，影响物种分布和丰富度，使生物多样性降低。除此之外，流量减少使通航河流、湖泊的水深变小，影响着河流、湖泊的通航属性；河流、湖泊水位降低将使河流、湖泊与地下水之间的补给关系发生逆转，河流、湖泊水位低于周边的地下水水位时，不再补给地下水；流速的降低，使营养物质输送减缓，影响了水生态系统内的物质流动。在社会服务功能方面，水能随着流量的减少而减少，河流的发电能力受到很大的影响；流量过低还将对水资源供给和水产养殖属性造成威胁。

水生态系统的不同功能之间相互联系、相互作用，并通过水文循环过程连接成一个独立的整体。自然因素和行为主体对水文循环的影响，共同构成水生态系统的扰动因子，改变了水体的水量、水质和水生态过程，必然在不同时空尺度影响和改变水生态系统服务功能的性质与作用范围及程度，打破原有的水量平衡、物质平衡、能量平衡、化学平衡和生物平衡等，形成由流域水循环过程改变引发的各种损益关系，包括资源收益与环境损益关系、发展收益与代价损益关系、流域间区域间损益关系等。

3.2.3　经济学外部性理论

水生态系统是共享公用的自然产物，水生态系统的自然演变功能、生态系统服务功能具有公共物品的属性；在社会服务功能方面，《中华人民共和国水法》明确规定水资源属于国家所有，具有明确的产权界定，"水资源的所有权由国务院代表国家行使。农村集体经济组织的水塘和由农村集体经济组织修建管理的水库中的水，归该农村集体经济组织使用"。但由于水权制度不完善，现有的产权界定在实践中不能通过市场实现资源的有效配置，因而水生态系统社会服务功能具有准公共物品的特征。水生态系统服务功能的公共物品属性，必然会导致"搭便车"的外部行为产生，经济活动对水文循环要素产生的影响和破坏必然会传导给其他利益相关者，增加其水资源使用的成本，最终导致流域水土等资源的过度使用和环境容量的过度侵占而无法满足合理的供给要求，以及水资源质量恶化而无法继续使用，形成"公地悲剧"。水生态系统的外部性既反映其对生态效益的影响，也反映其对水资源开发利用的影响。

水生态效应的外部性包括正外部性和负外部性，突出表现在上游地区水生态保护与治理修复的内部不经济和下游地区的外部经济，以及上游地区水资源开发利用的内部经济和下游地区的外部不经济。下游地区如何补偿上游地区的内部不经济，促进共同进步，促进全流域和谐、协调和可持续发展，是解决流域生态保护中的外部性的关键问题。依据外部性理论，为有效解决水生态保护与治理修复的权利与义务不对等、成本与效益不对等的矛盾，必须把全流域的经济社会和生态环境作为统一的大系统，通过建立生态保护补偿机制，界定各类生态保护、生态建设和享受生态效益的主体及其权利和责任，从维护流域健康的目的出发，按照公平公正的原则对行为主体之间产生的损益关系进行必要的调整，以价值形式体现水生态系统的服务功能价值、生态投入代价以及发展机会成本补偿等，使相关主体按受益份额分担生态保护与治理修复成本，使付出的生态保护与治理修复成本得到合理的补偿，并通过多种渠道、多种形式的生态保护补偿方式，促进各类主体之间的协调、交流与合作，实现各方优势互补、生态共建共享，达到区域经济协调发展、生态良性循环、经济社会可持续发展的目的。

3.3　水流生态保护补偿须处理好的几个关系

由于水具有流动性、随机性、多功能性和利害双重性，流域水系自然单元和行政社会单元具有一定的分割性，补偿以经济手段调节损益关系，自然规律、经济规律、社会规律等同时发挥作用，因此实施补偿时必须厘清补偿核心和主线，处理好以下几个关系。

3.3.1　区域水生态保护的权责关系

水流生态保护补偿采用公共政策或市场化手段，调节水生态保护与治理修复相关各方的利益关系，包括隶属于不同行政区划、不同层级财政但水生态关系密切的地区间的利益关系。不同地区在生态保护意识、修复治理能力、监测能力和经济水平上差异较大。因此，明确不同区域尤其是跨行政区水生态保护事权的责任关系，对于判断损益关系、明确补偿主客体、确定补偿标准和实施方案具有先导性的意义。

中央政府应主要解决具有跨行政区外部性以及代际外部性的国家水生态保护问题，重点负责具有全国性公共物品性质的水生态保护等全局性工作，例如跨省大江大河流域生态保护与治理修复、大江大河水流生态保护补偿、国家级涉水生态保护区域，以及具有重大影响的突发性水生态环境事件的处理和应对。地方政府水生态保护事权应根据当地所处的流域、区位、环境特征进行分类界定，具体可结合全国生态功能区划和地方生态功能区划成果，划定不同等级水生态保护地理单元，根据各单元水生态保护任务目标，明确地方政府水生态保护事权。

中央政府事权内的水流生态保护补偿，应以中央财政转移支付为主，促进地区间水生态保护与治理修复财政能力均等化。地方生态保护是地方政府公共事务的重要组成部分，地方政府财政也对当地水生态保护与治理修复承担责任，针对事权内水流生态保护补偿，完善对下级的转移支付，将资金分配落实到基层。针对跨行政区水流生态保护补偿，应探索建立政府间横向支付制度。发挥中央财政对地方财政的引导作用，通过政策和法律逐步规范地方各级政府的水生态事权落实，规定地方各级政府财政责任，逐步建立地方政府间财政横向支付制度，在区域范围内平衡生态保护财政投入能力，实现生态保护事权和财权均等化。

3.3.2　上下游经济外部性的关系

水以流域单元为整体，自上游向下游、从支流汇入干流的自然流动规律，决定了水生态系统是随着河流水系的发育而形成的完整体系。由于水资源的稀缺性、水生态系统服务功能的多样性及公共物品属性，上游和下游存在着用水竞争和利益冲突。同时，独立于流域系统外，由于历史、政治、经济、文化等多种因素综合作用，形成了行政区划系统，完整的流域通常被众多的行政区域分割，流域的完整性、连续性和行政区域的分割性，进一步加剧了水资源开发利用中的竞争和冲突，同时导致了水生态效应的外部性，形成基于水的自然流动规律的流域上下游、区域间的水生态系统的价值转移。

流域水生态效应的外部性，如水生态保护与治理修复，上游地区存在内部不经济，为保护良好的水生态环境，必须进行高标准的生态建设和污染治理，在水土保持、水源涵养和水环境保护治理等流域水生态保护、建设、治理修复工程中进行额外投入，增加了地方财政负担。同时，在上游地区设立水源保护区、自然保护区等禁止开发区或限制开发区，由于水生态保护与治理修复的高要求，必须对产业发展进行更多的限制，众多在无额外生态保护与治理修复要求下可以建设的常规企业受到限制，无法在上游地区进行建设，加之农业种植结构、种植方式等也受到不同程度的约束和限制，影响了地方经济的发展，减少了就业岗位和财政收入。以牺牲自身发展机会为代价的水生态保护与治理修复，对上游地区居民收入的增加极为不利，并可能造成当地经济社会各层面的负面连锁反应。上游地区的内部不经济对应的是下游受益区的外部经济。

上游地区水生态保护与治理修复产生的生态价值，小部分由上游地区享受，大部分则由于水自然流动的属性，为下游地区享受，表现为上游地区保证了下游地区充足的水量、良好的水质和适宜的水生态过程等。充足的水量保障了下游的供水，减轻了缺水风险；良好的水质保障了饮水安全、供水安全和优质的水生态环境；适宜的水生态过程减轻了下游洪水灾害，保障了生态的合理需水过程，实现生态的良性循环；上游的水土保持减少了河流泥沙等。上游地区开展的水生态保护与治理修复，在下游地区形成了巨大的社会、经济和生态效益，保障了国民经济可持续发展。

反之，上游地区不顾下游地区的需求和利益进行水资源开发利用，可消除其水生态保护与治理修复的内部不经济，当地经济社会发展不再受限，并以上游自身发展需求对水资源进行调控和水资源开发利用，形成外部经济。但上游地区对水资源的开发利用，则会为下游输出水土流失、水体污染及生态破坏，导致下游水库淤积、河床抬高、供水安全受到严重威胁等，形成下游地区的内部不经济，对下游地区生态环境造成深远影响甚至永久破坏。

由此，上游地区水生态保护与治理修复的内部不经济给下游地区带来了外部经济。反之，如果上游地区以消耗资源和破坏生态的方式发展经济，对自身来说是内部经济的，但对下游地区来说，却产生了外部不经济。流域水生态效益的正外部性和负外部性的单向性特点，即上游地区对生态环境的保护与治理修复可使全流域受益，对资源消耗和生态破坏可使全流域受损，而中下游地区产生的生态环境正效益或负效益则一般不会影响到上游地区，导致上游地区的内部经济与下游的外部不经济、上游地区的内部不经济与下游地区的外部经济形成此消彼长的利益冲突关系。

3.3.3　受益主客体的多重性关系

由中央政府和地方政府在辖区内实施的水流生态保护补偿，受益主客体在广义上来说是一致的，利益的损害方和受益方都是人民群众。损益关系的产生则是生态保护和经济社会发展不同类型利益之间的矛盾导致的。生态保护对人民群众产生良好的水生态服务价值，提高人民群众水安全保障程度，产生积极的生态效益；发展则促进经济社会发展，提高经济效益和社会效益。现阶段，我国社会逐步向资源节约型、环境友好型转变，以创新、协调、绿色、开放、共享的发展理念推进高质量发展，经济增长方式由粗放型向集约型转变，促进人与自然和谐统一，虽然保护与发展并不处于对立面，但目标并不完全一致。保护强调限制人类行为以维护天然的生态系统，发展则鼓励进行开发建设。因此，当保护利益和发展利益冲突加剧时，运用补偿手段调节水生态环境保护和经济社会发展之间的矛盾，调节人民日益增长的美好生活需要和不平衡不充分的发展之间的矛盾。

跨行政区水流生态保护补偿，尤其是以流域为单元的水流生态保护补偿，对于源头区和河口地区以外的区域而言，由于流域的上下游关系，同一个行政单元的上游多为受益区，下游则多为补偿区，因此开展以流域为单元的水流生态保护补偿，应综合考虑上下游关系，考虑涉及行政单元在流域整体生态系统中的具体作用，包括对生态环境的贡献和带来的损害。

3.4 水流生态保护补偿总体框架

建立和完善水流生态保护补偿机制，需要根据水流生态保护补偿的分类和不同区域，从技术层面回答以下 5 个方面问题：①谁补谁？在明确不同利益相关者责权利的基础上，通过对行为主体活动产生的有利与不利影响进行辨识，确定生态保护补偿主体和补偿对象；②补什么？分析行为主体活动对水资源及其赋存的生态系统服务功能有哪些方面的影响；③补多少？评估生态保护修复行为的产出效益或开发建设行为造成的生态系统服务功能的损失及他人增加的成本，通过评估以及和利益相关者协商，确定生态保护补偿标准；④怎么补？根据补偿主体和补偿对象的关系，提出具体的生态保护补偿方式；⑤如何实施？明确生态保护补偿的实施主体，建立实施过程中的协商、协作、监督、评估与考核机制（图 3.3）。

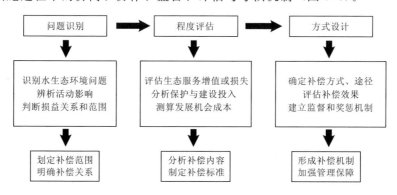

图 3.3　水流生态保护补偿框架

3.4.1　补偿主体与补偿对象

生态保护补偿主体是补偿者，补偿对象是受偿者，补偿主体与补偿对象构成补偿的基本利益关系，行为主体的经济活动方式决定了生态保护补偿主体与补偿对象。按照水流生态保护补偿分类，确定补偿主体与补偿对象。

以保护流域水资源和改善生态环境、提高水资源使用价值及其所赋存的水生态系统服务功能为主要目的，对其他利益相关群体而言，产生的结果是水生态系统服务功能的维系和增加，形成生态正效应，相关受益者为补偿主体。由于水生态系统服务功能具有公共物品属性，在受益者范围难以确定时，由政府承担相应的补偿，作为补偿主体。对水生态系统进行保护和修复的行为主体是补偿对象。

江河源头区、重要水源地、水土流失重点防治区、蓄滞洪区等区域主要由国家和地方各级人民政府设置，划定区域范围，并提出相应的水资源涵养保护和水生态环境建设的要求，其受益范围广，受益主体难以确定，因此主要由中央和地方人民政府承担相应的补偿，作为补偿主体。区域内为保护流域水资源和改善水生态环境、维系流域生态良性循环等进行保护、建设而作出贡献以及因此导致发展机会受限的各种行为主体为补偿对象。受损河湖、水土流失治理区等区域，由于历史原因或者长期的过度开发，区域水生态环境持续恶化，并且造成生态恶化的行为主体已无法追溯或难以确定边界范围，按照生态文明建设的要求和保障国家生态安全的需要，对这些具有重要生态功能的区域进行治理修复，以提高和改善水生态系统服务功能，维护水生态系统整体功能和稳定性，由国家和地方各级人民政府共同承担补偿，作为补偿主体，并以生态修复与治理项目补偿为主，同时可考虑给予开展水生态修复、治理的企业或个人一定的财政补贴，或购买治理成果。

3.4.2　补偿范围与内容

分析行为主体的活动对水资源及其赋存的生态系统服务功能在多大区域空间范围、哪些方面有影响，是评估生态效益、损失或成本的基础，是水流生态保护补偿标准测算的重要依据。

确定补偿范围应注意以下几项原则：

（1）明确责任事权，确定补偿条件。上下游、干支流、左右岸均有水资源开发利用与保护的相关责任、权利和义务，基于相应责任事权与政策，确定补偿目标和条件，在达到规定的条件下实施补偿。

（2）根据损益关系，确定补偿范围。行为主体的活动在其应尽责任或应享权利范围内，不产生补偿关系；超越其应尽责任或应享权利与利益相关者形成损益关系，达到补偿条件，对超越部分实施补偿。

对于产生有利影响的，应详细识别和确定活动对水体及其生态系统服务功能的影响范围与具体有益的内容，以及保护与修复行为主体作出的牺牲或付出的代价。①生态环境的治理修复活动提高和改善了水生态系统服务功能，受益区应对治理修复活动的成本提供补偿；②对水资源与水生态系统进行保护活动，使得区域内一些资源开发或生产建设等经济活动受到限制，失去了一定的发展机会，同时承担更多的生态保护责任，增加了相应的生态保护成本，按照公平公正和协调发展的原则，受益区应当承担生态保护与失去发展机会的成本；③资源开发或项目建设对生态环境产生不利影响，应详细分析活动对水体及其生态系统服务功能的影响范围、影响对象与具体受损的内容。

3.4.3 补偿标准

制定补偿标准是水流生态保护补偿机制建设的关键环节，能否达成补偿主体和补偿对象双方认可的补偿标准，是水流生态保护补偿能否有效实施的前提。

确定补偿标准应遵循以下几项原则：

（1）体现价值、责权统一。体现水资源的生态价值和代际成本，使得生态保护和修复外部成本内部化，体现区域之间责任明确、事权合理、利益关系公平，实现资源共享、生态共建、经济共赢。

（2）成本分担、利益分享。通过改变地区生态利益格局，实现公共服务水平均衡；所有资源开发利用获益者均应支付相应费用进行利益分摊，使用资源造成影响的行为主体应承担相应的补偿责任。

（3）量化核算、协商确定。根据生态保护成本测算、生态系统服务价值、发展机会成本的分析结果，按补偿意愿和能力协商确定。

补偿标准的确定包括4个步骤：①对生态保护与治理修复的投入成本和机会成本进行测算，以投入成本为主，确定水流生态保护补偿的成本依据；②在条件允许的情况下，对生态系统服务功能影响进行评估，即评估分析行为主体的活动对生态系统服务功能的增值或损失，以货币化形式表示，作为确定水流生态保护补偿标准的价值依据；③对补偿主体的可承受能力进行分析；④根据分析测算结果，利益相关者进行协商，达成双方认可的补偿标准。

3.4.3.1 计算保护与修复增加的经济投入或损失

水流生态保护补偿成本核算包括高标准水生态保护与治理修复的额外投入和维护成本，如水土保持、水资源保护等活动所需的额外投入和维护成本，以及为承担水生态系统保护和修复重任所牺牲的部分经济社会发展的机会成本，以水生态保护与治理修复的额外投入和维护成本为主，作为确定补偿标准可参考的低限，具备条件的可考虑发展机会成本；开发建设类活动需要计算应对水生态破坏而产生的修复或增加的社会生产成本，以之作为确定补偿标准可参考的依据。

水生态保护与治理修复的投入和维护成本中，投入成本按实际高标准保护与治理修复的额外投入成本计，生态保护、修复工程投资建设后续维护成本计算方法为

$$C = TR \tag{3.1}$$

式中：C 为生态工程建设工程年维护费用，万元；T 为生态工程建设总投资，万元；R 为项目维护系数，无量纲。

机会成本指人们在作出一项决策时，往往面临多种备选方案，由于资源具有稀缺性，人们只能选择其中一种方案去实施，被弃方案中可能获得的最大收益就构成所选方案的机会成本。补偿区域经济发展受限主要由于生态保护、修复工程建设侵占了区域土地资源而损失的土地利用权益；补偿区域内的资源开发利用限制而损失的发展机会；水生态保护和修复目标的提高，限制了工业、农业、生活、渔业、旅游等常规产业的污染物排放，对区域相关产业发展产生一定的限制；提高污染物治理水平和产业结构升级，增加了相关成本等。可以用类比法估算机会成本，采用自然条件相近的非补偿区域作为参照，分城市、农村计算个人和整个区域的机会成本，计算方法为

$$P_{\text{city}} = R_0 - R \tag{3.2}$$

$$P_{\text{country}} = S_0 - S \tag{3.3}$$

$$P = P_{\text{city}} N_t + P_{\text{country}} N_f \tag{3.4}$$

式中：P_{city}、P_{country} 分别为城镇居民、农民机会成本，元/a；R_0、R 分别为参照地区、补偿区域内城镇居民人均可支配收入（城镇居民人均可支配收入＝实际收入－家庭副业生产支出－记账补贴－个人所得税），元/人；S_0、S 分别为参照地区、补偿区域内农民人均纯收入［农民人均纯收入＝（农村居民家庭总收入－家庭经营费用支出－生产性固定资产折旧－税金和上交承包费用－调查补贴)/农村居民家庭常住人口］，元/人；N_t、N_f 分别为补偿区域内城镇居民、农业人口，人；P 为区域机会成本总金额，元/a。

3.4.3.2　生态系统服务功能的增值与损失分析

根据界定的补偿范围与影响内容，分析和辨识不同类别的经济活动对水资源及其服务功能的影响，并通过一定的技术方法与手段对水生态系统服务功能价值及其变化进行定量评估，衡量经济活动的可行性、合理性以及权衡相关各方利益格局的变化，以此决定利益调整的行为和方案，以达到水生态服务公共享有群体"公平公正共享"。评估途径通常包括 3 个：根据直接获得的经济物品或服务在市场中的信息进行推算；从其他事物蕴含

的有关信息中获得，可通过间接相关联的市场行为加以评判；通过直接调查个人的支付意愿或接受意愿获得。当难以获得直接或间接的市场信息时，通常利用假想的境况和方案，访问假想利益人的主观意愿，以获取该功能的效用市场量值。

当水生态系统受到干扰，其满足主体的生态系统服务功效下降、衰退甚至丧失时，人类会通过劳动，恢复水生态系统或寻求某些水生态系统功效的替代途径，来满足自身发展的需要。此时，劳动代价反映了功效价值的标尺。目前对重点生态功能区进行生态保护补偿试验时，常以人类保护和恢复水生态系统服务功能的物化或活化的劳动代价作为补偿的依据。

1. 价值计算方法

根据人类获取的直接支持效用或因水生态系统服务功能减损而付出的代价，即通过经济学中产出与投入两种途径计算水生态系统服务价值，方法可划分为成本定价法与效用价值法两大类（表3.1）。

表 3.1　　　　　水生态系统服务价值分析的经济学测算方法

方法		技术原理	典型技术	优　点	缺　点
成本定价法		人类应对问题的行为反应	恢复（或维护）成本法	适用性广，体现外部性，警示效应、认同感较好	间接体现，参考值难以分离，单一功能价值有许多缺项，一般为价值低限
			替代费用法		
			经济损失法		
效用价值法	揭示偏好法	生态作用机理	残值法	适用于直接经济价值、间接与经济关联的价值计算，较可信；具有可比性	受价格与信息可靠度的影响；不适用于非使用价值评估
			效益费用分析法		
			影子价格法		
			生产力变动法		
			机会成本法		
			旅行费用法		
			生产函数法		
			内涵资产法		
			CGE 模型法		
			线性规划法		
			非线性规划法		
	陈述偏好法	经济偏好理论	支付意愿法	可用于非使用价值计算；简单直观	受主观意愿影响，可比性差
			受偿意愿法		

（1）成本定价法。因水生态系统遭破坏或衰退，其服务功能下降或消减而不能满足人类需求，导致人类付出代价（如因水量或水质变化而受到影响的损失、采取对策措施所付出的代价），逆向或间接表征水生态系统服务功能价值的经济货币量值的方法，计算方法可分为恢复（或维护）成本法、替代费用法与经济损失法。

（2）效用价值法。提供与支持人类生产生活活动的服务功能所反映的市场经济货币量值，正向表征水生态系统服务功能价值的方法，计算方法可分为揭示偏好法与陈述偏好法。揭示偏好法是根据从市场信息中可观察到的与此相关联的产品或服务的行为轨迹，利用类比评估和替代技术法进行分析，以"影子价格"和消费者剩余来表达生态系统服务功能的经济价值。陈述偏好法通常利用调查问卷的方法咨询相关利益群体的支付意愿，以表征生态系统服务功能的经济价值，称为模拟市场技术（又称假设市场技术），评价手段称为条件价值法。

2. 价值分析方法

对生态系统服务功能的增值与损失进行分析时，还必须注重体现真实价值、考虑时间增值因素、反映经济发展水平和科学分析计算等。

（1）体现真实价值。由于经济发展的不均衡与货币价值（或购买力）的变化，存在着通货膨胀现象。因此，在计算水生态系统服务功能价值时，一般要计算其影子价格，以反映其价值。需要通过物价指数换算或采取要素的不变价格进行模拟分析研究，防止计算结果失真。

（2）考虑时间增值因素。即使在完全竞争的市场均衡条件下，只要不同时段同等数额的要素投入不等值，价值就会随着时间的推移而增值。因此，在评估水生态系统服务功能价值时，需要考虑价值的时间增值效应。

（3）反映经济发展水平。水在经济用途与生态用途的价值取向受享有人群的基本评判影响，而享有人群对生态用途的价值评判一般以当时经济发展的水平作为评价基准，加以衡量。因此，在评判享有人群对水在经济与生态之间进行合理配置的效果时，应该对经济与生态价值评价采取同一评价基准，也就是基于当期当地的经济水平。

（4）科学分析计算。水生态系统发挥的生态系统服务功能是与其他生产要素共同作用时体现出来的，在利用各种信息途径分析其价值时，需要科学分析和合理剥离其价值。另外，不同用途的水发挥不同功能价值，水在某一状态下可能同时发挥好几种生态服务价值，也可能体现为不同用户之间竞争用水的特性，因此针对某一时期水生态系统服务功能进行总价值评估时，应避免重复计算。

各种不同生态群落和类型的服务功能价值，评估方法还没有形成统一的评价标准。由于信息来源存在多元性，同一种服务功能可采用不同的价值计算方法（表3.2）。

表 3.2　　　　　　　水流生态系统服务功能及其价值评估方法

服务功能类型		主 要 评 价 方 法
自然演变功能	地质自然演化	支付意愿法
	水循环平衡	支付意愿法
	补给地下水	影子价格法、替代费用法、恢复成本法
	维系岸线	支付意愿法、防护成本法
	冲沙防淤	影子价格法
	造地成陆	支付意愿法、防护成本法
	输送物质	影子价格法
	防止地面沉降	效益费用分析法、恢复成本法
	防止土壤流失	影子价格法、防护成本法
	支持地表生态环境	生产力变动法、替代费用法
生态系统服务功能	稀释净化	影子价格法、替代费用法、经济损失法
	调节气候	影子价格法
	调蓄洪水	受偿意愿法、替代费用法
	维系生物多样性	支付意愿法、机会成本法
社会服务功能	供给农业生产用水 供给工业生产用水	效益费用分析法、残值法、生产力变动法、影子价格法、生产函数法、数学规划法、替代费用法、经济损失法
	供给生活用水	支付意愿法、替代费用法、恢复成本法
	水力发电	影子价格法、生产力变动法、替代费用法、经济损失法
	水道航运	效益费用分析法、替代费用法、经济损失法
	水生物产品	效益费用分析法、影子价格法、经济损失法
	矿泉水	影子价格法、效益费用分析法、替代费用法
	温泉水	影子价格法、效益费用分析法、机会成本法
	地热	影子价格法、效益费用分析法、替代费用法
	景观效应	内涵资产法、防护成本法、支付意愿法
	娱乐旅游	旅行费用法、支付意愿法
	美学享受	支付意愿法、机会成本法

参照表 3.1、表 3.2 的货币量化方法，计算不同类别的经济活动对水资源及其生态系统产生的服务功能增加或减少的价值，作为确定补偿标准可参考的上限。

3.4.3.3　补偿主体经济可承受能力分析

不同区域不同的补偿主体在不同的经济发展阶段，具有不同的经济承受能力，需要对补偿主体的支付能力和意愿进行调查研究，提出可能用于生态保护补偿的额度。

3.4.3.4　补偿标准的协商界定

补偿标准的界定，需根据测算结果，结合补偿主体的经济可承受能力与支付意愿，通过利益相关者之间的协商，形成双方认可的补偿标准，或按主管部门的仲裁结果执行。根据利益驱动的经济活动最优规则包括：①在成本一定的情况下，追求利益最大化；②在目标利益既定的情形下，追求成本最小化。水流生态保护补偿是基于水生态系统服务功能既定的需求目标而产生的，因此，应考虑基于目标利益既定的情形，设定最优方案，也即追求成本最小化。补偿标准的浮动范围应是：在水生态系统可恢复或达到一定目标的条件下，位于利益相关者之间进行利益协调合理的补偿区间。

3.4.4　补偿方式

在行为主体和利益相关者确立生态保护补偿关系之后，需要根据补偿主体和补偿对象选取适宜的补偿方式。补偿方式的确定原则有以下几个：①因地制宜，差别对待，即根据自然地理条件、行为主体活动、生态损益关系、现行政策功能，建立补偿机制，制定考核评估体系，明确考核指标；②多措并举，全面推进，即采用多种方式，加强生态保护补偿的"造血"和"输血"功能，将区域的资源优势、生态优势转化为产业优势、经济优势；③区分责任，明确职责，即合理界定政府与市场的各自职能，明确中央政府和地方政府的分工，根据生态保护和修复的事权责任关系建立生态保护补偿资金的来源渠道。根据补偿主体与补偿对象是否易于确定的原则，初步分析水流生态保护补偿方式。总体上分为三种模式：政府主导的补偿模式、市场主导的补偿模式与政府和市场相结合的补偿模式。

1. 政府主导的补偿模式

政府主导的补偿模式是以国家（中央政府）或上级政府为补偿主体，

以下级政府或生态保护与治理修复者为补偿对象。政府主导的补偿模式主要包括三种情况：①涉及国家资源与生态战略安全；②行为主体活动维系或改善水生态系统服务功能所产生的效益，受益区域或受益者范围无法确定；③由于历史原因等，已遭到影响或破坏的重要水生态系统的治理与修复。政府主导的生态保护补偿模式是目前开展水流生态保护补偿最主要的形式，具体以财政转移支付为主。

（1）财政转移支付。财政转移支付是指以各级政府之间存在的财政能力差异为基础，以实现各地公共服务的均等化为主旨，按照财权与事权相统一的原则，在合理划分财政收入级次和规模的基础上，上级政府对下级政府财政收入资金的纵向无偿划拨和各地财政之间的横向转移支付。水流生态保护补偿以纵向财政转移支付为主，目前实践中已使用的财政转移支付主要包括项目支持、产业支持和直接补贴。

1）项目支持。财政转移支付的资金用于水生态保护与治理修复的项目建设，主要补偿行为主体在水生态系统保护中的成本支出。

2）产业支持。通过财政资金的引导，弥补水生态保护与治理修复产生的机会成本，引导和扶持产业结构调整，形成节能环保的绿色产业发展模式。

3）直接补贴。通过财政转移支付的方式，对水生态保护与治理修复者给予相应的补贴，作为对经济行为正外部性的补偿，补偿主体是各级政府，补偿对象是进行水生态保护与治理修复的个人或组织。

（2）税收优惠与产业扶持。通过税收优惠和贴息贷款等财政政策工具，或通过扶持适合水生态保护与治理修复区域的产业，对保护区域的水生态保护与治理修复行为给予补偿。补偿主体通常是中央政府，补偿对象是水生态保护与治理修复区域的地方政府。

（3）其他模式。政府利用其掌握的各种资源，可采用物质、劳动力和土地等方式进行补偿，以解决受补偿者部分的生产要素和生活要素，改善受补偿者的生活状况。

2. 市场主导的补偿模式

市场补偿是政府补偿的有益补充，是水流生态保护补偿机制创新的主要方向。市场主导的补偿模式实施的前提是，补偿是资源环境市场交易行为主体之间的补偿，补偿主体和补偿对象明确，补偿是通过利益相关方达成一定的交易而完成的，因此要有产权清晰的交易物品。水流生态保护补偿市场模式主要包括政府之间的权益交易、企业（个人）权益交易、生态标记等形式。

（1）政府间权益交易。水流生态保护的补偿主体和补偿对象是相关政府，水生态系统服务功能相关的产权界定在政府层面，上下游政府之间通过市场交易、讨价还价来实现对水生态系统服务功能的改善。它主要包括水资源使用权交易、排污权交易等方式。

（2）企业（个人）权益交易。企业（个人）具有明确的产权，只有一个或少数潜在的买家［某城市市政供水企业、某水力发电站、某特殊用水企业（如矿泉水企业、酿酒企业、某灌区等）］，同时只有一个或少数潜在的卖家（某一个中小流域）。交易的双方直接谈判，或者通过中介来帮助确定交易的条件与金额。

（3）生态标记。生态标记实际上是对水生态环境服务进行间接支付方式。利用这个计划，消费者可以通过选择，为由独立的第三方根据标准认证的生态友好性产品提供补偿，以体现产品的生态价值。

3. 政府和市场相结合的补偿方式

针对资源开发或经济建设活动，行为主体承担补偿责任，提供补偿资金，政府对补偿过程进行规范、约束和管理。由于行为主体改变水文循环及水生态系统服务功能后，受影响的利益相关者范围不易确定，一般情况下以政府作为补偿对象接受补偿，并承担水生态保护与治理修复行为。它主要包括收费（税）补偿、绿色保证金补偿及生态标记等。

（1）收费（税）补偿。对资源开发和项目建设的行为主体征收一定的生态保护补偿费（税），理论依据是经济活动对水文循环过程和水生态系统服务功能造成负面影响，增加了边际社会成本，应通过征收生态保护补偿费（税）来进行生态保护与治理修复，以消除和减轻这种负面影响。矿产和能源开发、水能资源开发等经济活动，均对水文循环或水土流失造成影响或破坏，可通过收费（税）进行补偿。

（2）绿色保证金补偿。通过征收绿色保证金，约束行为主体对水生态系统服务功能的破坏，是行为主体通过相应措施消除和减轻对水生态系统影响、外部不经济性内部化的重要方式。如果企业未按照要求完成相应的水生态保护与治理修复任务，那么政府就将保证金作为对行为主体破坏水文循环和水生态系统服务功能的补偿，用于生态保护与治理修复。

3.4.5 实施机制

水流生态保护补偿机制的建立，涉及明确职责、制订实施方案、组织实施、监督评估和绩效考核等内容。

（1）明确职责。明确水流生态保护补偿机制建设中各级政府、各级水利（水务）部门、相关部门、流域管理机构、企业团体和群众个人相应的责任义务和管理职责。

（2）制定实施方案。制定相应的水流生态保护补偿实施方案，一般通过协商达成一致意见。

（3）组织实施。一般以地方政府为水流生态保护补偿实施主体，企业团体和个人广泛参与，推进水资源保护以及水生态环境保护与治理修复。

（4）监督评估。以流域管理机构为主体，会同有关部门，对水流生态保护补偿的实施过程进行监督，对实施效果进行评估。

（5）绩效考核。可将水流生态保护补偿纳入政府绩效考核体系，对实施效果进行考核。

第 4 章

江河源头区生态保护补偿

4.1 基本情况

江河源头区是指一条或多条江、河干流和重要支流的源头地区，一般处于边远地区。江河源头区是一个流域上或生态地理上的概念。"源者，江河之初也"，一条江或河可能不止一个源头，常见江、河由多个源头汇集而成，这些源头可能处于一个较为集中的区域，也可能相距较远。区，是水系交织的区域，是一个范围概念。源和区合用则表示这一水系区域[38-39]。

4.1.1 江河源头区的重要性

江河源头区在我国经济社会发展中具有十分重要的作用，主要体现在以下方面：

（1）具有重要的生态功能。江河源头区地理环境特殊，独特的山地气候条件不仅因地理位置、海拔、坡向等的差异而变化，而且对土壤、植被、动物等施加影响，形成了迥然相异的山地垂直景观带结构。江河源头区森林草原覆盖、水源涵养、水土保持、洪水控制等生态系统功能的优劣程度，对下游地区具有广泛和深远的影响。

（2）具有特殊的经济功能。江河源头区所在山区拥有丰富的自然资源和宝藏，尤其是生物资源、矿产资源、水能资源和旅游资源。国家基建和民生用材主要由山区采伐供应；不少珍稀动植物栖息地位于山区，使山区成为天然生物园；林、竹、茶、果、菌、药等品种繁多的土特产品也多产于山区。江河源头区水能资源、矿产资源蕴藏量也较为丰富，开发潜力很大。江河源头区特殊的气候、地形地貌、森林植被、珍稀动植物及少数民族风情，极具生态旅游价值。

（3）具有独特的社会功能。我国不少江河源头区多属于欠发达地区、革命老区、边境地区、生态退化地区、资源型地区等特殊类型地区。加快这些地区的建设和发展，能够促进江河源头区经济社会高质量发展，改善少数民族生活，加强民族团结，不仅具有重大的经济意义，而且具有影响深远的政治意义。

4.1.2 江河源头区生态系统状况

由于历史、自然、经济等因素，江河源头区往往既是欠发达山区又是生态脆弱地区。受传统经济理念的影响，长期以来人们忽视江河源头区生态系统服务价值的存在，尤其是江河源头区生态系统服务功能大部分属于公共产品，无法形成市场供求机制。另外，对江河源头区生态系统保护与治理修复作出的牺牲缺乏补偿激励机制，有关政策和制度长期缺位，这直接导致"靠山吃山"的现象。江河源头区部分区域片面追求经济利益的人为开发建设活动持续强化，特别是盲目地砍伐森林和开发矿产，导致江河源头区面临水源涵养能力退化、水土流失严重、河水水质变差等一系列生态环境问题。这些区域由于生态环境的退化，生物资源和物种资源随之衰退，导致生物多样性减少，影响了生态资源的持续利用和资源再生，不仅制约江河源头区经济社会的可持续发展，更给中下游广大地区的持续繁荣带来了严重威胁。

总体来看，近年来我国逐步加大江河源头区保护力度，江河源头区生态系统整体向好，但在全球气候变化以及人类活动影响下，局部地区水生态问题及生态退化风险不容乐观，主要表现在以下方面：

（1）生态本底脆弱且受气候变化影响大。高寒或高海拔的特点决定了江河源头区的最大问题是生态脆弱，抗干扰能力低，极易发生退化，恢复难度大且过程缓慢。该区域一般水土流失面广量大、治理难度大。该区域对全球气候变化响应敏感，如长江、黄河、澜沧江三江源所在的青藏高原，近年来整体呈现暖湿化趋势，气温上升导致冰川消融，从短期来看，区域气候暖湿化带来冰川、雪山消融退缩，使得湖泊显著扩张、河川径流增加，但从中长期来看，随着固态水储量的减少，冰川融水径流或将出现由增转减的"拐点"，不利于江河源头区部分河流输出水量和生态系统保持稳定性。

（2）人类活动影响造成局部生态问题。江河源头区人口数量和活动强度逐渐增加，人类活动扰动与生态本底脆弱交织，加快了局部区域生态环境的退化速度。部分河道无序开发和违规建设，河道治理方式多采用硬质护岸，部分城镇治理段挤占河道，破坏河道生态功能。水污染一般虽不严重但未得到有效处置，部分地区人口密度较大，水污染负荷相对较高。污水收集处理基础设施建设存在短板，县城污水管网覆盖率不高，农牧区污水基本处于直排状态。随着经济社会的发展，未来河湖生态系统退化风险加大。

（3）水生态监管能力亟待加强。重建轻管的现象还未得到根本扭转，对河湖水域岸线管控、水资源管理、民生水利基础设施管理重视程度不够，水生态执法监督能力仍然薄弱。水生态空间管控机制、河长制湖长制、水流生态保护补偿机制有待健全完善。水文监测、水质监测手段相对落后，取用水计量率低，水土保持监测不足，水利信息化平台资源整合与共享困难，不能适应江河源头区水生态监管的需要。最严格水资源管理制度仍需深入实施。江河源水文化挖掘不足，群众爱水节水意识有待加强。水生态风险防控能力亟待提升。

因此，探索建立江河源头区生态保护补偿机制，促进江河源头区生态系统保护与修复，对于维护江河源头区生态系统服务功能和促进江河源头区经济社会与生态协调发展，进而保障江河源广大中下游地区可持续发展，具有重要意义。

4.2　补偿实践探索

4.2.1　国家层面

在国家层面，目前尚没有针对江河源头区出台单独开展生态保护补偿的政策文件，江河源头区生态保护补偿多见于其他生态保护补偿相关政策文件，如 2007 年国家环境保护总局《关于开展生态补偿试点工作的指导意见》（环发〔2007〕130 号）、2008 年《中华人民共和国水污染防治法》、2016 年国务院办公厅《关于健全生态保护补偿机制的意见》（国办发〔2016〕31 号）、2021 年中共中央办公厅、国务院办公厅《关于深化生态保护补偿制度改革的意见》（中办发〔2021〕50 号）等均明确提出在江河源头区开展生态保护补偿或在开展流域生态保护补偿时，资金分配与安排向中上游倾斜。

目前，已开展的江河源头区生态保护补偿多与国家重点生态功能区转移支付政策相结合，对纳入其中的江河源头区进行补偿。纳入《全国主体功能区规划》的重点生态功能区中，涉及重要江河源头区的主要包括：①大小兴安岭森林生态功能区，涉及松花江嫩江源头区；②长白山森林生态功能区，涉及松花江源头区；③三江源草原草甸湿地生态功能区，涉及长江、黄河、澜沧江源头区；④甘南黄河重要水源补给生态功能区，是黄河干流的重要水源补给区，涉及重要支流大夏河、洮河源头区；⑤大别山水土保持生态功能区，涉及淮河重要支流史河、滠河源头区；⑥南岭山地森林及生物多样性生态功能区，地处长江、珠江分水岭地带，涉及长江重要支流湘江、赣江源头区，珠江重要支流北江源头区；⑦若尔盖草原湿地生态功能区，涉及长江支流岷江的一级支流大渡河源头区；⑧祁连山冰川与水源涵养生态功能区，涉及西北内陆河黑河、疏勒河源头区；⑨阿尔泰山地森林草原生态功能区，涉及新疆北部额尔齐斯河、乌伦古河源头区。

针对国家重点生态功能区转移支付，2009 年，财政部印发《国家重点生态功能区转移支付（试点）办法》（财预〔2009〕433 号），提出中央财政在均衡性转移支付项下设立国家重点生态功能区转移支付，支持范围包括关系国家区域生态安全，并由中央主管部门制定保护规划确定的生态功能区，生态外溢性较强、生态环境保护较好的省（自治区），国务院批准纳入转移支付范围的其他生态功能区域。2011 年，财政部印发《国家重点生态功能区转移支付办法》（财预〔2011〕428 号），明确在青海三江源自然保护区、南水北调中线水源地保护区、海南国际旅游岛中部山区生态保护核心区等国家重点生态功能区，以及《全国主体功能区规划》中限制开发区域（重点生态功能区）和禁止开发区域等重点生态功能区开展转移支付。至 2022 年，财政部多次更新《国家重点生态功能区转移支付办法》，补偿范围扩展至目前的重点生态县域〔包括限制开发的国家重点生态功能区所属县（含县级市、市辖区、旗等，下同）以及新疆生产建设兵团相关团场〕、生态功能重要地区（包括未纳入限制开发区的京津冀有关县、海南省有关县、雄安新区和白洋淀周边县）、长江经济带地区〔包括长江经济带沿线 11 省（直辖市）〕、巩固拓展脱贫攻坚成果同乡村振兴衔接地区（包括国家乡村振兴重点帮扶县及原"三区三州"等深度贫困地区）。

4.2.2 地方层面

（1）浙江省。浙江省水流生态保护补偿是从江河源头区生态环境保护专项补助试点开始的。2006 年，浙江省政府启动钱塘江源头地区生态环境保护省级财政专项补助，在原有相关省级财政专项资金政策的基础上，省政府每年再拿出一笔资金（2 亿元），在钱塘江流域源头主干 10 个县（市）实行生态环境保护专项补助试点。2008 年，基于钱塘江源头地区试点工作经验，浙江省人民政府办公厅印发《浙江省生态环保财力转移支付试行办法》（浙政办发〔2008〕12 号），提出全省八大水系（钱塘江、瓯江、灵江、苕溪、甬江、飞云江、鳌江、曹娥江）干流和流域面积 100km² 以上的一级支流源头和流域面积较大的市、县（市）实施生态环保财力转移支付。2017 年，浙江省财政厅等四部门印发了《关于建立省内流域上下游横向生态保护补偿机制的实施意见》（浙财建〔2017〕184 号），明确将生态保护补偿扩展到全流域。

（2）江西省。2008 年，江西省财政厅颁布了《江西省"五河"和东江源头保护区生态环境保护奖励资金管理办法》（赣财建〔2008〕269 号），明确省财政每年安排专项资金，采取以奖代补方式对赣江、抚河、信江、饶河、修河五大河流和东江源头保护区给予生态保护补偿，根据源头保护区面积和水质情况确定源头保护区奖励资金的分配。2009 年，江西省人民政府印发《关于加强"五河一湖"及东江源头环境保护的若干意见》（赣府发〔2009〕11 号），提出加强赣江、抚河、信江、饶河、修河五大河流和鄱阳湖（以下简称"五河一湖"）及东江源头环境保护工作，进一步加大资金投入，生态环境保护资金、农田基本建设资金、生态公益林补助资金、水土流失治理资金、河道整治与小流域治理资金等专项资金的使用，对源头保护区实施倾斜。2018 年，江西省人民政府在《江西省流域生态补偿办法》（赣府发〔2018〕9 号）中，设置"五河一湖"及东江源头保护区补偿系数并予以倾斜。

（3）湖南省。2014 年，湖南省财政厅、省生态环境厅、省水利厅启动湘江流域生态保护补偿（水质水量奖罚），提出对湘江流域上游水源地区给予重点生态功能区转移支付财力补偿，通过湘江流域跨市、县断面进行水质、水量目标考核奖罚，实施湘江流域生态保护补偿。2019 年，湖南省财政厅、省生态环境厅、省发展改革委、省水利厅联合印发《湖南省流域生态保护补偿机制实施方案（试行）》（湘财资环〔2019〕1 号），要求在湘江、资水、沅水、澧水（以下简称"四水"）干流和重要的一级、二级支流，以及其他流域面积在 1800km² 以上的河流建立水质水量奖罚机制时，对"四水"上游县（市）予以倾斜。

（4）海南省。海南中部山区是海南省生物多样性富集区、主要江河源头区、重要水源涵养区、水土保持的重要预防区和重点监督区，在保持流域和全省生态平衡、减轻自然灾害、确保全省生态安全方面具有重要作用。2008 年，海南省政府启动实施中部山区生态保护补偿机制，通过省财政调整完善生态转移支付办法，对市、县政府保护生态环境给予财力性转移支付，逐步建立海南中部山区生态保护补偿机制。

（5）安徽省。2014 年，安徽省委省政府启动实施了大别山区水环境生态保护补偿，通过省财政专项转移支付、六安市和合肥市共同出资的方式筹集生态保护补偿资金，合计 2 亿元。2022 年，安徽省财政厅、省生态环境厅修订印发《安徽省大别山区水环境生态补偿办法》（皖财资环〔2022〕954 号），对 2014 版《安徽省大别山区水环境生态补偿办法》进行了修订，补偿资金增加到 2.52 亿元，专项用于上游地区涵养水源、水环境综合整治、农业非点源污染治理、重点工业企业污染防治、农村污水垃圾治理、城镇污水处理设施建设、污水处理设施后期运营和管网养护、船舶污染治理、漂浮物清理、生态保护直接补偿以及下游地区污水处理设施建设和水环境综合整治等。

（6）山西省。山西省财政十分重视对汾河源头及上游所在县的生态保护支持和资金投入，考虑到汾河源头及上游所属宁武、静乐和娄烦三县生态保护关停企业对当地财政收入带来的影响以及县级财政困难实际，着力加大均衡性转移支付倾斜力度，从 2017 年起对三县转移支付补助系数按1.05 测算。2018 年，山西省财政下达三县均衡性转移支付补助资金 9.8 亿元，增强了三县财政实力，为当地政府保护和改善江河源头区生态环境提供了必要的资金支持。

国家层面和地方层面关于江河源头区生态保护补偿政策法规文件详见表 4.1。

4.2.3　典型案例

1. 三江源地区生态保护补偿

三江源地处世界"第三极"青藏高原腹地，是长江、黄河、澜沧江的发源地，地理位置独特，自然资源丰富，生态功能重要，是我国最主要的

表 4.1　江河源头区生态保护补偿政策法规文件

层面	年份	颁布机关	政策法规名称	主 要 内 容	资金		备注
					来源	分配	
国家	2007	国家环境保护总局	《关于开展生态补偿试点工作的指导意见》（环发〔2007〕130号）	建立促进跨行政区的流域水环境保护的专项资金，重点用于流域上游地区的环境污染治理与生态保护恢复补偿			
	2008—2022	财政部	《中央对地方国家重点生态功能区转移支付办法》（自2008年起，持续更新）	2008年，财政部开始探索三江源、南水北调等地区，利用补助系数等给予生态补偿。2009年，中央财政正式开展重点生态功能区转移支付。此后，财政部每年下发文件，对资金分配范围、办法、监督考评进行调整更新。最新为2022年重点生态功能区的《中央对地方重点生态功能区转移支付办法》（财预〔2022〕59号）	中央财政	重点生态功能区	
	2013	环境保护部、国家发展改革委、财政部	《关于加强国家重点生态功能区环境保护和管理的意见》（环发〔2013〕16号）	加快制定出台生态保护补偿政策法规，建立动态调整、奖惩分明、导向明确的生态保护补偿长效机制			
	2016	国务院办公厅	《关于健全生态保护补偿机制的意见》（国办发〔2016〕31号）	在江河源头区、集中式饮用水水源地、重要饮用水水源保护区、水产种质资源保护区、水土流失重点防治区以及具有重要生态功能或生态脆弱的湖泊、大江大河重要蓄滞洪区的湖泊，全面开展生态保护补偿			

续表

层面	年份	颁布机关	政策法规名称	主　要　内　容	资　金		备注
					来源	分配	
国家	2017	第十二届全国人民代表大会常务委员会	《中华人民共和国水污染防治法》（2017年第二次修正）	国家通过财政转移支付等方式，建立健全江河、湖泊、水库上游地区的水环境生态保护补偿机制			
	2020	财政部、生态环境部、水利部、国家林业和草原局	《支持引导黄河全流域建立横向生态补偿机制试点实施方案》（财资环〔2020〕20号）	试点期间，中央财政专门安排黄河全流域横向生态补偿激励政策，紧紧围绕改善黄河流域生态环境质量持续促进水资源节约集约利用两个核心、支持引导各地区加快建立横向生态补偿机制	中央财政	按照因素法进行分配： • 水源涵养指标占30% • 水资源贡献指标25% • 水质改善指标25% • 用水效率指标20% 资金安排向上中游倾斜	
	2021	中共中央办公厅、国务院办公厅	《关于深化生态保护补偿制度改革的意见》（中办发〔2021〕50号）	针对江河源头、重要水源地、水土流失重点防治区、蓄滞洪区、受损河湖等重点区域开展水流生态保护补偿			

75

续表

层面	年份	颁布机关	政策法规名称	主要内容	资金		备注
					来源	分配	
江苏省	2013	江苏省人民政府办公厅	《省政府办公厅关于转发省财政厅省环保厅江苏省生态保护补偿转移支付暂行办法的通知》（苏政办发〔2013〕193号）	在现有省各项环境保护和生态建设专项资金基础上，探索建立生态保护红线区域保护转移支付制度，将《江苏省生态保护红线区域保护规划》中所列的自然保护区、重要湿地、饮用水源保护区、重要水源涵养区等15类区域全部纳入补偿范围	省级财政	按照因素法进行分配： • 所属类型 • 所处区域 • 生态功能作用 • 地区财政保障能力	
浙江省	2006	浙江省人民政府办公厅	《钱塘江源头地区生态环境保护省级财政专项补助暂行办法》（浙政办函〔2006〕31号）	率先开展省级财政生态环保专项补助试点工作	省级财政	钱塘江流域源头主干流10个县（市）	废止
	2008	浙江省人民政府办公厅	《浙江省生态环保财力转移支付试行办法》（浙政办发〔2008〕12号）	在完善原钱塘江源头地区专项补助试点办法的基础上，全面实施省对主要水源头所在市、县（市）的生态环保财力转移支付	省级财政	八大水系干流和流域面积100km²以上的一级支流源头和流域面积较大的市、县（市）	
省（自治区）							

续表

层面	年份	颁布机关	政策法规名称	主 要 内 容	资 金		备注
					来源	分配	
省（自治区）安徽省	2014	安徽省财政厅、省环境厅	《安徽省大别山区水环境生态保护补偿办法》（财建〔2014〕1713号）	探索推进安徽省大别山水环境生态保护补偿办法	• 六安市、合肥市共同出资 • 省级补偿资金	• 六安市、合肥市按年度供水量、水质断面考核结果奖惩 • 省级补偿上游	
	2015	安徽省财政厅、省生态环境厅	《安徽省大别山区水环境生态保护补偿资金管理办法》（财建〔2015〕426号）	明确大别山区水环境生态保护补偿资金来源、使用范围、使用管理等事宜，加强补偿资金管理、规范补偿资金使用			
	2016	安徽省财政厅、省生态环境厅	《关于进一步完善大别山区水环境生态保护补偿机制的通知》（财建〔2016〕1913号）	从完善政策体系、加大补偿投入、加强基础管理、健全工作机制、推进综合政策协调等方面，进一步完善大别山水环境生态保护补偿机制			
	2022	安徽省财政厅、省生态环境厅	《关于印发〈安徽省大别山区水环境生态补偿办法〉的通知》（皖财资环〔2022〕954号）	按照"谁受益、谁补偿，谁破坏、谁承担"的原则，以保护水质为目的，以水质监测结果为依据，通过设立生态补偿资金，促进流域上下游落实生态保护主体责任，加强受益地区与补偿地区良性互动。补偿资金专项用途之一为上游地区涵养水源	• 省级财政 • 六安市、合肥市	• 原则上每年通过淠河总干渠向下游地区提供不低于3.2亿 m^3 的供水量 • 以省生态环境厅公布的跨市界考核断面监测水质为依据	也算流域生态保护补偿

续表

层面		年份	颁布机关	政策法规名称	主　要　内　容	资　金　分配		备注
						来源	分配	
省（自治区）	江西省	2009	江西省人民政府	《关于加强"五河一湖"及东江源头环境保护的若干意见》（赣府发〔2009〕11号）	进一步加大资金投入、生态环境保护资金、农田基本建设资金、生态公益林补助资金、水土流失治理资金、河道整治与小流域治理资金等专项资金的使用，对源头保护区实施倾斜			
		2018	江西省人民政府	《江西省流域生态补偿办法》（赣府发〔2018〕9号）	设置"五河一湖"及江东源头保护区补偿系数并予以倾斜	• 各级政府共同出资、社会、市场募集资金	按照分配因素法和综合补偿系数法进行分配。 • 资金包括水环境质量因素、水资源管理因素和水环境综合治理因素等 • 综合补偿系数为"五河一湖"及东江源头保护区补偿系数、主体功能区补偿系数等	

续表

层面	年份	颁布机关	政策法规名称	主 要 内 容	资 金		备注
					来源	分配	
省（自治区）	2014	湖南省财政厅、省生态环境厅、省水利厅	《湖南省湘江流域生态保护（水质水量奖罚）暂行办法》（湘财建〔2014〕133号）	对湘江流域上游水源地区给予重点生态功能区转移支付财力补偿。对湘江流域跨市、县断面进行水质、水量目标考核奖罚	·市州横向 ·省级财政激励	·市州按水质、水量考核 ·省级补偿上游	也算流域生态保护补偿
湖南省	2017	湖南省人民政府办公厅	《关于健全生态保护补偿机制的实施意见》（湘政办〔2017〕40号）	在资江、沅江、澧水等主要河流源头区、城区敏感河段实施生态保护补偿			
	2019	湖南省财政厅、省生态环境厅、省发展改革委、省水利厅	《湖南省流域生态保护补偿机制实施方案（试行）》（湘财环〔2019〕1号）	根据河流等级、流经区县数量、是否为上游或贫困县确定各市州、区县的基本奖罚系数，对贫困县（市）予以倾斜	·市州横向 ·省级财政激励	·市州按水质、水量考核 ·省级财政按照运行机制建立情况、机制运行情况予以奖惩	
海南省	2008	海南省人民政府	《海南省完善中部山区生态保护补偿机制试行办法》（琼府〔2008〕71号）	逐步建立海南中部山区重点领域生态保护补偿标准体系，落实补偿责任，建立起省与市县共同负担的生态保护补偿机制	省级财政	海南中部山区	中部山区是海南省主要江河源头区、重要水源涵养区
新疆维吾尔自治区	2017	新疆维吾尔自治区人民政府办公厅	《关于健全生态保护补偿机制的实施意见》（新政办〔2017〕164号）	研究在河流流源头区（伊犁河上游等）开展生态保护补偿			

水源地，是维系青藏高原生态系统和周边地区生态平衡的重要安全屏障，在我国"三区四带"❶ 生态安全格局中具有重要作用，对维持全球水循环平衡和气候稳定至关重要。鉴于三江源在水源涵养方面的重要地位，国家一直非常重视三江源的保护和治理工作。国家是三江源水源涵养与生态保护补偿的主体。补偿对象包括为三江源水源涵养和保护作出贡献的地方政府、企业、团体和个人，以及因实施退牧还草工程等丧失部分发展机会的企业、团体和个人。三江源地区生态保护补偿主要做法如下：

（1）国家重点生态功能区财政转移支付。从 2005 年起，中央财政决定每年对青海省三江源地方财政给予 1 亿元的增支减收补助[40]，保障三江源区行政事业机构的稳定运转。从 2008 年起，根据财政部《关于下达 2008 年三江源等生态保护区转移支付资金的通知》（财预〔2008〕495 号），财政部以一般性转移支付的形式，利用补助系数等对三江源区给予生态补助，这部分转移支付直接下给青海省财政厅，青海省财政厅根据财政部三江源等生态保护区转移支付所辖县名单和支付清单下达给有关地州。此后，财政部每年下发文件，对资金分配范围、办法、监督考评进行调整更新，依据最新财政部印发的《中央对地方重点生态功能区转移支付办法》（财预〔2022〕59 号），重点生态县域和生态功能重要地区补助按照标准财政收支缺口并考虑补助系数测算。其中，标准财政收支缺口参照均衡性转移支付办法测算，结合中央与地方生态环境领域财政事权和支出责任划分，将各地生态环境保护方面的减收增支情况作为转移支付测算的重要因素；补助系数根据标准财政收支缺口、生态保护红线、产业发展受限对财力的影响情况等因素测算。国家重点生态功能区转移支付成为三江源生态保护补偿的主要来源。

（2）加强三江源生态保护与修复工程建设。2005 年，国务院批准实施了《青海三江源自然保护区生态保护和建设总体规划》（以下简称"一期工程"），总投资 75 亿元，建设内容包括生态保护与建设、农牧民生产生活基础设施建设、生态保护支撑三大类 22 项工程。作为一期工程的延续、拓展和提升，2013 年，国务院审议通过《青海三江源生态保护和建设二期工程规划》（以下简称"二期工程"），总投资 161 亿元，建设内容包括生态保护和建设、支撑配套两大类 24 项工程。一期工程和二期

---

❶ "三区四带"：青藏高原生态屏障区、黄河重点生态区（含黄土高原生态屏障）、长江重点生态区（含川滇生态屏障）、东北森林带、北方防沙带、南方丘陵山地带、海岸带。

工程是目前我国在江河源头区投资最大的生态保护项目。根据《青海省三江源生态保护和建设二期工程规划实施情况的中期咨询评估报告》（咨农地〔2018〕411号），三江源地区生态系统退化趋势得到初步遏制，水源涵养功能得到一定修复，生态环境保护取得了实质进展。2016年与2012年相比，森林覆盖率由4.8%提高到7.4%，草原植被盖度由73%提高到75%，退化草地面积由21.2万km²减少到21.0万km²，实际载畜量由1607万羊单位减少到1599万羊单位，可治理沙化土地治理率由45%提高到47%，4年平均出境水量达到525.9亿m³，比2005—2012年平均出境水量增加59.67亿m³，农牧民人均可支配收入由4575元增加到7300元。

（3）纳入长江、黄河全流域生态保护补偿统筹考虑。青海省作为长江源头，在长江经济带生态环境保护中担负着重要责任。财政部、环境保护部、国家发展改革委、水利部联合印发《中央财政促进长江经济带生态保护修复奖励政策实施方案》（财建〔2018〕6号），明确对长江经济带11个省（直辖市）实施奖励政策，鼓励相邻多个省份建立补偿机制。考虑到青海省、西藏自治区是长江源头，对其实行适当的定额补助。2021年，财政部、生态环境部、水利部、国家林业和草原局联合印发《支持长江全流域建立横向生态保护补偿机制的实施方案》（财资环〔2021〕25号），将青海省纳入实施范畴，明确中央财政安排引导和奖励资金，以地方为主体建立横向生态保护补偿机制，中央财政资金统筹考虑环境质量改善、生态系统功能提升、资金使用绩效以及机制建设情况等因素进行分配。同时，青海作为黄河源头，2020年，财政部、生态环境部、水利部、国家林业和草原局联合印发《支持引导黄河全流域建立横向生态保护补偿机制试点实施方案》（财资环〔2020〕20号），明确将其纳入黄河全流域建立横向生态保护补偿机制试点的实施范畴，中央财政资金安排统筹考虑水源涵养、水资源贡献值、水质改善、用水效率等主要因素。

（4）整合森林、草原等生态保护补偿资金。结合国家草原生态保护补助奖励机制和国家级公益林森林生态效益补偿机制，落实三江源生态保护补偿资金。2011年，青海省人民政府办公厅印发《青海省草原生态保护补助奖励机制实施意见（试行）》（青政办〔2011〕229号），提出全面落实草原生态保护补助奖励机制政策，禁牧补助标准为3~14元/亩，草畜平衡奖励标准为1.5元/亩。2016年，青海省人民政府办公厅印发《新一轮草原生态保护补助奖励政策实施方案（2016—2020年）》（青政办〔2016〕95

号），提出启动新一轮草原生态保护补助奖励政策，禁牧补助测算标准每亩增加 1.5 元，草蓄平衡每亩增加 1 元。2010 年，《青海省人民政府办公厅转发省林业局省财政厅制定的青海省国家级公益林森林生态效益补偿方案的通知》（青政办〔2010〕34 号）提出，国家级公益林平均补偿标准为每年每亩 5 元，用于公益林管护劳务费、建立森林资源档案、森林防火、林业有害生物防治、公益林营造等相关支出。

2. 浙江省江河源头区生态保护补偿

2008 年，浙江省人民政府办公厅印发《浙江省生态环保财力转移支付试行办法》（浙政办发〔2008〕12 号），要求在完善原钱塘江源头地区专项补助试点办法的基础上，对主要水系源头所在市、县（市）全面实施生态环保财力转移支付，补偿范围涉及省内八大水系干流和流域面积 100km² 以上的一级支流源头和流域面积较大的市、县（市）。主要做法如下：

（1）以省级财政作为省域范围内生态保护补偿转移支付的主体。在考虑用于源头地区转移支付的资金来源问题时，浙江省政府没有触动流域中下游市县的财政体制既得利益，选择了从省级财政收入"增量"中筹措安排。生态环保财力转移支付的资金总量一年一定，列入当年省级财政预算。省生态环保财力转移支付资金属财力性转移支付资金，由市、县（市）政府统筹安排，包括用于当地环境保护等方面的支出。

（2）以生态功能保护、环境质量改善两大因素作为补偿资金分配的依据。生态补偿围绕水体、大气、森林等生态环境基本要素，运用因素法计算和分配各地的转移支付金额，主要包括生态功能保护类和环境质量改善类。生态功能保护类占 50%，包括省级以上公益林（30%）和大中型水库面积（20%）两部分，省级以上公益林面积根据省林业厅确认的各市、县（市）考核年度省级以上公益林面积占全省面积的比例计算；大中型水库面积根据省水利厅确认的大中型水库折算面积占全省面积的比例计算，每个市、县（市）可得数额最多不超过该项分配总额的 20%。环境质量改善类占 50%，包括主要流域水环境质量（30%）和大气环境质量（20%）两部分，主要流域水环境质量根据省环保局监测确认的各市、县（市）主要流域交界断面出境水质考核；大气环境质量根据省环保局监测确认的各市、县（市）空气污染指数计算并考核。

（3）充分考虑各地经济社会水平，将生态保护补偿与扶持欠发达地区发展有机结合起来。生态补偿结合各地财力状况，设置不同的兑现补助系数，对各市、县（市）实行分档兑现补助：24 个欠发达市、县（市）和金华市、兰溪市、安吉县等 27 个市、县（市），设兑现补助系数为 1；杭州市、温州市、台州市 3 个发达市和瑞安市、乐清市、绍兴县（现已撤销）3 个经济强市、县（市），设兑现补助系数为 0.3；其余 12 个县（市）设兑现补助系数为 0.7。

3. 浙江省金华江源头地区生态补偿

为了避免流域上游地区因发展工业造成的污染以及弥补发展权限制的损失，在下游城市建立一个工业区，所得税属于上游城市，即异地开发模式。位于金华江流域上游源区的磐安县隶属于下游的金华市，作为生态屏障的重要生态功能保护区却经济落后，为扶持磐安县经济发展，金华市在金华经济技术开发区建立属于磐安县的金磐扶贫经济技术开发区，并在政策和基础设施建设方面给予支持，而开发区所得税收归磐安县所有，用于支持磐安县生态环境保护和经济社会发展。

4.2.4 存在的问题

建立江河源头区生态保护补偿机制是一项复杂而长期的工作，涉及水流、森林、草原、湿地、重点生态功能区等各个方面，无论是生态保护补偿要解决的问题，还是补偿标准、补偿方式、补偿对象等，都有其特殊性。从目前已开展的江河源头区生态保护补偿实践来看，主要存在以下问题：

（1）补偿范围不明确，权责关系不明晰。目前尚没有明确的规划方案、政策文件对江河源头区的空间范围进行明确的定义和科学的界定，江河源头区生态保护的受益范围和影响范围广、涉及生态要素多，补偿关系中保护的责任义务主体难以界定，各级政府的财政事权和支出责任不清，影响江河源头区生态保护补偿的实施推广和长效运行。

（2）补偿标准缺乏对水流等核心要素的考虑。水流作为江河源头区生态保护的核心要素，发挥着水源涵养、水资源供给、水土保持、生态系统保护和生物多样性维系等重要作用。相比于森林、草原等具有相对稳定的补偿资金渠道，水流生态保护补偿缺乏明确的资金来源，部分江河源头区生态保护范围与重点生态功能区财政转移支付、草原生态保护补偿、森林生态保护补偿的范围重叠。这些领域补偿机制对水源涵养、水资源供给、水资源保护等要素考虑不足，没有充分体现水在江河源头区生态保护与修复中的核心地位和作用。

（3）补偿名目多，资金分散，缺乏合力。目前已开展的生态保护补偿机制有重点生态功能区转移支付、草原生态保护补助奖励、国家级公益林森林生态效益补偿机制等，种类名目繁多，资金来源分散在农业、林业、发展改革、财政等多部门。这些补偿或多或少都涉及江河源头区生态保护补偿，但这种"撒芝麻"式的分散补偿，存在补偿目标不清晰、补偿标准较低、资金激励作用不强等问题。

（4）多为纵向补偿，横向、市场化、多元化补偿不足。江河源头区生态保护补偿主要依靠国家和当地省级财政转移支付，但生态保护建设周期长、投资大、见效慢，受政府财力等多方面影响，补偿资金不可能真正覆盖全部成本，保护与发展的矛盾十分突出。作为江河源头保护的受益者，下游地区应对上游地区进行补偿，但受源头范围界定不清、与下游省份的权责关系不明确、补偿标准确定复杂、缺乏源头地区与下游地区生态保护补偿的配套机制等诸多因素影响，实际操作起来较为困难。同时，江河源头区生态保护公益性较强，市场化、多元化补偿方式缺失，补偿资金来源受限。

4.3 补偿框架

4.3.1 补偿范围

江河源头区生态保护补偿范围包括江河源头区域和重要支流水源补给区域。结合我国大江大河、大江大河重要支流和重要跨省河流、全国主体功能区规划中具有水源涵养功能的重点生态功能区、全国生态功能区划中具有水源涵养功能的重要生态功能区的分布情况等，对建议国家层面开展生态保护补偿的重要江河源头区的范围进行了系统梳理和研究。

（1）大江大河。主要为我国七大江河，即长江、黄河、辽河、松花江、海河、淮河、珠江，同时将西南诸河流域面积较大、生态功能较为突出的出国境河流雅鲁藏布江、澜沧江流域也纳入其中。

（2）大江大河重要支流和重要跨省河流。综合考虑流域面积、河流长度、生态功能与作用等因素，大江大河重要支流和重要跨省河流主要包括海河流域的滦河、潮白新河等，黄河流域的大夏河、洮河、渭河，淮河流域的史河、淠河，长江流域的湘江、赣江、赤水河、乌江、雅砻江、嘉陵江、汉江等，珠江流域的北江、东江等，以及西北内陆河流域的黑河、疏勒河、额尔齐斯河、乌伦古河、塔里木河、伊犁河、玛纳斯河、乌鲁木齐河等。

（3）全国主体功能区规划中具有水源涵养功能的重点生态功能区。主要包括大小兴安岭森林生态功能区、长白山森林生态功能区、三江源草原草甸湿地生态功能区、甘南黄河重要水源补给生态功能区、大别山水土保持生态功能区、南岭山地森林及生物多样性生态功能区、若尔盖草原湿地生态功能区、祁连山冰川与水源涵养生态功能区、阿尔泰山地森林草原生态功能区 9 处重点生态功能区。

（4）全国生态功能区划中具有水源涵养功能的重要生态功能区。主要包括大兴安岭水源涵养与生物多样性保护重要区、长白山区水源涵养与生物多样性保护重要区、辽河源水源涵养重要区、太行山区水源涵养与土壤保持重要区、三江源水源涵养与生物多样性保护重要区、西江上游水源涵养与土壤保持重要区、雅鲁藏布江上游水源涵养功能区、京津冀北部水源涵养重要区、甘南山地水源涵养重要区、秦岭-大巴山生物多样性保护与水源涵养重要区、大别山水源涵养与生物多样性保护重要区、南岭山地水源涵养与生物多样性保护重要区、罗霄山脉水源涵养与生物多样性保护重要区、岷山-邛崃山-凉山生物多样性保护与水源涵养重要区、川西北水源涵养与生物多样性保护重要区、天目山-怀玉山区水源涵养与生物多样性保护重要区、海南中部生物多样性保护与水源涵养功能区、祁连山水源涵养重要区、阿尔泰山地水源涵养与生物多样性保护重要区、帕米尔-喀喇昆仑山地水源涵养与生物多样性保护重要区、天山水源涵养与生物多样性保护重要区等重要生态功能区。

将大江大河源头区、大江大河重要支流和重要跨省河流源头与重点生态功能区、重要生态功能区叠图进行分析，得出重要江河源头区生态保护补偿建议范围（表4.2和表4.3）。

表4.2 大江大河源头区涉及的重点生态功能区和重要生态功能区

水资源一级区	大江大河	重点生态功能区（全国主体功能区规划）	重要生态功能区（全国生态功能区划）
松花江区	松花江	大小兴安岭森林生态功能区	大兴安岭水源涵养与生物多样性保护重要区
		长白山森林生态功能区	长白山区水源涵养与生物多样性保护重要区
辽河区	辽河		辽河源水源涵养重要区

续表

水资源一级区	大江大河	重点生态功能区（全国主体功能区规划）	重要生态功能区（全国生态功能区划）
海河区	海河		太行山区水源涵养与土壤保持重要区
黄河区	黄河	三江源草原草甸湿地生态功能区	三江源水源涵养与生物多样性保护重要区
淮河区	淮河		
长江区	长江	三江源草原草甸湿地生态功能区	三江源水源涵养与生物多样性保护重要区
珠江区	珠江		西江上游水源涵养与土壤保持重要区
西南诸河区	雅鲁藏布江		雅鲁藏布江上游水源涵养功能区
	澜沧江	三江源草原草甸湿地生态功能区	三江源水源涵养与生物多样性保护重要区

表 4.3   大江大河重要支流和重要跨省河流涉及的
重点生态功能区和重要生态功能区

水资源一级区	大江大河	大江大河重要支流和重要跨省河流	重点生态功能区（全国主体功能区规划）	重要生态功能区（全国生态功能区划）
海河区	滦河	滦河		京津冀北部水源涵养重要区
	海河	潮白新河		
		潮河		京津冀北部水源涵养重要区
黄河区	黄河	大夏河	甘南黄河重要水源补给生态功能区	甘南山地水源涵养重要区
		洮河	甘南黄河重要水源补给生态功能区	甘南山地水源涵养重要区
		渭河		秦岭-大巴山生物多样性保护与水源涵养重要区
淮河区	淮河	史河	大别山水土保持生态功能区	大别山水源涵养与生物多样性保护重要区
		淠河	大别山水土保持生态功能区	大别山水源涵养与生物多样性保护重要区

续表

水资源 一级区	大江 大河	大江大河重要 支流和重要 跨省河流	重点生态功能区 （全国主体功能区规划）	重要生态功能区 （全国生态功能区划）
长江区	长江	湘江	南岭山地森林及生物多样性 生态功能区	南岭山地水源涵养与生物多样 性保护重要区
				罗霄山脉水源涵养与生物多样 性保护重要区
		赣江	南岭山地森林及生物多样性 生态功能区	南岭山地水源涵养与生物多样 性保护重要区
				罗霄山脉水源涵养与生物多样 性保护重要区
		岷江		岷山-邛崃山-凉山生物多样性 保护与水源涵养重要区
		大渡河	若尔盖草原湿地生态功能区	川西北水源涵养与生物多样性 保护重要区
		赤水河		大娄山区水源涵养与生物多样 性保护重要区
		乌江		大娄山区水源涵养与生物多样 性保护重要区
		雅砻江		川西北水源涵养与生物多样性 保护重要区
		嘉陵江		秦岭-大巴山生物多样性保护 与水源涵养重要区
		白龙江		岷山-邛崃山-凉山生物多样性 保护与水源涵养重要区
		培江		岷山-邛崃山-凉山生物多样性 保护与水源涵养重要区
		汉江		秦岭-大巴山生物多样性保护 与水源涵养重要区
东南诸 河区		钱塘江		天目山-怀玉山区水源涵养与 生物多样性保护重要区
		闽江		闽南山地水源涵养重要区

87

续表

水资源一级区	大江大河	大江大河重要支流和重要跨省河流	重点生态功能区 （全国主体功能区规划）	重要生态功能区 （全国生态功能区划）
珠江区	珠江	北江	南岭山地森林及生物多样性生态功能区	南岭山地水源涵养与生物多样性保护重要区
				罗霄山脉水源涵养与生物多样性保护重要区
		东江		南岭山地水源涵养与生物多样性保护重要区
		南渡江		海南中部生物多样性保护与水源涵养功能区
		昌化江		海南中部生物多样性保护与水源涵养功能区
		万泉河		海南中部生物多样性保护与水源涵养功能区
西北诸河区		黑河	祁连山冰川与水源涵养生态功能区	祁连山水源涵养重要区
		疏勒河	祁连山冰川与水源涵养生态功能区	祁连山水源涵养重要区
		额尔齐斯河	阿尔泰山地森林草原生态功能区	阿尔泰山地水源涵养与生物多样性保护重要区
		乌伦古河	阿尔泰山地森林草原生态功能区	阿尔泰山地水源涵养与生物多样性保护重要区
		塔里木河		帕米尔-喀喇昆仑山地水源涵养与生物多样性保护重要区
		渭干河		天山水源涵养与生物多样性保护重要区
		伊犁河		天山水源涵养与生物多样性保护重要区
		玛纳斯河		天山水源涵养与生物多样性保护重要区
		乌鲁木齐河		天山水源涵养与生物多样性保护重要区

4.3.2　补偿主体与补偿对象

1. 补偿主体

江河源头区水源涵养与保护形成的生态效益作为准公共物品，其所带来的益处是流域上下游所有人共同享有的，目前主要存在"少数人投入多数人受益，部分地区投入全社会受益，欠发达地区投入发达地区受益，上游地区投入下游地区受益"的问题。江河源头区生态保护补偿主体主要有政府和公共财政、生态改善的受益群体两类。

（1）政府和公共财政。国家是江河源头区水源涵养和保护活动所形成利益的最高代表者，在生态保护补偿过程中占有绝对主导地位，国家作为大江大河及重要支流江河源头区的生态保护补偿主体已形成共识。

（2）生态改善的受益群体。包括水源涵养与保护区域内、外资源的开发利用者，资源产品的消费者，以及其他生态效益的享受者。生态改善效益的享受者范围比较广，对于可以明确界定直接或间接从生态改善中获得利益的群体（利益包括经济利益、环境利益和社会利益3个方面），按受益比例补偿生态改善成本。

2. 补偿对象

江河源头区生态保护补偿的补偿对象主要包括以下两类：

（1）从事区域水源涵养与保护、已退化水生态系统治理修复活动，向下游区域和其他利益相关主体输出水生态效益的行为主体。包括区域所在地方政府，以及在区域内及区域周边生活、生产的居民和从事水源涵养与保护、水生态系统治理修复活动的企业。补偿对象实施的各项保护和修复措施，为保障水资源可持续利用和维系水生态系统服务功能投入了大量的人力、物力和财力，需要进行补偿。

（2）为保护和修复江河源头区水生态系统，以致经济社会活动受限，无法像下游地区进行常规生产、生活的行为主体。包括区域所在地方政府以及因产业发展限制、产业结构调整而受到限制和损失的企业和个人。如企业在生产品种的选择上，为保护生态而只能选择无污染项目；居民家庭无法选择养殖业，在种植业经营中，减少化肥农药使用量而导致机会损失；当地政府无法对旅游资源开发经营、无法招商引资而导致财政收入的减少等。在提供相应水生态系统服务功能的过程中，这部分补偿对象由于发展受到限制而承担一定的机会成本损失。

对江河源头区进行生态保护补偿的出发点是落实对"人"的补偿，即通过调整"人与人"的关系来实现对区域水生态系统的保护、修复和维护，实现人与自然和谐共生；落脚点是修复和保障流域的水量、水质、水生态过程，维系和提高流域整体的水生态系统服务功能。在江河源头区内，以获取资源利用效益或经济建设为目标，对水文循环和水生态系统产生了扰动，使水生态系统服务功能减弱，产生了外部不经济性，必须由行为主体即影响流域水量和水质的个人、企业或单位承担相应的补偿，并承担相应的治理和修复责任。此时，原定的补偿主体也可以转换成补偿对象，例如，流域的上下游都负有保护源头区生态涵养和保护的责任，下游在江河源头区达到规定的水量水质目标的情况下需要给予补偿；反之，若江河源头区没有达到规定的水量水质目标，下游则变成了接受补偿的对象。至于江河源头区内污染物排放者、突发性环境事故肇事者等造成水污染事故的情况，应按照相关的法律法规进行赔偿。

4.3.3 补偿标准分析测算

江河源头区生态保护补偿标准测算可以生态损益分析结果为参考，综合考虑江河源头区对流域水量贡献、生态功能重要性等，以水生态保护成本为主，统筹经济发展水平、财政承受能力等确定补偿标准，对江河源头区保护主体或利益受损主体给予适度补偿[41]。

1. 补偿内容

（1）保护补偿。是指将江河源头区域及重要支流水源补给区域纳入生态保护补偿范围，对区域内的水生态系统进行保护性和修复性投入，包括冰川雪山保护、河湖湿地保护、封禁保育、退耕还林、退牧还草等生态工程建设以及对区域内污水处理设施等生态保护性的投入。

（2）发展补偿。是指对区域内牺牲的发展权益给予补偿，包括对减少资源开发、限制产业发展和减少农药化肥使用导致当地财政收入减少的补偿、对企业和农民生产损失的补偿等方面。

通过制度创新以及由区域生态保护成果的受益者支付相应费用给生态保护成果的实施主体，实现对江河源头区生态投资者的合理回报，激励江河源头区内外的人们从事生态保护投资并使生态资本增值，达到保护江河源头区生态环境、促进江河源头区生态系统服务功能增值的目的。

2. 成本测算

江河源头区补偿成本由两部分组成，以直接投入为主，有条件的考虑机会成本。直接投入主要包括在区域内开展的各项保护水土、增强水源涵养能力、改善水体质量和维护良好水循环，需要增加的建设项目的投入与运行费用。机会成本是指为维护江河源头区良好生态环境，使区域内的能源资源开发、矿产资源开发利用、水土资源开发，以及产业发展等经济活动受到一定的限制而产生的成本。

直接投入采用费用分析法分项进行测算，主要包括水土保持生态建设、农村污水垃圾收集处理、管理维护等方面的投入。根据实际费用情况的不同，可以将费用分析法分为防护费用法、恢复费用法和影子工程法。

机会成本可对受到限制的生产活动逐项估算其产生的损失，也可从经济总量上采用流域或区域平均数值或采用类比法确定。主要考虑两个方面：①因发展受到限制而失去的经济发展机会成本；②补偿范围内人民群众的生存成本。

3. 支付能力和支付意愿

在确定江河源头区生态保护补偿标准时，应考虑经济发展状况、支付能力以及支付意愿。支付能力可通过相应经济统计指标的区域排名确定，支付意愿通过问卷调查等方法确定。

4. 补偿标准协商

由于生态服务成本的核算有很多方法，不同方法得出的结果有很大的差异性。同时生态保护补偿也有一个度的问题，补偿不代表不切实际的索取。所以，需要在江河源头区保护生态成本以及受益区支付条件分析的基础上，根据生态保护和经济社会发展的阶段性特征，通过利益相关方协商、博弈和平衡，提出双方认可的补偿标准。

4.3.4 补偿方式与补偿机制

1. 补偿方式

江河源头区水源涵养与保护形成的生态效益作为准公共物品，其所带来的益处是流域上下游所有人共同享有的，应建立以政府为主导的生态保护补偿机制。中央对大江大河干流及重要支流源头和上游水源涵养地进行补偿，地方各级政府可比照建立所辖行政区内重要江河源头区生态保护补偿机制。补偿方式可包括财政转移支付、项目合作、无偿支助、税收优惠、贴息贷款、直接补贴等。

（1）对于国家层面重要江河源头，纳入重点生态功能区范围的应以国家重点生态功能区财政转移支付为主，未纳入重点生态功能区范围的建议由国家设立江河源头区生态保护补偿专项资金进行补偿，鼓励引导下游受益省（自治区、直辖市）建立全流域横向生态保护补偿机制，加大对江河源头区财政转移支付倾斜力度。

（2）对于其他跨省河流江河源头区，建议以所在省级人民政府与下游省级人民政府协商建立横向生态保护补偿机制为主，中央适当给予奖励或补助。

（3）对于省内河流，建议由所在省级人民政府明确补偿范围、补偿标准和补偿方式，比照建立相应的生态保护补偿机制。

（4）江河源头区还涉及森林、草原、湿地、自然保护地等众多领域，应做好与其他领域生态保护补偿政策的衔接，整合补偿资金通盘考虑。

（5）对于脱贫地区的江河源头区，还要做好巩固拓展脱贫攻坚成果同乡村振兴有效衔接。

2. 补偿机制

为提高江河源头区生态保护补偿的长久性和可持续性，应在继续加大政府公共财政投入力度的基础上，积极探索建立市场化、多元化的生态保护补偿方式，可包括但不限于以下几种：

（1）积极发展涉水生态产业。充分发挥江河源头区生态资源和人文景观优势，探索发展涉水生态旅游、滨水康养、高端饮水等具有盈利能力的涉水市场化产品与服务，形成水生态产品产业链，推动水生态产品的价值实现，促进水生态经济的发展。

（2）建立健全水资源资产产权制度。对于拥有较多初始水权的江河源头区，鼓励推动节水制度、政策、技术、机制创新，加大节水力度，将用水总量和江河水量分配指标范围内的结余水量，与位于同一流域或者位于不同流域但具备调水条件的行政区域开展水权交易，增加江河源头区的财政收入。

（3）接受捐助和生态融资。通过接受国际生态环境保护非政府机构以及企业和个人的捐款、金融组织的优惠贷款、中央财政贴息、允许抵押贷款等方式，投入江河源头区生态保护与治理修复项目。

（4）设立生态岗位。通过设立河湖生态管护员、以工代赈等方式，鼓励当地群众参与到水生态保护工程建设中，支付合理的劳务报酬，增加收入。

（5）推动异地开发模式。为江河源头区发展受限的产业提供异地发展的空间，发展企业所取得的利税返还原地区，作为江河源头区生态保护资金，从而实现江河源头区产业经济发展和生态保护的共赢。

4.4　相关建议

（1）加快建立充分考虑水的核心作用的江河源头区生态保护补偿机制。水在江河源头区生态保护中发挥着主导作用和核心作用，而目前江河源头区相关生态保护补偿机制建设实践中，对水的作用和地位认识不足。建议以典型流域为案例，充分考虑水的储存、涵养、供给、净化以及生态系统维系等重要作用，深入剖析水流对江河源头区生态系统服务功能及价值的影响和关联效应，将水源涵养、水资源供给、水生态保护作为补偿标准确定和资金分配的重要参考依据，积极开展以水为核心的江河源头区生态保护补偿试点工作，在加强理论研究和不断总结试点经验的基础上，推动建立充分考虑水的核心作用的江河源头区生态保护补偿机制。

（2）做好江河源头区生态保护补偿的基础支撑工作。江河源头区作为集合水、经济社会、生态环境等因素的复合生态系统，牵扯要素多、辐射地域广，具有一定的特殊性和复杂性，应从以下方面做好基础支撑工作[42]：

1）建立江河源头区生态保护补偿基础数据库。进一步摸清江河源头区生态保护补偿的底数，建立相应的基础数据库，加强江河源头区涵盖各县（市、区）水资源产生量、使用量，水质、水文状况，草地、林地、湿地面积，经济社会以及具体生态保护与修复工程等基础数据调查。

2）加强江河源头区生态保护补偿的监测体系建设。综合考虑水量、水质、水域岸线空间等核心要素，建立江河源头区水生态环境监测网络体系，进行长期的科学观测和科学研究，为江河源头区生态保护补偿机制的考核评估、优化调整提供依据。

（3）建立健全江河源头区生态保护补偿配套机制。为保障江河源头区生态保护补偿的顺利实施，有必要从组织管理、沟通协调、考核评估等方面，建立一系列生态保护补偿配套机制。

1）建立政府协调机制。最大限度地减少生态保护补偿纠纷，尤其是要建立跨省的协调机制，解决上下游省份的利益纠纷问题。

2）建立政府监管机制。对生态保护补偿的进程实施过程监督，循序渐进，试点突破。

3）建立融资机制。构建生态保护补偿资金的多元化融资渠道，并促进资金进入良性循环的滚动发展轨迹。

4）建立考核评估机制。对生态保护补偿投入进行成本-效果分析，争取获得最大化的生态收益。

5）建立宣传机制。加强生态保护补偿的科普教育和大众教育，构建生态道德观和环境伦理责任观，使公众积极主动参与到生态保护与治理修复中。

第 5 章

重要水源地生态保护补偿

5.1　基本情况

　　水源地指提供生活生产用水的取水水域和密切相关的陆域。本书中所指的重要水源地是从参与流域区域水资源配置的水利工程供水功能出发，主要指作为重点水源的重大引调水工程和重要水库工程。一般意义上提供城乡居民生活及公共服务用水的重要饮用水水源地，其受益范围通常为本地，更多从饮用水水源保护区水质保护的角度进行本地补偿。

　　（1）引调水工程水源地。引调水工程的调水行为和水源保护使得引调水工程的水源区与受水区在经济、社会和生态环境方面的利益发生变化。水源区水量被输送至流域区域外，可能造成调出区下游河流河道外可供水量减少以及河道内生态环境用水不足、水域纳污能力降低等问题，对调出区供水安全保障和生态环境保护产生不利影响。此外，水源区受限于水源地保护的要求，通常经济欠发达，发展权、用水权和排污权等受到限制，新产业进入门槛提高，原有企业扩大再生产受限，种植业和畜牧业发展也受束缚。受水区作为引调水工程的受益者，外地水量调入可以有效解决受水区水资源短缺问题，生活生产用水得到保障，生态环境得到改善，为经济发展提供保障；改善水资源条件，可促进潜在生产力，形成经济增长点，同时改善民生。因此，理应对引调水工程的水源区进行生态保护补偿。

　　（2）水库工程水源地。水库工程在供水过程中，为了保障区域供水安全、严格保护水库水源地，一般会按照相关标准及有关规定要求，划定水源地保护区的水域、周边陆域及对水源地保护产生影响的上游地区。水库水源地保护关系着区域供水安全，与供水区域居民正常生产生活息息相关，同时对维护区域良好生态环境具有重要作用。为保障供水区域居民供水安全、改善民生、维护区域良好生态环境，必须严格保护水库工程水源地。禁止向保护区水域水体排放污水，保护区内不得设置排污口，禁止从事旅游、游泳、人工养殖和其他可能污染水体的活动，禁止新建、扩建、改建与供水设施和保护水源无关的建设项目和设施等，如对矿产开发、畜禽养殖等均有严格限制。因此，针对区域内居民生产生活所受到的特殊约束和严格限制，应给予补偿。

5.2　补偿实践探索

重要水源地建设保护与经济社会发展对水资源需求、水生态环境约束条件、对饮水安全的认识等密切相关。重要水源地生态保护补偿是随着我国市场机制不断发展和水源地保护管理手段的不断创新而产生的。

5.2.1　国家层面

国家层面，迄今为止针对重要水源地生态保护补偿的法规政策较少，主要包含在生态保护补偿相关的法律法规中，如 2007 年国家环境保护总局《关于开展生态保护补偿试点工作的指导意见》（环发〔2007〕130 号）明确要求积极维护饮水安全，研究各类饮用水水源区建设项目和水电开发项目对区域生态环境和当地群众生产生活用水质量的影响，开展饮用水水源区生态保护补偿标准研究。2008 年修订的《中华人民共和国水污染防治法》首次以法律的形式，对饮用水水源保护区水环境生态保护补偿作出明确规定，国家通过财政转移支付等方式，建立健全位于饮用水水源保护区区域和江河、湖泊、水库上游地区的水环境生态保护补偿机制。2016 年国务院办公厅《关于健全生态保护补偿机制的意见》（国办发〔2016〕31 号）明确规定水流领域的重点任务是，在江河源头区、集中式饮用水水源地、重要河流敏感河段和水生态修复治理区、水产种质资源保护区、水土流失重点预防区和重点治理区、大江大河重要蓄滞洪区以及具有重要饮用水源或重要生态功能的湖泊，全面开展生态保护补偿。2021 年，国家发展改革委牵头编制的《生态保护补偿条例（送审稿）》要求，针对江河源头区、重要水源地、重要河口、水土流失重点防治区、蓄滞洪区、受损河湖等重点区域，明确补偿范围、标准和方式。2021 年，中共中央办公厅、国务院办公厅联合印发《关于深化生态保护补偿制度改革的意见》（中办发〔2021〕50号），要求针对江河源头、重要水源地、水土流失重点防治区、蓄滞洪区、受损河湖等重点区域开展水流生态保护补偿。

此外，针对水库移民，国家相继出台的相关文件包括国务院三峡工程建设委员会《关于三峡工程移民后期扶持工作的意见》（国三峡委发办字〔2004〕13号）、《国务院关于完善大中型水库移民后期扶持政策的意见》（国发〔2006〕17号）、《大中型水库移民后期扶持基金项目资金管理办法》（财农〔2017〕128号）等，强力推进水库移民脱贫解困工程，大力推动水库移民产业升级发展，着力加强水库移民创业就业培训，全面加快水库移民美丽家园建设，建立完善促进经济发展、移民增收、生态改善、社会稳定的长效机制。

国家层面重要水源地生态保护补偿主要围绕南水北调中线水源区开展，2008年以来国家明确要求按照《国家重点生态功能区转移支付办法》，在南水北调中线源头——丹江口水库的水源区实施补偿。2013年，国务院批复《关于印发丹江口库区及上游对口地区协作工作方案的通知》（发改地区〔2013〕544号），要求北京、天津与河南、湖北、山西建立对口协作关系，通过安排协作资金方式对其进行补偿，用于支持南水北调水源地保护和民生改善项目。2021年，国家发展改革委、水利部印发《关于推进丹江口库区及上游地区对口协作工作的通知》（发改振兴〔2021〕924号），明确丹江口库区及上游地区对口协作期限延长至2035年。

5.2.2　跨区域［省（自治区、直辖市）］层面

跨区域［省（自治区、直辖市）］层面的重要水源地生态保护补偿实践主要包括密云水库水源地生态保护补偿和引滦入津工程生态保护补偿。

（1）密云水库。2018年，河北省与北京市共同签署了《密云水库上游潮白河流域水源涵养区横向生态保护补偿协议》，两地按照"成本共担、效益共享、合作共治"的原则，建立协作机制，促进流域水资源与水生态环境整体改善。按照该补偿协议，到2020年北京市、河北省分别安排补偿资金，对密云水库上游潮白河流域的河北省承德市、张家口市相关县（区）进行生态保护补偿。此次生态保护补偿在参照国内以往经验的基础上，以水量、水质、上游行为管控三方面作为考核的依据。2022年，京冀签署了新一期的《密云水库上游潮白河流域水源涵养区横向生态保护补偿协议（2021—2025年）》。

(2) 引滦入津工程。引滦入津工程是将河北省境内的滦河水跨流域引入天津市的城市供水工程，水源地位于河北省唐山市迁西县滦河中下游的潘家口水库，由潘家口水库放水，沿滦河入大黑汀水库调节，经输水干渠跨省域将滦河水资源输送进入天津市蓟州区于桥水库。2016 年，天津市、河北省签署了《引滦入津上下游横向生态补偿实施方案（第一期）》，由天津市、河北省共同出资，中央财政补助资金按政策申请补偿河北省，以跨省界断面水质考核为依据，推动流域上下游冀、津间建立横向水环境补偿机制，实行联防联控和流域共治，形成生态保护和治理的长效机制。第一期补偿协议至 2018 年年底履约到期，河北省圆满完成了各项治理任务，与 2015 年年底相比，滦河上游流域水质明显改善。为继续推动做好流域水环境保护和水质改善工作，2020 年，冀、津两地启动并完成了第二期协议续签工作，双方在考核目标、补偿标准、主要任务等方面达成一致意见，共同解决水环境保护突出问题。

5.2.3 省（自治区、直辖市）内层面

(1) 北京市。2014 年，北京市人民政府办公厅印发《关于进一步加强密云水库水源保护工作的意见》（京政办发〔2014〕37 号），市政府安排一次性专项补助资金，由密云县（现密云区）政府统筹使用，确保周边群众稳定和相关水源保护措施落实。主要任务包括实施 138.00～148.00m 高程范围内南水北调来水调蓄区清洁工程，实施 148.00～155.00m 高程范围内库滨带建设工程，实施 155.00～160.00m 高程范围内一级保护区禁养工程，同步推进上游中小河道治理、生态清洁小流域建设、村庄污水处理等生态工程。

(2) 天津市。2018 年，天津市出台《天津市于桥水库库区生态保护补偿资金管理暂行办法》（津财规〔2018〕28 号），明确由市财政安排补偿资金下达至蓟州区财政局，用于补偿因于桥水库修建和实施封闭管理以及为修建和保护于桥水库生态环境而使经济发展受到一定程度制约的村和村民。补偿资金的使用范畴包括林草湿地补贴的补助政策、非移民粮煤补贴的补助政策、库区群众个人养老保险补贴政策三个方面。

(3) 浙江省。为加强温州市饮用水水源地保护，有效保障水源保护区经济利益，2016 年，温州市人民政府办公室印发《温州市级饮用水水源地保护专项补偿资金管理办法》（温政办〔2016〕132 号），要求设立市级饮用水水源地保护专项补偿资金，用水区地方财政安排专项补偿资金，供水

区政府要严格落实水源地保护责任。2020 年，随着经济社会的发展和饮用水水源地保护需求的变化，温州市人民政府办公室进一步修改完善并印发《关于印发温州市级饮用水水源地生态保护补偿专项资金管理办法的通知》（温政办函〔2020〕19 号），明确在珊溪（赵山渡）水库、泽雅水库、瓯江山根水源（备用）及集雨区范围开展生态保护补偿；补偿资金由市级财政和用水区域县（区）财政预算（结合实际用水量、人口、用水结构等确定财政分担比例）、水库水资源费省级返还部分、排污权有偿使用费、环保税收入四部分组成；补偿资金部分实行定额分配，部分考虑各地集雨区面积、水库集雨区内行政人口数、水域面积等因素统筹分配。

（4）贵州省。红枫湖水库最初的功能以发电和灌溉为主，现为贵阳市和贵安新区重要的集中式饮用水水源地。2012 年，《贵州省人民政府办公厅关于转发省环境保护厅等部门贵州省红枫湖流域水污染防治生态保护补偿办法（试行）的通知》（黔府办发〔2012〕37 号）提出，坚持"受益者补偿、损害者补偿、保护者受益"的原则，贵阳市和安顺市之间实施红枫湖流域水污染防治生态保护补偿。生态保护补偿以红枫湖主要入库河流羊昌河的跨界断面水质监测结果为依据，实施双向补偿。2019 年，贵州省自然资源厅、省发展改革委、省财政厅、省生态环境厅、省水利厅联合印发《黔中水利枢纽工程涉及流域生态保护补偿办法（试行）》（黔自然资函〔2019〕1454 号），明确在贵阳市、六盘水市、安顺市、毕节市、黔南布依族苗族自治州、贵安新区建立黔中水利枢纽工程涉及流域生态保护补偿机制。

（5）黑龙江省。2019 年，哈尔滨市政府、山河屯林业局签订《磨盘山水源保护区生态保护补偿协议书》，规定至 2023 年，哈尔滨市政府每年给予山河屯林业局生态保护补偿资金 3600 万元，继续支持山河屯林业局积极开展水源地保护区内安全巡查、垃圾清运、控制畜禽养殖及林下经济、落实流域周边生态建设等工作，以保证磨盘山水库水源地水质水量安全。

（6）湖南省。株树桥水库水源地是长沙市重要的饮用水水源地，2011 年，长沙市开始对株树桥水库水源地开展生态保护补偿，按照"受益者补偿"原则，由水源地受益者长沙市筹集生态保护补偿资金，资金费用为每年 1160.5 万元，按日供水 65 万 t 计算从原水费中提取，剩余部分由长沙市政府补齐。生态保护补偿资金主要用于对浏阳市株树桥水库饮用水水源保护区生态及居民生产生活给予补偿，具体包括株树桥水库饮用水水源保护区山林补偿、水田旱地补偿、移民安置补助、环境整治专项补助、农业生态产业及修复专项补助等。

（7）四川省。2011 年，成都市设立每年 6000 万元的市级饮用水水源保护激励资金，专项用于郫都区饮用水源保护。2016 年，市政府出台《成都市饮用水源保护工作考核激励试行办法》，设立中心城区饮用水源保护激励资金，对完成水源保护目标任务的县（市、区）给予奖励。2019 年，正式印发《成都市饮用水水源保护工作考核激励办法》，并合理上调激励补偿标准，激励机制适用范围由郫都区扩大到市域所有饮用水水源保护区，补助标准也由定额补助过渡到按水源保护区等级和面积分级核算，有效激励了各县（市、区）落实水源保护责任的积极性和主动性，保障了城乡居民的饮水安全。

（8）云南省。2005 年，昆明市人民政府提出了水源区生态扶持补助的思路，并将想法付诸行动，先后出台了《昆明市松华水源区群众生产生活补助办法》《昆明市云龙水库水源区群众生产生活补助办法》。2011 年，根据经济社会发展，整合出台了《昆明市松华坝、云龙水源保护区扶持补助办法》，相应提高了各项扶持补助标准，对饮用水水源区从退耕还林、农改林、产业结构调整、清洁能源使用、劳动力转移技能培训、学生就读、医疗、护林保洁等方面进行了生态扶持补偿。2013 年，随着清水海引水供水工程投入运行，及时制定出台了《昆明市清水海水源保护区扶持补助办法》（昆政发〔2013〕31 号），将清水海饮用水水源区群众纳入全市生态保护补偿机制体系之内。2016 年，制定实施了《昆明市主城饮用水源区扶持补助办法（2016—2020）》，明确 2016—2020 年，每年由市级财政筹集补助资金近 2 亿元专项用于主城饮用水水源地生产生活扶持和产业发展等补助，惠及水源地农村人口约 17 万人，逐步改善了水源区群众的生产生活条件。2021 年，为形成与受益程度、保护成本、经济发展水平等因素相适应，受益者付费、保护者得到合理补偿的运行机制，确保饮用水水源区水质稳定达标，昆明市人民政府印发实施《昆明市主城饮用水源区扶持补助办法（2021—2025 年）》。

（9）广西壮族自治区。为改善北海市牛尾岭水库饮用水水源保护区及湖海运河沿线水环境质量，2017 年，北海市人民政府办公室印发《北海市牛尾岭水库饮用水水源保护区及湖海运河水生态保护补偿暂行方案》（北政办〔2017〕85 号），明确由北海市人民政府建立牛尾岭水库水源保护区与湖海运河沿线水生态保护补偿专项财政支出预算项目。补偿资金由海城区人民政府、合浦县人民政府每年各上缴 50 万元，以及市级财政预算安排支出组成。补偿资金按照牛尾岭水库水质监测结果考核情况，下发给牛尾岭水库所在地合浦县人民政府，用于落实牛尾岭水库饮用水水源保护区及湖海运河水生态保护各项措施。

为支撑上述国家到省内重要水源地生态保护补偿机制的建立实施，国家和有关地方制定出重要水源地生态保护补偿政策法规文件（表 5.1）。

5.2.4 实践案例

1. 丹江口水库水源地生态保护补偿

南水北调中线工程是国家重大水资源调配工程，从水源区丹江口水库调水至京津冀豫地区，是缓解京津和华北水资源供需矛盾、促进国民经济与社会可持续发展的重大举措。作为南水北调中线工程水源地，南水北调中线工程的实施，对丹江口库区水质和生态保护提出了更高的要求，在客观上加剧了库区生态环境保护与当地群众生存权、发展权的矛盾，增加了当地经济社会发展的成本。随着丹江口大坝的加高，丹江口水库库容由 174.5 亿 m³ 增加至 290.5 亿 m³，库区人民的生存、生活条件及水库的水文情势、地质条件等均发生变化，库区生态环境建设面临着更大的挑战。目前，国家已在南水北调中线水源区采取了一些补偿性的政策措施，主要做法如下：

（1）开展生态保护性工程项目。2006 年，国务院批复的《丹江口库区及上游水污染防治和水土保持规划》要求，在 2010 年前实现水污染防治目标，落实水污染防治近期项目 92 个，投资 32.92 亿元，投资比例为：中央补助资金 84%（27.65 亿元），地方配套 16%（5.27 亿元）。按照规划，丹江口库区及上游地区 2010 年前完成水土保持近期项目 793 个，投资 35.1 亿元，其中 690 条小流域治理投资 34.1 亿元。

（2）重点生态功能区财政转移支付。中央财政高度重视南水北调中线地区的生态保护工作，通过不断完善重点生态功能区转移支付办法，加大转移支付力度，支持南水北调中线水源区生态保护补偿。①2008 年开始实施重点生态功能区转移支付时，已优先将包括湖北省在内的中线水源地相关县（市）全部纳入重点生态功能区转移支付范围；②从 2011 年起，在测算重点生态功能区转移支付时，中央财政已将南水北调中线工程水源地污水和垃圾处理设施运行费用缺口等作为特殊支出纳入标准支出测算，加大对南水北调中线工程水源地相关县（市、区）的转移支付支持力度；③2020

表 5.1　重要水源地生态保护补偿政策法规文件

层面	年份	颁布机关	政策法规名称	主要内容	资金		分配
					来源		
国家	2013	国家发展改革委、国务院南水北调工程建设委员会办公室	《丹江口库区及上游地区对口协作工作方案》（发改地区〔2013〕544 号）	北京市、天津市、河南省、湖北省和陕西省政府通过开展对口支援河南省、湖北省、陕西省对口支援实施，促进南水北调中线工程顺利实施，促进水源区和受水区经济社会可持续发展，期限为 2013—2020 年	• 北京市、天津市：筹集对口协作资金 • 河南省：设立湖北省：专项扶持资金		河南省、湖北省、陕西省
	2021	国家发展改革委、水利部	《关于推进丹江口库区及上游地区对口协作工作的通知》（发改振兴〔2021〕924 号）	根据南水北调中线工程运行和水源区发展需要，丹江口库区及上游地区对口协作期限延长至 2035 年			
跨省（自治区、直辖市）	2018	北京市人民政府、河北省人民政府	《密云水库上游潮白河流域水源涵养区横向生态保护补偿协议》	两地将按照 "成本共担、效益共享、合作共治" 的原则，建立生态协作机制，促进流域水资源与生态环境整体改善，期限为 2018—2020 年	• 北京市：3 亿元 • 河北省：1 亿元	• 水量 • 水质 • 上游行为管控	
	2019	河北省财政厅、省生态环境厅、省水利厅	《密云水库上游潮白河流域水源涵养资金管理办法》（冀财规〔2019〕11 号）	明确资金来源、使用范围、资金使用管理等方面内容，规范和加强生态保护补偿资金管理，提高资金使用效益	• 中央财政资金：按照政策申请		
	2022	北京市人民政府、河北省人民政府	《密云水库上游潮白河流域水源涵养区横向生态保护补偿协议（2021—2025 年）》	实施年限为 2021—2025 年	• 北京市：3 亿元 • 河北省：1 亿元		

续表

层面	年份	颁布机关	政策法规名称	主要内容	资金	
					来源	分配
跨省（自治区、直辖市）	2016—2021	天津市人民政府、河北省人民政府	《关于引滦入津上下游横向生态保护补偿协议》	冀、津两地将继续设立滦河上下游生态保护补偿资金，推进生态环境综合治理、确保水质基本稳定并持续改善。截至目前，共签订两轮协议，第一轮协议为2016—2019年，第二轮协议为2019—2021年	• 天津市、河北省共同出资 • 中央财政补助资金按政策申请、拨付上游	断面水质考核结果
省（自治区、直辖市）内 北京市	2014	北京市人民政府办公厅	《进一步加强密云水库水源保护工作的意见》（京政办发〔2014〕37号）	建立生态保护补偿机制，市政府安排一次性专项补助资金，由密云县（现密云区）政府统筹使用、确保周边群众稳定和相关水源保护措施落实	市政府	密云县政府
	2022	中共北京市委办公厅、北京市人民政府办公厅	《北京市关于深化生态保护补偿制度改革的实施意见》（京办发〔2022〕32号）	以水源保护为重点，健全完善官厅、密云水库等流域上下游横向生态保护补偿机制。巩固跨省流域密云水库生态保护补偿成果，进一步协同削减流域总氮，推进官厅水库上游河流域生态补偿机制，建立官厅水库上游永定河流域水源保护横向生态补偿机制。继续推进南水北调水源恢复水源地功能。深化经贸交流、人才交流、对口协作，技术支持面协作，助力水源区生态保护与绿色发展	市政府	

续表

层面		年份	颁布机关	政策法规名称	主要内容	资金		
						来源	分配	
天津市		2017	天津市人民政府办公厅	《关于健全生态保护补偿机制的实施意见》（津政办发〔2017〕90 号）	继续加强于桥水库库区封闭管理，持续实施库区生态补贴机制，综合考虑生态改善状况等因素，动态调整补贴标准，完善资金管理办法，保障库区群众基本利益	市财政		
		2018	天津市财政局	《天津市于桥水库区生态保护补偿资金管理暂行办法》（津财规〔2018〕28 号）	市财政安排资金，用于因于桥水库修建和实施封闭管理，以及为修建和保护于桥水库生态环境而使经济发展受到一定程度限制约的村和村民给予的补偿	市财政	蓟州区库区经济发展办公室	
省（自治区、直辖市）内	河北省	2016	河北省人民政府办公厅	《关于健全生态保护补偿机制的实施意见》（冀政办发〔2016〕25 号）	全面开展燕山、太行山 61 个山区县（市）及 19 个地表水集中式饮用水水源地生态保护补偿			
	内蒙古自治区	2017	内蒙古自治区人民政府办公厅	《关于健全生态保护补偿机制的实施意见》（内政办发〔2016〕183 号）	实施呼和浩特市大青山南麓水源地保护综合治理工程			
	辽宁省	2016	辽宁省人民政府办公厅	《关于健全生态保护补偿机制的实施意见》（辽政办发〔2016〕160 号）	在大伙房水库等重要集中式饮用水水源地，严格落实国家和辽宁省的生态保护补偿政策			
	吉林省	2020	吉林省财政厅、省生态环境厅	《关于印发〈吉林省水环境区域补偿办法〉与〈吉林省水环境区域补偿实施细则〉的通知》（吉财资环〔2020〕342 号）	针对吉林省石头口门水库、新立城水库等 17 处地级以上城市集中式饮用水水源地开展水环境区域补偿	· 市级横向补偿为主 · 省级纵向补偿为辅	断面水质考核结果	

续表

层面	年份	颁布机关	政策法规名称	主要内容	资金 来源	资金 分配
省（自治区、直辖市）内 黑龙江省	2019	哈尔滨市政府、山河屯林业局	《磨盘山水源保护区生态保护补偿协议书》	至2023年，哈尔滨市政府每年给予山河屯林业局生态保护补偿资金3600万元，支持山河屯林业局积极开展水源地生态保护		
江苏省	2013	江苏省人民政府办公厅	《关于转发省财政厅江苏省生态保护补偿转移支付暂行办法的通知》（苏政办发〔2013〕193号）	在现有省级各项环境保护和生态保护建设专项资金基础上，探索建立生态保护补偿财政转移支付制度，将《江苏省生态红线区域保护规划》中所列的自然保护区、重要水源涵养地、饮用水源地等15类全部纳入补偿范围	省财政	因素法： •所属类型 •所处区域 •生态功能作用 •地区财政保障能力
江苏省	2018	江苏省人民政府办公厅	《关于印发江苏省城市集中式饮用水水源地保护攻坚战实施方案的通知》（苏政办发〔2018〕107号）	探索建立水源地保护补偿办法，完善生态保护补偿成效与资金分配挂钩的激励约束机制，将符合条件的水源地纳入生态保护补偿转移支付		
浙江省	2021	浙江省生态环境厅、省水利厅	《关于进一步加强集中式饮用水水源地保护工作的指导意见》（浙环函〔2021〕98号）	倡导建立饮用水水源地生态保护补偿制度，扩大生态保护补偿覆盖度，提高补偿标准，探索建立跨流域、跨地区的水源地保护专项多元化补偿机制。规范水源地保护专项资金使用		

续表

层面	年份	颁布机关	政策法规名称	主要内容	资金 来源	资金 分配
省（自治区、直辖市）内	2010	湖州市人民政府	《关于印发老虎潭水库水源地保护办法（试行）的通知》（湖政发〔2010〕15号）	湖州市人民政府建立老虎潭水库水源保护区生态保护机制，用于水源保护区的生态环境建设，保障人民群众生产生活	• 原水供应企业 • 政府财政承担	
	2020	温州市人民政府办公室	《关于印发温州市级饮用水水源地生态保护补偿专项资金管理办法的通知》（温政办函〔2020〕19号）	坚持权责一致原则，谁受益谁补偿，谁保护谁受偿，补偿资金由水区地方财政安排，供水区政府要严格落实水源地保护责任	• 市、县级财政，用水预算 • 水资源费 • 排污权有偿使用费 • 环保税收	• 定额分配 • 因素分配 √集雨区雨区面积 √集雨区内行政人口数 √水域面积
	2020	慈溪市人民政府办公室	《慈溪市饮用水水源保护区生态保护补偿实施意见（修订）》（慈政发〔2020〕53号）	对因保护和改善水源地生态环境，保障全市饮用水安全，而使经济发展受到一定影响的饮用水源地所在镇进行适当补偿		
安徽省	2018	滁州市人民政府办公室	《滁州市市区饮用水源保护生态补偿暂行办法》（滁政办〔2018〕65号）	市政府设立饮用水水源地保护补偿资金，纳入年度预算，并根据全市经济社会发展情况逐步增加	政府筹集	• 项目补助资金 • 绩效补偿资金，包括基础性补偿和考核性补偿 √基础性补偿：按照饮用水水源保护区面积和供水能力综合确定 √考核性补偿：按照年度水质考核情况

续表

层面	年份	颁布机关	政策法规名称	主要内容	资金	
					来源	分配
河南省	2018	驻马店市人民政府	《驻马店市饮用水水源地生态保护补偿办法》（驻政〔2018〕42号）	为持续改善板桥水库、薄山水库、宋家场水库饮用水水源保护区水环境质量，建立长效的生态保护补偿机制	·原水水费 ·市区财政	·定向补助：用于生态保护工程和拆迁项目 ·定额补助： √保护区面积 √保护区内城乡居民基本医疗保障参保人数 √水域面积
省（自治区、直辖市）内 湖南省	2019	湖南省人民政府办公厅	《关于进一步加强集中式饮用水水源和供水安全保障工作的通知》（湘政办发〔2019〕70号）	省级积极探索实施行饮用水安全保障工作成效与相关专项资金分配挂钩的激励约束机制；探索建立受益者付费、保护者得到合理补偿的水源地生态保护补偿机制，将符合条件的饮用水水源纳入生态保护补偿转移支付		
广西壮族自治区	2017	北海市人民政府办公室	《北海市牛尾岭水库饮用水水源保护区及湖海运河水生态保护补偿暂行方案》（北政办〔2017〕85号）	为改善牛尾岭水库饮用水水源保护区及湖海运河沿线水环境质量，开展北海市牛尾岭水库饮用水水源保护区及湖海运河水生态保护补偿	市政府	·合浦县人民政府，根据人库考核结果拨付水质考核结果拨付

107

续表

层面	年份	颁布机关	政策法规名称	主要内容	资金	
					来源	分配
省（自治区、直辖市）内	海南省 2017	海南省人民政府	《关于健全生态保护补偿机制的实施意见》（琼府〔2017〕101号）	推进以赤田水库为试点的重要水源地补偿模式，基于上游饮用水源保护成本投入和生态效益科学确定补偿标准，有效建立下游流域各市县与下游地区之间激励约束机制。启动以小妹水库为试点的水权交易补偿模式，鼓励生态受益地区与保护地区之间通过资金补助、产业支持等方式开展补偿		
	四川省 2019	成都市人民政府	《成都市饮用水源保护工作考核激励办法》（成府函〔2019〕87号）	设立饮用水源保护激励资金，对完成水源保护目标任务的县（市、区）政府给予奖励	市政府	按水源保护区等级和面积分级核算给各县（区）
	贵州省 2012	贵州省人民政府办公厅	《贵州省红枫湖流域水污染防治生态保护办法（试行）》（黔府办发〔2012〕37号）	在贵阳市和安顺市之间实施红枫湖流域水污染防治生态保护补偿	贵阳市、安顺市出资	断面水质考核结果
	贵州省 2019	贵州省自然资源厅、省发展改革委、省财政厅、省生态环境厅、省水利厅	《黔中水利枢纽工程涉及流域生态保护补偿办法（试行）》（黔自然资函〔2019〕1454号）	坚持"受益者补偿、损害者补偿"的原则，在贵阳市、六盘水、安顺市、毕节市、黔南布依族苗族自治州，贵安新区建立黔中水利枢纽工程涉及流域生态保护补偿机制	受益区取水量	• 河流断面和饮用水水源地水质；• 水源保护区面积、水源工程以上流域汇水面积

续表

层面	年份	颁布机关	政策法规名称	主要内容	资金来源	资金分配
云南省	2016	昆明市人民政府	《昆明市主城饮用水源区扶持补助办法（2016—2020）》	为确保昆明主城饮用水源区内的松华坝水库、云龙水库、柴河水库、宝象河水库、清水河水库、大一自卫村水库水质优良，供水稳定，确保主城饮用水源安全，积极探索建立、完善生态保护补偿机制	• 所限区、县上缴 • 市财政统筹安排	• 以投代补：倾斜优先安排基础设施建设投入 • 定额补偿：根据原水供水量和水质考核结果发放
云南省	2021	昆明市人民政府	《昆明市主城饮用水源区扶持补助办法（2021—2025年）》（昆政发〔2021〕19号）	综合考虑受水地区经济发展水平和支付能力，本轮主城饮用水源区扶持补助资金为每年30680万元，与上轮补助办法相比，增加了50%		
陕西省	2017	陕西省人民政府办公厅	《健全生态保护补偿机制实施意见》（陕政办发〔2017〕71号）	推动汉江、丹江、延河、无定河等流域建立水质水源保护补偿机制		
甘肃省	2017	甘肃省人民政府办公厅	《甘肃省贯彻落实〈国务院办公厅关于健全生态保护补偿机制的意见〉实施意见》（甘政办发〔2017〕127号）	开展集中式饮用水水源地生态环境保护补偿，健全水源地保护补偿，规范水源地保护，探索建立刘家峡水库兰州市第二水源地保护补偿机制		
青海省	2018	青海省人民政府办公厅	《关于健全生态保护补偿机制的实施意见》（青政办发〔2018〕1号）	在黑泉水库等重要饮用水水源地开展生态保护补偿工作		
新疆维吾尔自治区	2017	新疆维吾尔自治区人民政府	《关于健全生态保护补偿机制的实施意见》（新政办发〔2017〕164号）	研究在河流源头（伊犁河上游等）、集中饮用水源地、水源调出区（阿勒泰地区）区域，全面开展生态保护补偿		

（层面：省（自治区、直辖市）内）

注：
1. 各省（自治区、直辖市）均有出台饮用水水源保护条例，里面多有涉及保护补偿的内容，此处不再列。
2. 部分省（自治区、直辖市）出台的生态保护补偿机制建设、流域生态保护补偿机制建设中涉及重要水源地的相关内容，已列入表中。

年，考虑南水北调水源地实际贡献、因水源保护经济发展受限、污水和垃圾处理设施资金缺口大等因素，提高有关县（区）标准财政收支缺口补助比例，通过重点生态功能区转移支付安排增量资金，进一步加大对南水北调水源地生态保护补偿支持力度。2021 年，中央财政已下达湖北省重点生态功能区转移支付 40.36 亿元，同比增长 11.9%，增幅高于全国平均水平。

（3）开展水源区与受水区对口协作。为推动南水北调中线工程丹江口库区及上游地区（以下简称"水源区"）与沿线地区（以下简称"受水区"）互助合作，2013 年，国家发展改革委、国务院南水北调工程建设委员会办公室印发的《丹江口库区及上游地区对口协作工作方案》明确要求，本着地域统筹、实力与贡献匹配的原则，北京市与河南省、湖北省，天津市与陕西省建立对口协作结对关系，通过大力发展生态经济、促进传统工业升级、加强人力资源开发、加大科技支持力度、深化经贸交流合作、加强生态环保合作、增强公共服务能力等方式开展合作。合作期至2020 年，在此期间，北京市、天津市要结合地方经济和财力状况，每年筹集一定数额的对口协作资金，用于开展对口协作相关工作，河南、湖北两省也要相应设立专项扶持资金，配合支援方开展相关工作。2020 年，国家发展改革委、水利部联合发文，根据南水北调中线工程运行和水源区发展需要，丹江口库区及上游地区对口协作期限延长至 2035 年，《丹江口库区及上游地区对口协作工作方案》确定的对口协作关系和政策措施保持不变，2035 年以后的工作将根据实施情况另行研究。

（4）实施国家森林生态保护补偿政策。为促进水源区天然林资源的保护、培育和发展，国家林业和草原局（原林业部）对重点地区实施天然林保护工程，对批准天然林保护工程建设项目的县（市）予以支持。中央补偿基金平均补助标准为每年每亩 5 元，其中 4.5 元用于补偿性支出，0.5元用于森林防火等公共管护支出。同时，为改善生态环境，国家 1999 年开展退耕还林试点，国务院先后发布了《关于进一步做好退耕还林还草试点工作的若干意见》（国发〔2000〕24 号）、《关于进一步完善退耕还林政策措施的若干意见》（国发〔2002〕10 号）和《关于完善退耕还林政策的通知》（国发〔2022〕25 号），明确了水源区退耕还林补助的标准和年限。

2. 密云水库上游潮白河流域水源涵养区横向生态保护补偿

密云水库始建于 1958 年，于 1960 年建成，是北京市最重要的水库之一，也是北京市的地表饮用水水源地。密云水库位于北京市东北约 90km

的密云区城北山区，横跨潮河、白河主河道，是华北地区最大的水库，总库容为 43.75 亿 m^3，相应水面面积为 188km²，由潮河、白河两大水系组成，潮河水系的流域面积为 6961km²，白河水系的流域面积为 8827km²。水库控制流域面积的 2/3 在河北省承德市、张家口市辖区内，1/3 在北京市行政区内。近年来，密云水库的入库径流量不断下降，主要支流潮白河 1956—1984 年的年平均径流量为 2.24 亿 m^3，而到 20 世纪 90 年代末下降至 1.18 亿 m^3。同时，潮白河水系出现污染加剧趋势，使密云水库的生态环境日益恶化。为保障北京市水资源安全，促进北京市、河北省两地生态环境保护协同发展，国家、北京市、河北省开展了一系列生态保护修复和补偿措施，主要做法如下：

（1）国家财政转移支付[43]。国家对密云水库上游的补偿主要是通过财政转移支付的方式实现的。2001 年，国务院批准实施了《21 世纪初期（2001—2005 年）首都水资源可持续利用规划》，该规划是国家对京津上游地区进行流域生态保护补偿的有益探索，明确在河北的张家口市和承德市、北京密云水库上游的部分县（区）实施节约用水、水土保持和水污染防治等工程，实现到 2005 年密云水库水质保持 II 类，水库来水量（河北省出境水量）正常年份达到 6 亿 m^3，特枯水年份不少于 3 亿 m^3。除北京市的工程措施大部分自筹外，河北省工程措施总投资主要由中央转移支付解决。

（2）开展京冀合作共建。近年来，在京冀两地政府的共同努力下，北京市围绕农业节水、小流域治理、水源涵养、水生态保护与修复等工作，与张家口和承德两市开展了多项生态保护补偿活动。

1995 年，北京市与河北省共同组建经济技术合作协调、水资源保护合作等 7 个专业合作小组，建立对口支援关系，北京市和河北省共同编制了《21 世纪初期（2001—2005 年）首都水资源可持续利用规划》。

2005 年，北京市与河北省的张家口市、承德市分别组建了水资源环境治理合作协调小组，制定了《北京市与周边地区水资源环境治理合作资金管理办法》，确定从 2005—2009 年，北京市每年安排 2000 万元资金，用于支持张家口市、承德市水源保护项目。

2006 年，北京市与河北省签署的《北京市人民政府、河北省人民政府关于加强经济与社会发展合作备忘录》，张家口市、承德市在密云水库上游潮白河水系实施水稻改种玉米等低耗水作物的"稻改旱"工程。北京市按照每年每亩 450 元标准，向张家口市、承德市实施"稻改旱"的农民给予收益损失补偿[44]。项目实施后，不仅有效增加了密云水库入库水量，而且为保护水源水质发挥了重要作用。

2009 年，北京市启动京冀生态水源保护林建设和森林保护合作项目，项目计划自 2009 年至 2011 年投资 1.5 亿元，用于河北省开展生态水源保护林营造、森林防火基础设施建设和设备配置等项目。项目实施后，潮河、白河、永定河主河道及干支流两侧第一重山脊初步实现绿化。

2018 年，北京市、河北省两地共同签署了《密云水库上游潮白河流域水源涵养区横向生态保护补偿协议》，促进两地生态环境保护协同发展。补偿资金包含北京市财政资金、河北省财政资金和中央财政资金。其中，北京市财政资金原则上每年 3 亿元（根据考核结果据实支付），河北省财政资金每年 1 亿元，中央财政资金在协议签订后按政策申请。补偿资金拨付的考核依据为水量、水质、上游行为管控三方面。水质考核是在国家规定的高锰酸盐指数、氨氮、总磷三项指标外，增加了总氮指标，根据总氮下降幅度给予奖励。水量考核则在 2000 年以来多年平均入境水量的基础上，设置 2 亿 m^3、3 亿 m^3、4 亿 m^3、6 亿 m^3 等不同分档的补助资金基数，实行多来水、多奖励的机制。补偿资金用于密云水库上游潮白河流域水源涵养区水环境治理、水生态修复、水资源保护等方面。截至 2021 年，北京市累计支持张家口、承德两市资金 9.5 亿元。潮白河流域入境水量达到 9.4 亿 m^3，入境水质保持稳定，生态保护补偿取得阶段性成效。

2022 年，京冀两地共同召开京冀密云水库水源保护工作联席会议，签署了新一期的《密云水库上游潮白河流域水源涵养区横向生态保护补偿协议（2021—2025）》，实施年限为 2021—2025 年，涵盖整个"十四五"时期，每年北京市安排 3 亿元左右，河北省安排 1 亿元用于水生态保护修复和总氮防控。资金主要用于密云水库上游潮白河流域水源涵养区水环境治理、水土保持、河湖水生态修复、水资源节约保护、绩效评估等保障协议履行的相关工作等方面；优先用于城乡污水点源污染治理和畜禽养殖粪污、农业种植化肥农药、水土流失等面源污染治理。

3. 黔中水利枢纽工程涉及的流域生态保护补偿

黔中水利枢纽工程是贵州省首个大型跨地区、跨流域长距离调水工程，是西部大开发标志性工程。黔中水利枢纽工程由水源、灌区、城市供水三大块组成。其中，水源工程由枢纽大坝、泄洪系统、坝后电站、灌溉取水系统等组成；灌区工程由输水渠系工程和田间工程组成；城市供水工程由贵阳供水工程和安顺供水工程组成。工程是以灌溉、城市供水为主，兼顾发电等综合利用，并为改善当地生态环境创造条件的大（1）型水利枢纽工程，开发直接目标是解决黔中地区用水安全，间接目标是保障粮食生产安全、保障并促进区域经济社会可持续发展。

为保障黔中水利枢纽工程的长效运行，2019 年，贵州省自然资源厅、省发展改革委、省财政厅、省生态环境厅、省水利厅联合印发《黔中水利枢纽工程涉及流域生态保护补偿办法（试行）》，探索建立生态保护补偿机制。补偿范围为黔中水利枢纽工程涉及流域，包括黔中水利枢纽工程（一期）平寨水库和参与输水调节的桂家湖、革寨、凯掌等水库的饮用水水源地保护区及上游流域汇水区（统筹保护区以及受益区）。补偿主体为黔中水利枢纽工程涉及流域受益区，受益区相关市、县生态保护补偿资金按照《省人民政府关于黔中水利枢纽水量分配调整方案的批复》（黔府函〔2017〕264 号）取水量为依据进行测算，测算标准为 0.03 元/m³。测算金额为第一年生态保护补偿资金的初始值，以后年度按实际取水量缴纳。补偿对象为黔中水利枢纽工程涉及的流域保护区，保护区相关市、县，以流域内的河流断面和饮用水水源地每月水质监测结果为考核依据实行双向补偿，若考核的河流断面和饮用水水源地水质达到水功能区水质标准，有关市、县可获得补偿资金；达不到相应的水质要求，应在 3 个月内完成整改，水质达标前不能获得生态保护补偿资金，并按同期获得的资金同等缴纳生态保护补偿资金。生态补偿资金按月核算，按年缴纳。根据《省人民政府关于黔中水利枢纽一期工程集中式饮用水水源保护区划分方案的批复》（黔府函〔2017〕249 号）划定的水源保护区面积，以及黔中水利枢纽水源工程（平寨水库坝址）以上流域汇水区面积，按各占 50% 的比例并结合上年度考核结果分配生态补偿资金。

5.2.5 存在的问题

随着经济社会快速发展对重要水源地供水保障程度要求的提高，我国重要水源地生态环境仍面临严峻形势，迫切需要建立重要水源地生态保护补偿的长效机制。虽然重要水源地生态保护补偿在国内已开展了较多实践，但由于重要水源地保护者和受益者利益关系的复杂性，我国重要水源地生态保护补偿研究和实践仍存在以下问题：

（1）补偿来源渠道和补偿方式单一。目前，重要水源地生态保护补偿资金主要依靠不同层级政府的财政转移支付，企事业单位投入、优惠贷款、社会捐赠等其他渠道明显不畅或缺失，致使补偿资金严重不足。市场补偿虽已有探索，并创新了收取水资源费（税）等补偿模式，但是在实践应用中所占份额较少，市场手段的作用还很有限，也造成了政府财政资金压力增大。除资金补偿外，产业扶持、人才支撑、就业培训等补偿方式未得到应有的重视。谁开发谁保护、谁受益谁补偿的利益调节格局还没有真正形成。

（2）保护地区与受益地区缺乏有效的协商机制。我国幅员辽阔，大流域以及中小流域往往跨越若干省（自治区），大型跨流域跨区域引调水工程生态保护补偿机制直接触及重新调整流域上下游之间、干支流之间、行政区之间的生态环境和经济利益关系，十分复杂。而我国涉水管理体制纵向上多部门管理，横向上管理体制不全，跨流域跨省（自治区）的协调不力，致使已有的跨省重要水源地生态保护补偿还处在非制度化的自发阶段或由国家层面强力推动，省（自治区）间的生态保护补偿往往可能因为无休止的讨价还价而陷入僵局。水资源开发地区、受益地区与生态保护地区、流域上游地区与下游地区之间缺乏有效的协商平台和机制。

（3）缺乏公众、供水企业、流域内企业等其他利益相关方的参与。重要水源地生态保护补偿在建立过程中难免要在经济发展与水源保护、公众健康之间进行取舍，工商业、土地所有者、当地居民、流域内企业、供水企业等利益相关方，并没有进入管理决策层。重要或有影响力的利益相关方在重要水源地管理中缺位，在水源保护中缺乏有效表达途径，因此保护水源的积极性不强，更谈不上主动推进水源保护。此外，供水企业直接从水源地取水，水源水质直接影响企业生产成本与盈利，供水企业具有强烈从事水源水质管理效果的监督工作的意愿。但是目前，供水企业在生态保护补偿机制建设过程中的作用发挥并不充分[45]。

（4）已开展的水库水源地生态保护补偿对所在河流上游水源涵养补偿的考虑较少。根据《全国重要饮用水水源地名录（2016 年）》，全国重要饮用水水源地有 618 个，其中，湖库型 279 个，河道型 242 个，地下水类型 97 个。目前，已开展的重要水源地生态保护补偿实践中，以省内水库型水源地补偿较多，普遍存在标准偏低的问题，部分水库水源地生态保护补偿资金主要用于库周水污染防治项目建设和管理，项目建设范围小，补偿资金分散，对所在河流上游水源涵养补偿的考虑较少，补偿资金利用效果有待提升。

（5）重要水源地生态保护补偿监督管理的有关制度有待健全。建立有效的重要水源地生态保护补偿监督运行机制，强化生态保护补偿资金的有效监管是完善生态保护补偿机制的一个重要环节。由于生态保护补偿资金认定目前尚缺乏科学的标准和尺度，且受区域自然生态和经济社会的双重影响，重要水源保护区与受益区对于生态保护补偿重要性的认识存在较大差异，重要水源地生态保护补偿资金的分配、使用、考核等相关制度尚不健全，亟须建立一套较完善的重要水源地生态保护补偿资金使用的监督和评估机制，以保证专款专用，避免重要水源地生态保护补偿成为面子工程，防止补偿资金流失。

5.3　补偿框架

5.3.1　补偿范围

1. 重大引调水工程水源地

根据水利部门相关统计资料，目前我国已建重大引调水工程 48 项，其中跨省重大引调水工程 11 项，包括引滦入津、万家寨引黄济京、引黄入冀、引黄入冀济津位山线、引黄入冀济津潘庄线、引黄入冀补淀、万家寨引黄入晋、盐环定扬黄、湑河总干渠引水、南水北调东线一期和南水北调中线等工程。此外，我国目前在建重大引调水工程中，跨省工程包括引江济淮、驷马山引江、吴淞江 3 项工程。

国家层面建立重大引调水工程水源地生态保护补偿机制主要考虑已建在建跨省重大引调水工程，未来新建重大引调水库工程视情推进生态保护补偿机制建设，省内引调水工程由各省政府负责组织实施（表 5.2）。

表 5.2　　　　已建、在建跨省重大引调水工程

序号	工程名称	工程状况	调出区	取水水源	受水区	受 水 城 市
1	引滦入津	已建	海河区	潘家口水库	滦河	天津市：滨海新区（西河水厂）
2	万家寨引黄济京	已建	黄河区	万家寨水库	永定河册田水库以上	北京市：延庆区（官厅水库）
3	引黄入冀	已建	黄河区	黄河干流	子牙河山区、子牙河平原	河北省：沧州市、衡水市
4	引黄入冀济津位山线	已建	黄河区	黄河干流	子牙河山区、子牙河平原	河北省：沧州市、衡水市
5	引黄入冀济津潘庄线	已建	黄河区	黄河干流	大清河山区	天津市：静海区（九宣闸）

续表

序号	工程名称	工程状况	调出区	取水水源	受水区	受 水 城 市
6	引黄入冀补淀	已建	黄河区	黄河干流	子牙河山区、子牙河平原	河南省：濮阳市 河北省：邯郸市、邢台市、衡水市、沧州市、保定市
7	万家寨引黄入晋	已建	黄河区	黄河干流	汾河、永定河册田水库以上	山西省：大同市、朔州市、太原市
8	盐环定扬黄	已建	黄河区	黄河干流	下河沿至石嘴山、内流区、泾河张家山以上	陕西省：定边县 甘肃省：环县 宁夏回族自治区：盐池县、同心县、利通区、红寺堡区
9	淠河总干渠引水	已建	淮河区	佛子岭水库	巢滁皖及沿江诸河	安徽省13市和河南省2市
10	南水北调东线一期	已建	长江区	长江干流	淮河区、海河区、黄河区	天津市 河北省：沧州市、衡水市 山东省：济南市、青岛市、聊城市、德州市、滨州市、烟台市、威海市、淄博市、潍坊市、东营市、枣庄市、济宁市、菏泽市、泰安市 江苏省：徐州市、扬州市、淮安市、宿迁市、连云港市 安徽省：蚌埠市、淮北市、宿州市
11	南水北调中线	已建	长江区	丹江口水库	淮河区、黄河区、海河区	河南省：南阳市、平顶山市、许昌市、郑州市、焦作市、新乡市、鹤壁市、安阳市 河北省：邯郸市、邢台市、石家庄市、保定市 北京市 天津市
12	引江济淮	在建	长江区	长江	巢滁皖及沿江诸河、王蚌区间北岸、王蚌区间南岸、蚌洪区间北岸	安徽省：亳州市、阜阳市、宿州市、淮北市、蚌埠市、淮南市、滁州市、铜陵市、合肥市、马鞍山市、芜湖市、安庆市 河南省：周口市、商丘市
13	驷马山引江	在建	长江区	长江	蚌洪区间南岸	安徽省：合肥市、滁州市
14	吴淞江	在建	长江区	太湖	通南及崇明岛诸河	上海市

2. 重要水库工程水源地

根据水利部印发的《全国重要饮用水水源地名录（2016 年)》，全国重要饮用水水源地 618 个，（表 5.3），其中水库型（含电站）重要饮用水水源地 267 个。为贯彻落实《中华人民共和国长江保护法》，切实加强长江流域重要饮用水水源地保护，将 324 个集中式饮用水水源地纳入《长江流域重要饮用水水源地名录》，其中水库型（含电站）重要饮用水水源地 92 个。国家层面可结合跨省重大引调水工程水源地，选择重要水库工程水源地推进建立健全水流生态保护补偿机制。省级行政区内重要水库工程水源地的生态保护补偿，可由省内各级政府负责组织实施。

表 5.3　　　　　　　全国重要饮用水水源地名录（2016 年）

地区	数量/个	水 源 地 名 称
北京市	8	密云水库水源地、北京市自来水集团第二水厂水源地、北京市自来水集团第三水厂水源地、北京市自来水集团第八水厂水源地、怀柔水库水源地、北京市拒马河水源地、北京市顺义区第三水源地、白河堡水库水源地
天津市	1	于桥-尔王庄水库水源地
河北省	24	岗南水库水源地、黄壁庄水库水源地、石家庄市滹沱河地下水水源地、潘家口-大黑汀水库水源地、陡河水库水源地、唐山市北郊水厂水源地、桃林口水库水源地、石河水库水源地、岳城水库水源地、邯郸市羊角铺水源地、邢台市桥西董村水厂水源地、西大洋水库水源地、王快水库水源地、保定市一亩泉水源地、张家口市旧李宅水源地、张家口市样台水源地、张家口市腰站堡水源地、张家口市北水源水源地、承德市二水厂水源地、承德市双滦自来水公司水源地、大浪淀水库水源地、杨埕水库水源地、廊坊市城区水源地、衡水自来水公司水源地
山西省	13	万家寨-汾河水库水源地、太原市兰村水源地、太原市枣沟水源地、太原市三给水源地、阳泉市娘子关泉水源地、长治市辛安泉水源地、晋城市郭壁水源地、朔州市耿庄水源地、松塔水库水源地、运城市蒲州水源地、忻州市豆罗水源地、临汾市龙子祠泉水源地、吕梁市上安水源地
内蒙古自治区	12	呼和浩特市黄河水源地、呼和浩特市城区地下水饮用水水源地、包头市黄河花匠营子水源地、包头市黄河磴口水源地、乌海市海勃湾区城区水源地、乌海市海勃湾区北水源地、赤峰市地下水水源地、通辽市科尔沁区集中式饮用水水源地、呼伦贝尔市中心城区集中饮用水水源地、临河区第一自来水厂-黄河水厂水源地、锡林郭勒盟一棵树-东苗圃水源地及乌兰浩特市一、二水源地
辽宁省	15	大伙房水库水源地、桓仁水库水源地、碧流河水库水源地、英那河水库水源地、松树水库水源地、朱隈水库水源地、刘大水库水源地、汤河水库水源地、观音阁水库水源地、铁甲水库水源地、闹德海水库水源地、白石水库水源地、柴河水库水源地、宫山咀水库水源地、葫芦岛市六股河水源地

117

续表

地区	数量/个	水源地名称
吉林省	13	引松入长水源地、新立城水库水源地、石头口门水库水源地、吉林市松花江水源地、下三台水库水源地、卡伦水库水源地、杨木水库水源地、桃园水库水源地、海龙水库水源地、曲家营水库水源地、哈达山水库水源地、老龙口水库水源地、五道水库水源地
黑龙江省	16	磨盘山水库水源地、齐齐哈尔市嫩江浏园水源地、哈达水库水源地、团山子水库水源地、细鳞河水库水源地、五号水库水源地、寒葱沟水库水源地、大庆水库水源地、红旗水库水源地、东城水库水源地、龙虎泡水库水源地、佳木斯市江北水源地、桃山水库水源地、牡丹江市牡丹江西水源地、黑河市小金厂水厂水源地、肇东水库水源地
上海市	3	上海市长江青草沙水源地、上海市黄浦江上游水源地、长江-陈行水源地
江苏省	22	南京市长江夹子矶水源地、南京市长江燕子矶水源地、太湖贡湖水源地、横山水库水源地、南四湖小沿河水源地、徐州市骆马湖水源地、江阴市长江利港-窑港水源地、常州市长江魏村水源地、太湖湖东水源地、张家港市长江水源地、常熟市长江水源地、昆山市傀儡湖水源地、南通市长江狼山水源地、如皋市长江长青沙水源地、连云港市蔷薇湖水源地、淮安市二河水源地、盐城市盐龙湖水源地、扬州市长江瓜洲水源地、镇江市长江征润州水源地、泰州市长江永安洲永正水源地、宿迁市骆马湖水源地、三江营水源地
浙江省	16	杭州市钱塘江水源地、杭州市东苕溪水源地、亭下水库水源地、横山水库水源地、白溪水库水源地、周公宅-皎口水库水源地、汤浦水库水源地、珊溪-赵山渡水库水源地、泽雅水库水源地、嘉兴市太浦河嘉善-平湖水源地、老虎潭水库水源地、金兰水库水源地、黄坛口水库水源地、舟山群岛新区饮用水水源地、长潭水库水源地、黄村水库水源地
安徽省	18	董铺水库水源地、大房郢水库水源地、繁昌县长江水源地、芜湖市长江水源地、蚌埠市淮河水源地、淮南市淮河水源地、马鞍山市长江水源地、淮北市供水服务有限公司水源地、铜陵市长江水源地、安庆市长江水源地、黄山市率水水源地、沙河集水库水源地、阜阳市供水服务有限公司水源地、宿州市供水服务有限公司水源地、六安市淠河水源地、亳州市自来水公司第三水厂水源地、池州市长江水源地、宣城市水阳江水源地
福建省	17	福州市闽江北港水源地、福州市闽江南港水源地、东张水库水源地、坂头水库水源地、汀溪水库水源地、漳州市北溪水源地、东圳水库水源地、外渡水库水源地、东牙溪水库水源地、南安市东溪水源地、泉州市龙湖水源地、泉州市北高干渠水源地、泉州市南高干渠水源地、泉州市丰州镇晋江水源地、亚湖水库水源地、黄岗水库水源地、金涵水库水源地
江西省	22	南昌赣江水源地、南昌县赣江水源地、景德镇昌江水源地、共产主义水库水源地、萍乡市袁河水源地、萍乡市湘江水源地、九江市长江水源地、鄱阳县余干县都昌县星子县鄱阳湖水源地、新余市袁河仙女湖水源地、新余市孔目江水源地、鹰潭市信江水源地、赣州市赣江水源地、吉安市赣江水源地、丰城赣江水源地、宜春市袁水水源地、抚州抚河水源地、余干信江水源地、鄱阳县昌江河水源地、鄱阳湖环湖渔业用水区水源地、上饶县信江水源地、七一水库水源地、余干县信江东大河水源地

118

续表

地区	数量/个	水　源　地　名　称
山东省	58	玉清湖水库水源地、鹊山水库水源地、狼猫山水库水源地、锦绣川水库水源地、清源湖水库水源地、章丘市圣井水厂水源地、济南市东郊水源地、济南市西郊水源地、济南市济西水源地、棘洪滩水库水源地、产芝水库水源地、青岛大沽河水源地、吉利河水库水源地、山洲水库水源地、铁山水库水源地、崂山水库水源地、尹府水库水源地、太河水库水源地、新城水库水源地、大芦湖水库水源地、淄河地下水水源地、淄博市东风水源地、滕州市荆泉水源地、滕州市羊庄泉水源地、耿井水库水源地、王屋水库水源地、门楼水库水源地、沐浴水库水源地、王吴水库水源地、三里庄水库水源地、白浪河水库水源地、牟山水库水源地、高崖水库水源地、峡山水库水源地、冶源水库水源地、济宁城北地下水水源地、黄前水库水源地、金斗水库水源地、米山水库水源地、龙角山水库水源地、日照水库水源地、乔店水库水源地、岸堤水库水源地、相家河水库水源地、庆云水库水源地、丁东水库水源地、杨安镇水库水源地、聊城市东聊供水水源地、龙庭水库水源地、南海水库水源地、思源湖水库水源地、三角注水库水源地、孙武湖水库水源地、仙鹤湖水库水源地、幸福水库水源地、西海水库水源地、滨州市东郊水库水源地、雷泽湖水库水源地
河南省	25	郑州市东周水厂水源地、郑州市石佛水厂水源地、郑州市黄河水源地、开封市黄河水源地、洛阳市地下水水源地、白龟山水库水源地、弓上水库水源地、安阳市洹河地下水水源地、盘石头水库水源地、新乡市黄河水源地、焦作市城区地下水水源地、濮阳市黄河水源地、河南省瑞贝卡水业有限公司麦岭水源地、许昌市北汝河水源地、漯河市澧河水源地、西段村水库水源地、卫家磨水库水源地、南阳市水务集团二水厂水源地、郑阁水库水源地、泼河水库水源地、南湾水库水源地、固始县史河水源地、周口市沙河官坡饮用水水源地、板桥水库水源地、济源市自来水公司小庄水源地
湖北省	33	武汉市汉江水源地、武汉市长江水源地、武汉市举水河水源地、武汉市黄陂区滠水水源地、武汉市江夏区长江水源地、黄石市长江水源地、黄石市富水河水源地、王英水库水源地、马家河水库水源地、黄龙滩水库水源地、巩河水库水源地、官庄水库水源地、鲁家港水库水源地、恩施-宜都清江水源地、襄阳市汉江水源地、谷城县南河汉江水源地、鄂州市长江水源地、钟祥市汉江水源地、漳河水库水源地、观音岩水库水源地、荆州市长江水源地、垅坪水库水源地、天堂水库水源地、白莲河水库水源地、金沙河水库水源地、凤凰关水库水源地、浠水县巴水河水源地、黄冈市蕲水水源地、先觉庙水库水源地、飞沙河水库水源地、大龙潭水库水源地、天门市汉江水源地、丹江口水库水源地
湖南省	43	株树桥水库水源地、长沙市湘江水源地、黄材水库水源地、长沙市望城区湘江水源地、浏阳市浏阳河水源地、长沙市星沙捞刀河水源地、东江水库水源地、株洲市湘江水源地、望仙桥水库水源地、湘潭市湘江水源地、湘乡市涟水水源地、衡阳市湘江水源地、衡阳市衡阳县蒸水水源地、红旗-曹口堰水库水源地、耒阳市耒水水源地、洋泉水库水源地、邵阳市资水水源地、邵阳市新宁县夫夷水水源地、邵阳市隆回县赧水水源地、邵阳市洞口县平溪水源地、白云

续表

地区	数量/个	水 源 地 名 称
湖南省	43	水库水源地、威溪水库水源地、铁山水库水源地、华容县长江水源地、龙源水库水源地、兰家洞-向家洞水库水源地、常德市沅江水源地、常德市澧县澧水水源地、常德市汉寿沅江水源地、张家界市澧水水源地、益阳市资水水源地、沅江市自来水公司水源地、山河水库水源地、长河水库水源地、永州市冷水滩区湘江水源地、永州市零陵区潇水水源地、永州市祁阳县湘江水源地、永州市道县潇水水源地、怀化市舞水水源地、娄底市孙水水源地、冷水江市资水水源地、涟源市新涟河水源地、湘西自治州吉首市峒河水源地
广东省	76	广州市流溪河水源地、广州市沙湾水道水源地、广州市陈村水道水源地、广州市增江水源地、广州-佛山市西江水源地、广州-东莞-惠州东江北干流水源地、韶关市武江水源地、南水水库水源地、西丽水库水源地、铁岗-石岩水库水源地、深圳市东深供水渠水源地、茜坑水库水源地、松子坑水库水源地、惠州-深圳东江干流水源地、惠州-深圳西枝江马安水源地、深圳水库水源地、东莞-深圳-惠州东江水源地、珠海市黄杨河水源地、珠海-中山磨刀门水道水源地、汕头市韩江梅溪河水源地、汕头韩江南溪水源地、汕头市韩江新津河水源地、汕头市韩江外砂河水源地、秋风岭水库水源地、河溪水库水源地、下金溪水库水源地、五沟水库水源地、汕头-潮州市韩江东溪水源地、佛山市北江干流水源地、佛山市东平水道水源地、佛山市容桂水道水源地、佛山市东海水道水源地、佛山市顺德水道水源地、佛山市潭州水道水源地、江门市石板沙水道水源地、江门市西江干流水道水源地、大沙河水库水源地、江门-中山西海水道水源地、湛江市雷州青年运河水源地、鹤地水库水源地、湛江市南渡河水源地、湛江市鉴江吴川水源地、赤坎水库水源地、茂名市鉴江塘岗岭水源地、茂名市袂花江共青河水源地、名湖水库水源地、海尾水库水源地、高州水库水源地、肇庆市西江端州区1号水源地、肇庆市西江端州区3号水源地、肇庆市绥江四会水源地、惠州西枝江惠东水源地、清凉山水库水源地、桂田水库水源地、汕尾市螺河水源地、红花地水库水源地、青年水库水源地、赤沙水库水源地、揭阳-汕尾市榕江水源地、河源市东江干流仙城水源地、新丰江水库水源地、阳江市漠阳江水源地、清远市北江水源地、东莞东江南支流水源地、中山市鸡鸦水道水源地、中山市东海水道水源地、中山市小榄水道水源地、潮州市黄冈河水源地、潮州韩江干流水源地、潮州韩江西溪水源地、翁内水库水源地、揭阳市五经富水源地、蜈蚣岭水库水源地、新西河水库水源地、云浮市西江水源地、金银河水库水源地
广西壮族自治区	20	南宁市邕江水源地、柳州市柳江水源地、桂林市漓江水源地、梧州市浔江-桂江水源地、岑溪市赤水水库水源地、梧州市浔江藤县水源地、北海市龙潭村水源地、北海市牛尾岭水库水源地、防城港市防城河木头滩水源地、钦州市钦江青年水闸水源地、贵港市郁江泸湾江水源地、贵港市黔江桂平水源地、贵港市浔江平南县水源地、玉林市苏烟水库水源地、百色市澄碧河水库水源地、贺州市龟石水库水源地、河池市肯冲-加辽-城西-城北地下水水源地、宜州市土桥水库水源地、来宾市红水河水源地、崇左市左江木排村水源地

续表

地区	数量/个	水 源 地 名 称
海南省	5	海口市南渡江水源地、赤田水库水源地、松涛水库水源地、东方市昌化江水源地、琼海市万泉河水源地
重庆市	14	重庆市长江第 1 水源地、重庆市长江第 2 水源地、重庆市长江第 3 水源地、重庆市嘉陵江第 1 水源地、重庆市嘉陵江第 2 水源地、重庆市嘉陵江第 3 水源地、重庆市嘉陵江第 4 水源地、重庆市万州区长江水源地、甘宁水库水源地、重庆市涪陵区长江水源地、马家沟水库水源地、鱼栏咀水库水源地、重庆市永川区临江河水源地、鲤鱼塘水库水源地
四川省	50	成都市郫县徐堰河-柏条河水源地、双流县岷江自来水厂金马河水源地、新津县西河白溪堰-金马河水源地、龙泉驿区东风渠水二厂水源地、成都市沙河二厂和五水厂水源地、成都市青白江水源地、都江堰市岷江西区自来水厂水源地、双溪水库水源地、长沙坝-葫芦口水库水源地、小井沟水库水源地、烈士堰水库水源地、富顺县镇溪河高硐堰水源地、攀枝花市金沙江大渡口-炳草岗水源地、泸州市长江五渡溪-观音寺-石堡湾水源地、德阳市人民渠水源地、绵阳市涪江铁路桥水源地、绵阳市涪江东方红大桥水源地、绵阳市仙鹤湖水源地、三台县涪江一水厂水源地、三台县涪江二水厂水源地、江油市涪江岩嘴头供水站饮用水水源地、广元市嘉陵江西湾爱心水厂水源地、射洪县涪江龙滩村水源地、遂宁市涪江南北堰水源地、内江市沱江花园滩水源地、古宇庙水库水源地、内江市濛溪河头滩坝水源地、资中县沱江老母岩水源地、乐山市青衣江水源地、乐山市大渡河第一水厂新水源地、眉山市黑龙滩水库水源地、南充市嘉陵江龙王井水源地、南充市嘉陵江双女石水源地、南部县嘉陵江二水源地、南部县嘉陵江一水源地、蓬安县嘉陵江水源地、阆中市嘉陵江 1 号水源地、阆中市嘉陵江 2 号水源地、宜宾市金沙江雪滩水源地、宜宾市岷江豆腐石-大佛沱水源地、广安市渠江燕儿窝水源地、关门石水库水源地、渠县渠江渠县县城水源地、罗江口水库水源地、雅安市青衣江猪儿嘴水源地、巴中市巴河大佛寺水源地、化成水库水源地、张家岩水库水源地、老鹰水库水源地、西昌市西河水源地
贵州省	15	贵阳市花溪河饮用水水源地、红枫湖水库水源地、阿哈水库水源地、松柏山水库水源地、百花湖水库水源地、贵阳市供水总公司汪家大井水源地、六盘水市玉舍水库水源地、北郊水库水源地、红岩水库水源地、中桥水库水源地、普定县水库水源地、倒天河水库水源地、铜仁市鹭鸶岩水厂水源地、黔西南州兴西湖水库水源地、茶园水库水源地
云南省	19	松华坝水库水源地、云龙水库水源地、车木河水库水源地、清水海水源地、曲靖市潇湘水库水源地、玉溪市东风水库水源地、北庙水库水源地、渔洞水库水源地、三束河水源地、信房-纳贺水库水源地、中山水库水源地、九龙甸水库水源地、西静河水库水源地、红河州五里冲水库水源地、文山州暮底河水库水源地、澜沧江景洪电站水源地、洱海水源地、姐勒水库水源地、桑那水库水源地

续表

地区	数量/个	水 源 地 名 称
西藏自治区	5	拉萨市自来水公司北郊水厂水源地、拉萨市自来水公司西郊水厂水源地、昌都镇水厂水源地、林芝市第二水厂水源地、山南地区南郊水厂水源地
陕西省	18	黑河金盆水库水源地、石砭峪水库水源地、李家河水库水源地、西安市自来水公司二水厂灞浐河水源地、西安市自来水公司三水厂沣皂河水源地、西安市自来水公司四水厂渭滨水源地、石头河水库水源地、桃曲坡水库水源地、冯家山水库水源地、咸阳市自来水公司水源地、沈河水库水源地、涧峪水库水源地、王瑶水库水源地、汉中市国中自来水公司东郊水源地、瑶镇水库水源地、榆林市自来水公司红石峡水源地、安康市汉江马坡岭水源地、商洛市自来水公司水源地
甘肃省	11	兰州市黄河水源地、嘉峪关市北大河水源地、嘉峪关市嘉峪关水源地、金川峡水库水源地、武川水库水源地、武威市杂木河渠首城市饮用水水源地、张掖市滨河新区三水厂水源地、平凉市给排水公司水源地、酒泉市供排水总公司水源地、巴家咀水库水源地、槐树关水库水源地
青海省	7	黑泉水库水源地、北川石家庄水源地、北川塔尔水源地、湟中县西纳川丹麻寺水源地、海东市互助县南门峡水源地、德令哈市城市供水水源地、格尔木市格尔木河冲洪积扇水源地
宁夏回族自治区	6	银川市东郊水源地、银川市南郊水源地、银川市北郊水源地、贺家湾水库水源地、石嘴山市第二水源地、石嘴山市第三水源地
新疆维吾尔自治区	6	乌拉泊水库水源地、柴窝堡水源地、白杨河水库水源地、榆树沟水库水源地、昌吉市供水有限公司第二水厂水源地、库车县供排水公司水源地
新疆生产建设兵团	7	第十二师红岩水库水源地、第七师奎屯天泉供水有限责任公司达子庙水源地、第五师双河市塔斯尔海水库水源地、第六师青格达湖水源地、第一师胜利水库水源地、第三师小海子水库水源地、第四师可克达拉市供水工程水源地

5.3.2　补偿主体与补偿对象

重要水源地保护是以保护和改善水资源的质和量为目的，提高其生态服务的供给功能为目标，对使用水源地的群体产生的是有利影响，因此，使用水源地的群体是受益者，应作为补偿的主体。对于跨省级行政区的重要水源地，受益范围较大，可由国家探索建立对口协作机制，引导调出区、受水区所在地方人民政府开展对口协作，共同推进重要水源地保护。同时，国家作为重要水源地保护所带来利益的最高受益者，国务院财政主管部门应当加大对重要水源地的财政转移支付力度。对于省内跨区域引调水工程水源地可比照建立相应生态保护补偿机制。对于重要水源地保护范围内的生态环境破坏者，如污染物超标排放者、突发性环境事故肇事者等，不纳入生态保护补偿讨论的范畴内，其行为由相应法律法规进行制裁。

对位于重要水源地保护区（含上游相关地区）的地方（县级）政府，由于发展受限，势必会造成地方财政的减收，国家可通过财政转移支付等方式，对减收的这部分给予相应的补偿。对于为重要水源地保护区水生态保护与治理修复作出贡献的企业、团体和个人，应该给予相应的补偿补助。另外，对位于重要水源地保护区的企业、团体和个人，由于生态工程建设和产业结构调整，失去一些发展机会，将会对这些群体的生产和生活产生不利影响，所以应该对这部分损失给予适当的补偿。

5.3.3 补偿标准的确定

制定生态保护补偿标准是重要水源地生态保护补偿的关键环节，能否达成补偿主体和补偿对象双方认可的补偿标准，是重要水源地生态保护补偿机制能否有效建立与实施的前提。

1. 补偿内容

主要补偿内容包括重要水源地水生态保护所需要支付的额外投入及费用，可适当考虑为维持重要水源地的水源涵养和生态维护功能，限制当地一些行业发展、关停并转企业等对当地经济发展产生的机会成本。

2. 成本测算

理论上重要水源地补偿标准由两部分组成，即直接投入和机会成本，以直接投入成本为主，有条件的地区考虑机会成本。直接投入是在区域内开展的各项保持水土、增强水源涵养能力、维护良好水循环和改善水体质量而需要增加的建设项目的投入与运行费用。机会成本是指为维护水源地保护区良好生态环境，当地经济活动受到一定的限制而产生的成本。直接投入采用费用分析法分项进行测算，主要包括水利基础设施建设、水生态保护与修复、水土保持、农村污水垃圾收集处理及环境保护、林业生态保护投入、管理维护等方面的投入。根据实际费用情况的不同，可以将费用分析法分为防护费用法、恢复费用法和影子工程法。机会成本可对受到限制的生产生活活动逐项估算其产生的损失，也可从经济总量上采用流域或区域平均数值或采用类比法确定。对于贫困地区同样需要考虑人民群众的生存成本。

在直接投入成本和机会成本测算的基础上，应根据重要水源地的实际情况，设置相应的分摊系数、修正系数进行调整。一是在补偿机制建立之初，通过合理设置分摊系数来确定补偿资金的筹集和支付方向。对于受益区而言，分摊系数可综合考虑水资源使用量、资源性收益、人口产业分布、用水结构等因素确定财政分担比例。对于水源地保护区而言，综合考虑集雨区面积、水域面积、人口产业分布、水生态保护修复成本、水污染贡献等因素确定水源区各地方政府的补偿资金分配比例。二是在补偿机制运行过程中，设置修正系数来动态调整补偿标准。修正系数应综合考虑水源地供给水量、水质监测情况、水生态保护与修复状况等因素统筹分析确定。

3. 支付能力和支付意愿

在确定重要水源地生态保护补偿标准时，必须考虑区域经济发展状况、支付能力以及支付意愿。

4. 生态保护补偿标准协商

在重要水源地保护区生态保护成本以及受益区支付条件分析的基础上，根据生态保护和经济社会发展的阶段性特征，通过利益相关方协商、博弈和平衡，提出双方认可的补偿标准。

由于每年重要水源地生态保护与治理修复的投入、水资源量、水质、供水量、水价、用水效益等参数都是动态变化的，所以各受益方每年受益的份额、分担的补偿也是动态变化的。因此，不应仅设置一个简单、固定的补偿标准，而要根据实际情况进行动态调整，尽可能建立一种长效机制，以实现生态保护区的可持续发展[46-47]。

5.3.4 补偿方式

重要水源地保护涉及保障饮水安全、经济安全、资源安全等，属于国家安全战略的重要组成部分，因此重要水源地的生态保护补偿方式采取政府主导为主的补偿方式。

（1）中央政府主导。对于在国家水资源配置格局中具有全局作用的重要水源地，可参考按照江河源头区的有关方式进行补偿，其他重要水源地由中央政府对水源地区域范围内节约用水、水资源保护以及水土保持生态建设等以项目的方式给予资助。

（2）受益区政府及群体参与。水源地保护受益区以供水受益区为主，受益区内使用水资源的个体或企业，通过水价等形式缴纳一定的费用，用于水源地保护。供水受益区政府通过与水源地所在区域利益主体协商，采取横向财政转移支付、项目支持、异地开发、水权及生态系统服务功能购买、供水水价调整等方式进行补偿。

（3）水源区政府及群体参与。重要水源地水源区所在政府在接受资金、项目、技术、人力等不同方式的补偿后，可结合经济情况，适当配比一定数额的补偿资金，通过采取水源地保护区生态保护与修复、环境综合整治、水土保持与水源涵养、水田旱地补偿、移民安置补偿、农业生态产业及修复专项补偿等方式，改善水源区生态环境，提高水源涵养能力和水资源供给能力。

5.4　相关建议

（1）加快完善跨行政区江河水量分配方案。重要水源地生态保护补偿机制涉及多方利益调整，对于其目标、实现途径很难达成共识，关键原因在于各方的权、责、利不明。通过跨行政区（跨省、跨市县）江河水量分配方案，结合水功能区划确定的水质要求，并以此明确调水区和受水区之间、各受水区之间的权利和义务，实现重要水源地生态保护补偿有据可依。

（2）加强不同类型重要水源地生态保护补偿相关研究。针对河流（如引江补汉取水口）、湖泊、水库等不同类型重要水源地，开展水源地保护的价值评估，研究补偿标准的组成，完善测算方法。结合国内其他类型生态保护补偿实践经验，按照政府、市场两手发力的思路，研究提出不同类型重要水源地生态保护补偿的途径、具体实施方法以及保障措施。

（3）探索建立多元化市场化的重要水源地生态保护补偿机制。由于重要水源地生态保护的公益属性，水源地生态保护补偿仍应以政府财政转移支付为生态保护补偿资金的主要来源，在此基础上，积极探索市场化、多元化的补偿方式，逐步建立政府主导、社会参与的重要水源地生态保护补偿投入机制。①完善生产、生活等消耗性用水水资源有偿使用制度。对于受水区的用水户，应依法扩大水价（含水资源税费）征收范围，合理调整水价（含水资源税费）征收标准，严格征收、使用和管理，从其中单列一定比例作为重要水源地生态保护补偿的专项资金，有条件地区推进水资源税改革。加快推进供水工程供水价格改革，鼓励有条件地区实行供需双方协商定价。深入推进农业水价综合改革，探索实行分类分档水价。适时完善居民生活用水阶梯水价制度。推进城镇非居民用水超计划超定额累进加价制度。②征收非消耗性用水生态保护补偿费用。对于经营用水中用于发电、旅游、水上娱乐、交通运输等部分，这些项目并未对水资源造成明显损耗，其用水量无法准确度量，可根据其行业特点以及经济效益的大小，收取一定的生态保护补偿金，将其纳入生态保护补偿账户。③探索发展生态经济。结合水源区丰富的水资源、生态资源优势，大力发展生态型农林产业，集约发展特色清洁畜禽养殖业，适度发展淡水生态养殖业，积极推进生态旅游产业，用生态理念和生态技术提升改造传统行业，构建资源节约、环境友好型生产方式，实现生态建设产业化、产业发展生态化。充分发挥水源区生态保护这一优势，向相关政府申请支持产业绿化发展财政、税收、金融政策。④发展智力补偿。通过技术援助、人才交流、干部双向培养、职业教育、劳动力培训等方式，培养重要水源地保护区经济社会发展亟须的各类技能型人才。加大水源区科技支持力度。推进教育、文化、公共卫生、社会保障、农村社会化服务等领域的合作，增强公共服务能力。⑤发展政策补偿。中央政府对省级政府、省级政府对市级政府通过有针对性地制定的财政、市场、产业扶持、优惠信贷等方面的优惠政策，用于支撑和保障水源区经济社会发展。

（4）建立健全重要水源地生态保护补偿保障机制。为保障重要水源地生态保护补偿顺利实施，应从沟通协调、资金管理、考核评估、公众参与等方面，进一步完善重要水源地生态保护补偿配套机制。①建立完善水源地保护区与受水区沟通协调机制。以水源地保护区、受益区的相关地区上级政府部门为主导，成立重要水源地保护区与受益区的相关协调机制，协调解决上下游之间、干支流之间、行政区之间的生态环境和经济利益纠纷。②强化生态保护补偿资金监管。在实施重要水源地生态保护补偿过程中，建立生态保护补偿资金使用的监管及评估机制，建立生态保护补偿的环境目标责任等方面的制度。③强化生态环境保护目标完成情况监督考核。建立以水量、水环境、水生态等要素监测情况为依据的考核机制，实现奖惩补助与考核结果挂钩。④完善生态保护补偿公众参与机制。探索建立重要水源地生态保护补偿信息公开制度，保障群众的知情权。畅通重要水源地生态保护补偿机制利益相关方的居民、企业、团体等参与生态保护补偿机制的通道，调动公众参与的积极性，保障重要水源地生态保护补偿的有效实施。

第 6 章

重要河口生态保护补偿

6.1　基本情况

　　河口为河流终点，即河流注入海洋、湖泊或其他河流的河段。河口是自然界最富生物多样性的生态系统和人类最重要的生存环境之一，具有物质生产、大气调节、水文调节等生态系统服务功能。

　　生物多样性是河口生态系统物质生产的基础。河口地区独特的地理位置和优越的生态环境，使其生态系统具有明显的边缘效应特征，生境类型复杂多样，许多洄游性经济鱼类都在河口度过其生活史的一部分。河口维系着我国众多珍稀濒危物种和重要水生经济物种的生存与繁衍，同时也是关系到区域未来发展的重要基因库。

　　此外，河口地区历来是江河流域中人口相对稠密、社会相对繁荣、经济相对发达的地区，河口是重要的航运枢纽，基岩质河口可为大型船舶提供深水良港；河口地区水循环、生物链形式为人类提供了一种独特的旅游环境；河口独特的湿地景观和丰富的生物资源，为现代休闲娱乐活动提供了条件。改革开放以来，以深圳特区为主的珠江三角洲地区和以浦东新区为龙头的长江三角洲地区实现了飞速发展，带动了整个中国经济的腾飞。长江三角洲作为我国最大的河口三角洲，集"黄金海岸"和"黄金水道"的区位优势于一体，形成了以上海为龙头的城市群，成为我国综合实力最强的区域。

　　随着经济社会不断发展，河口生态保护工作越来越受到我国政府和社会各界重视。一方面，由于流域治理和开发引起的河流水质、水量、泥沙变化问题，不断地在河口地区累积和叠加，从而引起了河口地区的来水来沙条件变化和生态环境条件变化；另一方面，由于河口地区的经济社会越来越发达，使其成为了全流域乃至全国经济社会发展的龙头，河口地区经济社会和生态环境问题的叠加、发展和演化，使得河口地区开发利用与生态保护之间的矛盾日益突出。因此，建立重要河口生态保护补偿机制，正确处理好区域经济发展与河口综合治理、资源开发利用与生态环境保护的关系，对改善河口生态环境、维护河口生态健康、促进人水和谐共生具有重要意义。

6.2 补偿实践探索

6.2.1 国家层面

重要河口生态保护补偿是一个较新的领域，2021 年国家发展改革委牵头编制的《生态保护补偿条例（送审稿）》中，首次将重要河口纳入水流生态保护补偿 6 类重点区域之一。目前，国家层面专门针对重要河口的生态保护补偿尚未开展，已有的少量河口生态保护补偿实践多是通过湿地生态效益补偿、海洋生态保护修复资金、自然保护区保护资金等进行。

6.2.1.1 湿地生态效益补偿

早在 1997 年，国家环境保护局《关于加强生态保护工作的意见》（环发〔1997〕758 号）中明确要求，涉及湿地开发的项目必须落实对被破坏湿地的生态补偿措施。

2009 年，《中共中央、国务院关于 2009 年促进农业稳定发展农民持续增收的若干意见》（中发〔2009〕1 号）中明确要求启动全国湿地生态补偿试点。同年，《国务院办公厅有关落实〈中共中央、国务院关于 2009 年促进农业稳定发展农民持续增收的若干意见〉有关政策措施分工的通知》（国办函〔2009〕16 号）提出，启动草原、湿地、水土保持等生态效益补偿试点工作，由财政部会同国家林业局、水利部、农业部、环境保护部等部门落实。2009 年召开的中央林业工作会议再次要求建立湿地生态补偿制度。

2011 年，财政部、国家林业局印发《中央财政湿地保护补助资金管理暂行办法》（财农〔2011〕423 号），为加强湿地保护，建立湿地生态补偿制度奠定了基础。

2014 年，财政部、国家林业局《关于印发〈中央财政林业补助资金管理办法〉的通知》（财农〔2014〕9号）明确提出，中央财政林业补助资金包括湿地补贴，主要用于湿地保护与恢复、退耕还湿试点、湿地生态效益补偿试点、湿地保护奖励等相关支出。同年，财政部、国家林业局《关于切实做好退耕还湿和湿地生态效益补偿试点等工作的通知》（财农便〔2014〕319号）提出开展退耕还湿和湿地生态效益补偿试点工作，并进一步明确了省级财政部门、林业主管部门和承担试点任务县级人民政府及实施单位的责任，提出了加强财政资金管理的要求。湿地生态效益补偿试点工作正式启动。

2016年，财政部、国家林业局《关于印发〈林业改革发展资金管理办法〉的通知》（财农〔2016〕196号）中，将中央财政林业补助资金更名为林业改革发展资金，继续支持湿地保护，用于实施退耕还湿和湿地生态效益补偿，进一步明确退耕还湿支出主要用于国际重要湿地和国家级自然保护区范围内湿地及其周边的耕地实施退耕还湿的相关支出；湿地生态效益补偿支出主要用于对候鸟迁飞路线上的重要湿地因鸟类等野生动物保护造成损失给予的补偿。

2017年，为贯彻落实2017年中央一号文件和《国务院关于探索建立涉农资金统筹整合长效机制的意见》（国发〔2017〕54号），中央财政探索实行了"大专项＋任务清单"管理方式，将资金切块下达到省，由地方自主确定湿地生态效益补偿范围和湿地保护对象。相关省份可依据制度规定，结合当地发展实际，明确湿地生态效益补偿资金的支出范围，为湿地保护与恢复提供资金保障。湿地生态效益补偿相关政策文件见表6.1。

表6.1　　　　　　　　　湿地生态效益补偿相关政策文件

年份	颁布机关	政策法规名称	具体内容
1997	国家环境保护局	《关于加强生态保护工作的意见》（环发〔1997〕758号）	涉及湿地开发的项目必须落实对被破坏湿地的生态补偿措施
2009	中共中央、国务院	《关于2009年促进农业稳定发展农民持续增收的若干意见》（中发〔2009〕1号）	提高中央财政森林生态效益补偿标准，启动草原、湿地、水土保持等生态效益补偿试点
2009	国务院办公厅	《有关落实〈中共中央、国务院关于2009年促进农业稳定发展农民持续增收的若干意见〉有关政策措施分工的通知》（国办函〔2009〕16号）	启动草原、湿地、水土保持等生态效益补偿试点工作，由财政部会同国家林业局、水利部、农业部、环境保护等部门落实

续表

年份	颁布机关	政策法规名称	具体内容
2011	财政部、国家林业局	《中央财政湿地保护补助资金管理暂行办法》（财农〔2011〕423号）	为加强湿地保护、建立湿地生态补偿制度奠定了基础
2014	中共中央、国务院	《关于全面深化农村改革加快推进农业现代化的若干意见》（中发〔2014〕1号）	完善森林、草原、湿地、水土保持等生态补偿制度，继续执行公益林补偿、草原生态保护补助奖励政策，建立江河源头区、重要水源地、重要水生态修复治理区和蓄滞洪区生态补偿机制。开展湿地生态效益补偿和退耕还湿补偿试点
2014	财政部、国家林业局	《关于切实做好退耕还湿和湿地生态效益补偿试点等工作的通知》（财农便〔2014〕319号）	进一步明确了省级财政部门、林业主管部门和承担试点任务县级人民政府及实施单位的责任，提出了加强财政资金管理的要求
2014	财政部、国家林业局	《关于印发〈中央财政林业补助资金管理办法〉的通知》（财农〔2014〕9号）	湿地补贴主要用于湿地保护与恢复、退耕还湿试点、湿地生态效益补偿试点、湿地保护奖励等相关支出
2016	财政部、国家林业局	《关于印发〈林业改革发展资金管理办法〉的通知》（财农〔2016〕196号）	湿地补助包括湿地保护与恢复补助、退耕还湿补助、湿地生态效益补偿补助
2020	财政部、国家林业和草原局	《关于印发〈林业改革发展资金管理办法〉的通知》（财资环〔2020〕36号）	湿地等生态保护支出用于湿地保护与恢复、退耕还湿、湿地生态效益补偿等湿地保护修复，森林防火、林业有害生物防治、林业生产救灾等林业防灾减灾，珍稀濒危野生动物和极小种群野生植物保护、野生动物疫源疫病监测和保护补偿等国家重点野生动植物保护（不含国家公园内国家重点野生动植物保护），以及林业科技推广示范等

6.2.1.2 海洋生态保护修复资金

中央财政设立专项资金用于支持海洋生态环境整治、保护与修复，促进海洋经济发展等工作。海洋生态保护修复资金相关政策文件见表6.2。

表 6.2　　　　　　　海洋生态保护修复资金相关政策文件

年份	颁布机关	政策法规名称	具 体 内 容
2009	财政部、国家海洋局	《关于印发〈海域使用金使用管理暂行办法〉的通知》（财建〔2009〕491号）	海域使用金纳入财政预算，主要用于海域整治、保护和管理
2012	财政部、国家海洋局	《中央海岛保护专项资金管理办法》（财建〔2012〕580号）	明确海岛保护专项资金主要用于海岛的保护、生态修复和科学研究活动
2015	财政部、国家海洋局	《关于印发〈中央海岛和海域保护资金使用管理办法〉的通知》（财建〔2015〕250号）	明确海岛和海域保护资金主要用于提高海洋生态环境质量，改善海域、海岛和海岸线的使用功能，优化海洋经济发展等
2016	财政部、国家海洋局	《关于中央财政支持实施蓝色海湾整治行动的通知》（财建〔2016〕262号）	以提升海湾生态环境质量和功能为核心，提高自然岸线恢复率，改善近岸海水水质，增加滨海湿地面积，开展综合整治工程，打造"蓝色海湾"
2018	生态环境部、国家发展改革委、自然资源部	《关于印发〈渤海综合治理攻坚战行动计划〉的通知》（环海洋〔2018〕158号）	因地制宜开展河口海湾综合整治修复，实现水质不下降、生态不退化、功能不降低，重建绿色海岸，恢复生态景观
2020	财政部	《关于印发〈海洋生态保护修复资金管理办法〉的通知》（财资环〔2020〕24号）	用于支持对生态安全具有重要保障作用、生态受益范围较广的海洋生态保护修复

2009 年，财政部、国家海洋局《关于印发〈海域使用金使用管理办法〉的通知》（财建〔2009〕491 号）明确提出，海域使用金纳入财政预算，主要用于海域整治、保护和管理。

2012 年，财政部、国家海洋局联合印发了《中央海岛保护专项资金管理办法》（财建〔2012〕580 号），明确海岛保护专项资金主要用于海岛的保护、生态修复和科学研究活动。

2015 年，财政部、国家海洋局联合印发《关于印发〈中央海岛和海域保护资金使用管理办法〉的通知》（财建〔2015〕250 号），将海洋使用金和海岛保护专项资金合并为中央海岛和海域保护资金，主要用于提高海洋生态环境质量，改善海域、海岛和海岸线的使用功能，优化海洋经济发展等。

2019 年，财政部将中央海岛和海域保护资金更名为海洋生态保护修复资金，重点用于河口海湾滨海湿地综合整治修复、岸线岸滩综合治理修复、入海污染源治理等方面。

　　根据 2019—2022 年财政部海洋生态保护修复资金的主要支付方向可以看出，海洋生态保护修复资金主要用于"蓝色海湾"综合整治行动资金、渤海综合治理资金、竞争性评审选拔的海洋生态保护修复项目、海岸带保护修复资金等方向，均涉及河口生态保护与修复。

　　（1）"蓝色海湾"综合整治行动。为贯彻落实党的十八届五中全会关于"开展蓝色海湾整治行动"的工作部署，2016 年财政部、国家海洋局决定，中央财政对沿海城市开展蓝色海湾整治给予奖补支持，联合印发《关于中央财政支持实施蓝色海湾整治行动的通知》（财建〔2016〕262 号），要求以提升海湾生态环境质量和功能为核心，提高自然岸线恢复率，改善近海海水水质，增加滨海湿地面积，开展综合整治工程，打造"蓝色海湾"。首批试点城市包括福建厦门、广东汕头、河北秦皇岛等 18 个城市，第二批试点城市包括辽宁丹东，山东青岛、日照和威海，江苏连云港，浙江台州、温州，福建莆田，广西北海，海南海口等 10 个城市。泉州湾河口湿地、双台河口、埠前河口等重要河口湿地入选蓝色港湾整治行动。

　　（2）渤海综合治理攻坚战行动计划。2018 年，生态环境部、国家发展改革委、自然资源部《关于印发〈渤海综合治理攻坚战行动计划〉的通知》（环海洋〔2018〕158 号）明确要求，"因地制宜开展河口海湾综合整治修复，实现水质不下降、生态不退化、功能不降低，重建绿色海岸，恢复生态景观"。开展渤海综合治理的范围为渤海全海区、环渤海的辽宁省、河北省、山东省和天津市，以"1+12"沿海城市，即天津市和其他 12 个沿海地级及以上城市（大连市、营口市、盘锦市、锦州市、葫芦岛市、秦皇岛市、唐山市、沧州市、滨州市、东营市、潍坊市、烟台市）为重点。

　　此外，由财政部 2021 年海洋生态保护修复资金治理项目也可以看出，多省市将其用于河口地区的生态保护与修复，如河北秦皇岛开展河口海域修复，辽宁营口修复河口护岸等。近年来海洋生态保护修复资金支付方向和预算金额见表 6.3。

表 6.3　　　近年来海洋生态保护修复资金支付方向和预算金额

年份	支　付　方　向	资金预算/亿元
2019	"蓝色海湾"综合整治行动资金、渤海综合治理资金	—
2020	"蓝色海湾"整治行动资金、海岸带保护修复资金	14.62
2021	"蓝色海湾"整治行动资金、2021 年竞争性评审选拔的海洋生态保护修复项目	40
2022	2022 年竞争性评审选拔的海洋生态保护修复项目	40

6.2.1.3 国家级自然保护区生态保护资金

根据《自然资源部、国家林业和草原局关于做好自然保护区范围及功能分区优化调整前期有关工作的函》（自然资函〔2020〕71号），目前各省（自治区）正在对自然保护区范围及功能分区进行优化调整，正式方案尚未公布。以2017年环境保护部的全国自然保护区名录为依据，丹东鸭绿江口湿地、辽河口、九段沙湿地、闽江河口湿地、黄河三角洲、珠江口中华白海豚、北仑河口、漳江口红树林8处涉及河口的自然保护区被划为国家级自然保护区（表6.4）。

表6.4　纳入国家级自然保护区的有关河口自然保护区名录（截至2017年）

序号	保护区名称	行政区域	面积/hm²	主要保护对象	类型	始建年份
1	丹东鸭绿江口湿地	东港市	81430	沿海滩涂湿地及水禽候鸟	海洋海岸	1987
2	辽河口	盘山县、大洼区	80000	珍稀水禽及沿海湿地生态系统	野生动物	1985
3	九段沙湿地	上海市浦东新区	42020	河口型湿地生态系统、发育早期的河口沙洲地貌、重要经济水产动物种质资源	内陆湿地	2000
4	闽江河口湿地	长乐区	2100	河口湿地生态系统及水禽	内陆湿地	2003
5	黄河三角洲	东营市垦利区、利津县、河口区	153000	河口湿地生态系统及珍禽	海洋海岸	1990
6	珠江口中华白海豚	珠海市	46000	中华白海豚及其生境	野生动物	1999
7	北仑河口	防城港市防城区、东兴市	3000	红树林生态系统	海洋海岸	1990
8	漳江口红树林	云霄县	2360	红树林生态系统和东南沿海水产种质资源	海洋海岸	1992

早在2001年，为提高自然保护区的建设和管理水平，促进自然保护区事业发展，财政部印发《自然保护区专项资金使用管理办法》（财建〔2001〕899号），明确设立自然保护区专项资金，用于加强国家级自然保护区管理，主要支出方向包括：①野外自然综合考察、保护区发展与建设规划编制费用；②与保护区的性质、规模及人员能力相适应的，必要的科研及观察监测仪器设备购置费用；③能够有效保护珍稀濒危物种、保持保

护区生物多样性的管护设施建设及科研试验费用；④自然生态保护宣传教育费用；⑤经财政部批准的其他支出。

2009 年，财政部、国家林业局《关于印发〈林业国家级自然保护区补助资金管理暂行办法〉的通知》（财农〔2009〕290 号）提出，由中央财政预算安排的林业国家级自然保护区专项资金，用于林业系统管理的国家级自然保护区的生态保护、修复与治理，特种救护、保护设施设备购置和维护，专项调查和监测，宣传教育，以及保护管理机构聘用临时管护人员所需的劳务补助等支出。《中央财政林业补助资金管理办法》（财农〔2014〕9 号）提出，将林业国家级自然保护区补助资金，纳入中央财政林业补助资金，更名为林业国家级自然保护区补贴；《关于印发〈林业改革发展资金管理办法〉的通知》（财农〔2016〕196 号）提出，将中央财政林业补助资金更名为林业改革发展资金，主要用途保持不变。

2018 年，国务院实施机构改革，自然保护区全部归国家林业和草原局管理。2020 年，《财政部、国家林业和草原局关于印发〈林业改革发展资金管理办法〉的通知》（财资环〔2020〕36 号）提出，林业改革发展资金主要用于森林资源管理、国土绿化、国家级自然保护区、湿地等生态保护方面。国家级自然保护区方面支出用于国家级自然保护区（不含湿地类型）的生态保护补偿与修复，特种救护、保护设施设备购置维护与相关治理，专项调查和监测，宣传教育等。

此外国务院及相关部门多次出台相关文件，要求保障自然保护区建设管理经费，完善自然保护区生态补偿政策（表 6.5）。

表 6.5　　　　　　　　自然保护区相关政策文件

年份	颁布机关	政策法规名称	具 体 内 容
2001	财政部	《自然保护区专项资金使用管理办法》（财建〔2001〕899 号）	自然保护区专项资金重点支持方向：（一）中西部地区具有典型生态特征和重要科研价值的国家级自然保护区；（二）基础条件好、管理机制顺，具有示范意义的国家级自然保护区；（三）具有重要保护价值，管护设施相对薄弱的国家级自然保护区
2009	财政部、国家林业局	《关于印发〈林业国家级自然保护区补助资金管理暂行办法〉的通知》（财农〔2009〕290 号）	由中央财政预算安排的林业国家级自然保护区专项资金，用于林业系统管理的国家级自然保护区的生态保护、修复与治理，特种救护、保护设施设备购置和维护，专项调查和监测，宣传教育，以及保护管理机构聘用临时管护人员所需的劳务补助等支出

续表

年份	颁布机关	政策法规名称	具 体 内 容
2010	国务院办公厅	《关于做好自然保护区管理有关工作的通知》（国办发〔2010〕63号）	加快建立自然保护区生态补偿机制。规范涉及自然保护区开发建设活动的补偿措施
2014	财政部、国家林业局	《中央财政林业补助资金管理办法》（财农〔2014〕9号）	林业国家级自然保护区补贴用于保护区的生态保护、修复与治理，特种救护、保护设施设备购置和维护，专项调查和监测，宣传教育，以及保护管理机构聘用临时管护人员所需的劳务补贴等支出
2015	环境保护部、国家发展改革委、财政部、国土资源部、住房和城乡建设部、水利部、农业部、国家林业局、中国科学院、国家海洋局	《关于进一步加强涉及自然保护区开发建设活动监督管理的通知》（环发〔2015〕57号）	保障自然保护区建设管理经费，完善自然保护区生态补偿政策
2016	财政部、国家林业局	《关于印发〈林业改革发展资金管理办法〉的通知》（财农〔2016〕196号）	林业国家级自然保护区补助用于林业系统管理的国家级自然保护区的生态保护、修复与治理，特种救护、保护设施设备购置和维护，专项调查和监测，宣传教育，以及保护管理机构聘用临时管护人员所需的劳务补助等支出
2016	国务院办公厅	《关于健全生态保护补偿机制的意见》（国办发〔2016〕31号）	健全国家级自然保护区、世界文化自然遗产、国家级风景名胜区、国家森林公园和国家地质公园等各类禁止开发区域的生态保护补偿政策
2017	国务院	《中华人民共和国自然保护区条例》	管理自然保护区所需经费，由自然保护区所在地的县级以上地方人民政府安排。国家对国家级自然保护区的管理，给予适当的资金补助
2019	中共中央办公厅、国务院办公厅	《关于建立以国家公园为主体的自然保护地体系的指导意见》	统筹包括中央基建投资在内的各级财政资金，保障国家公园等各类自然保护地保护、运行和管理

续表

年份	颁布机关	政策法规名称	具 体 内 容
2020	财政部、国家林业和草原局	《关于印发〈林业改革发展资金管理办法〉的通知》（财资环〔2020〕36 号）	国家级自然保护区支出用于国家级自然保护区（不含湿地类型）的生态保护补偿与修复，特种救护、保护设施设备购置维护与相关治理，专项调查和监测，宣传教育等
2021	中共中央办公厅、国务院办公厅	《关于深化生态保护补偿制度改革的意见》（中办发〔2021〕50 号）	建立健全以国家公园为主体的自然保护地体系生态保护补偿机制，根据自然保护地规模和管护成效加大保护补偿力度

6.2.1.4　河口生态保护相关的政策规划

此外，国家还出台了一些与河口生态保护相关的政策、法规、规划等，摘取部分如下（表 6.6）：

表 6.6　　国家层面河口生态保护与修复相关政策、法规、规划

年份	颁布机关	政策法规名称	具 体 内 容
1982	全国人民代表大会	《中华人民共和国海洋环境保护法》（2017 年第三次修正）	国务院和沿海地方各级人民政府应当采取有效措施，保护红树林、珊瑚礁、滨海湿地、海岛、海湾、入海河口、重要渔业水域等具有典型性、代表性的海洋生态系统，珍稀、濒危海洋生物的天然集中分布区，具有重要经济价值的海洋生物生存区域及有重大科学文化价值的海洋自然历史遗迹和自然景观
1990	国务院	《中华人民共和国防治海岸工程建设项目污染损害海洋环境管理条例》（国务院令第 62 号）	在入海河口处兴建水利、航道、潮汐发电或者综合整治工程，必须采取措施，不得损害生态环境及水产资源
1999	水利部	《珠江河口管理办法》（水利部令第 10 号，2017 年修正）	珠江河口的整治开发，必须遵循有利于泄洪、维护潮汐吞吐、便利航运、保护水产、改善生态环境的原则，统一规划，加强监督管理，保障珠江河口各水系延伸、发育过程中入海尾闾通畅
2003	国务院	《关于印发〈全国海洋经济发展规划纲要〉的通知》（国发〔2003〕13 号）	加强长江口、珠江口、钱塘江口等通海航道综合整治和生态环境保护；治理保护黄河口三角洲，相对稳定黄河流路，防治河口区潮灾和海岸侵蚀
2004	水利部	《黄河河口管理办法》（水利部令第 21 号）	黄河河口的治理与开发，应当遵循统一规划、除害与兴利相结合、开发服从治理、治理服务开发的原则，保持黄河入海河道畅通，改善生态环境

续表

年份	颁布机关	政策法规名称	具 体 内 容
2009	水利部	《海河独流减河永定新河河口管理办法》（2009年水利部令第 37 号）	海河流域海河、独流减河、永定新河入海河口的治理、开发和保护，应当遵循统一规划、综合整治、兴利与除害相结合的原则，保障行洪排涝畅通，维护潮汐吞吐，改善生态环境
2015	国务院	《全国海洋主体功能区规划》（国发〔2015〕42 号）	在重要河口区域，禁止采挖海砂、围填海等破坏河口生态功能的开发活动
2016		《中华人民共和国国民经济和社会发展第十三个五年规划纲要》	保障重要河湖湿地及河口生态水位，保护修复湿地与河湖生态系统，建立湿地保护制度
2017	环境保护部、国家发展改革委、水利部	《关于印发〈长江经济带生态环境保护规划〉的通知》（环规财〔2017〕88 号）	加大长江干支流河漫滩、洲滩、湖泊、库湾、岸线、河口滩涂等生物多样性保护与恢复
2018	生态环境部、农业农村部、水利部	《关于印发〈重点流域水生生物多样性保护方案〉的通知》（环生态〔2018〕3 号）	明确要求"长江河口重点保护中华绒螯蟹、鳗鲡、暗纹东方鲀等的产卵场和栖息地，黄河三角洲河口保护重点为河口洄游性鱼类、滨海水生生物及其栖息地，珠江河口河网重点保护中华白海豚栖息地，以及中华鲟、黄唇鱼等国家重点保护鱼类及其产卵场、洄游通道与栖息地等
2018	国务院	《关于加强滨海湿地保护严格管控围填海的通知》（国发〔2018〕24 号）	滨海湿地（含沿海滩涂、河口、浅海、红树林、珊瑚礁等）是近海生物重要栖息繁殖地和鸟类迁徙中转站，是珍贵的湿地资源，具有重要的生态功能
2020	全国人民代表大会常务委员会	《中华人民共和国长江保护法》	国务院水行政主管部门会同国务院有关部门和长江河口所在地人民政府按照陆海统筹、河海联动的要求，制定实施长江河口生态环境修复和其他保护措施方案，加强对水、沙、盐、潮滩、生物种群的综合监测，采取有效措施防止海水入侵和倒灌，维护长江河口良好生态功能
2020	国家发展改革委、自然资源部	《关于印发〈全国重要生态系统保护和修复重大工程总体规划（2021—2035 年）〉的通知》（发改农经〔2020〕837 号）	加强鸭绿江口、辽河口、黄河口等重要湿地保护修复。加强长江三角洲重要河口区生态保护和修复。在漳江口、九龙江口等地实施红树林保护修复。推动北仑河口等地区红树林生态系统保护和修复

续表

年份	颁布机关	政策法规名称	具　体　内　容
2021	中共中央、国务院	《黄河流域生态保护和高质量发展规划纲要》	加大黄河三角洲湿地生态系统保护修复力度，促进黄河下游河道生态功能提升和入海口生态环境改善
2021	国家发展改革委	《生态保护补偿条例（送审稿）》	国务院发展改革委、财政、水行政、生态环境主管部门负责研究制定水流生态保护补偿管理办法，针对江河源头区、重要水源地、重要河口、水土流失重点防治区、蓄滞洪区、受损河湖等重点区域，明确补偿范围、标准和方式

1982 年，《中华人民共和国海洋环境保护法》（2017 年第三次修正）中明确规定，"保护红树林、珊瑚礁、滨海湿地、海岛、海湾、入海河口、重要渔业水域等具有典型性、代表性的海洋生态系统，珍稀、濒危海洋生物的天然集中分布区，具有重要经济价值的海洋生物生存区域及有重大科学文化价值的海洋自然历史遗迹和自然景观。"

1990 年，《中华人民共和国防治海岸工程建设项目污染损害海洋环境管理条例》（国务院令第 62 号）中明确规定，"在入海河口处兴建水利、航道、潮汐发电或者综合整治工程，必须采取措施，不得损害生态环境及水产资源。"

2003 年，国务院《关于印发〈全国海洋经济发展规划纲要〉的通知》（国发〔2003〕13 号）中要求，加强长江口、珠江口、钱塘江口等通海航道综合整治和生态环境保护；治理保护黄河口三角洲，相对稳定黄河流路，防治河口区潮灾和海岸侵蚀。

2016 年，《中华人民共和国国民经济和社会发展第十三个五年规划纲要》要求，保障重要河湖湿地及河口生态水位，保护修复湿地与河湖生态系统，建立湿地保护制度。

2020 年，国家发展改革委、自然资源部《关于印发〈全国重要生态系统保护和修复重大工程总体规划（2021—2035 年）〉的通知》（发改农经〔2020〕837 号）明确要求，"加强鸭绿江口、辽河口、黄河口等重要湿地保护修复。加强长江三角洲重要河口区生态保护和修复。在漳江口、九龙江口等地实施红树林保护修复。推动北仑河口等地区红树林生态系统保护和修复。"

2021 年，中共中央、国务院印发《黄河流域生态保护和高质量发展规划纲要》，明确要求"加大黄河三角洲湿地生态系统保护修复力度，促进黄河下游河道生态功能提升和入海口生态环境改善。"

6.2.2 省内层面

省内层面，与河口生态保护补偿直接相关的很少，多是有关河口生态保护与修复的政策、规划文件，主要介绍如下：

6.2.2.1 河口生态保护补偿

（1）广西壮族自治区。2017 年印发的《广西壮族自治区人民政府办公厅关于健全生态保护补偿机制的实施意见》（桂政办发〔2017〕57 号）提出，研究建立北仑河口国家级自然保护区生态保护补偿制度。

（2）福建省。2018 年，福建省福州市长乐区人民政府办公室印发《福建闽江河口湿地水产养殖场退养补偿实施方案》（长政办〔2018〕113 号）提出，为加快闽江河口湿地自然保护区水产养殖问题整改工作进展，维护涉迁养殖户的合法权益，开展福建闽江河口湿地水产养殖场退养补偿。2018—2019 年，福建省泉州市为加强泉州湾河口湿地的保护与建设管理工作，弘扬泉州历史文化、改善生态环境、保护生态多样性，组织开展泉州湾河口湿地的围垦养殖清退补偿工作，所涉及的石狮市、晋江市、丰泽区等先后出台相关文件，进一步明确了补偿范围、补偿标准、补偿依据等内容。

（3）辽宁省。2015 年，辽宁省盘锦市出台《辽宁辽河口（双台河口）国家级自然保护区管理办法》（盘锦市人民政府令第 54 号）明确要求，"建立健全保护区湿地生态效益补偿制度，保护区内的资源开发利用，必须坚持'谁破坏谁恢复、谁利用谁补偿、谁污染谁治理'的原则，必须坚持开发服从保护、符合保护区总体规划"。

（4）山东省。2017 年，山东省修正《山东黄河三角洲国家级自然保护区条例》，明确要求"东营市人民政府应当加强对自然保护区工作的领导，将自然保护区保护和管理纳入国民经济和社会发展规划，保护和管理经费列入财政预算，并建立保护投入机制和生态补偿机制"。

6.2.2.2 各省与河口生态保护补偿相关政策规划

此外，福建、广东、辽宁、浙江、山东等省（自治区、直辖市）还出台了一些与河口生态保护相关的政策、规划文件（表 6.7）。

表 6.7　　　　　省级层面河口生态保护与修复相关政策法规

省（自治区、直辖市）	年份	颁布机关	政策法规名称	具 体 内 容
天津市	2012	天津市人民代表大会常务委员会	《天津市海洋环境保护条例》（2020年第四次修正）	市和滨海新区人民政府应当采取有效措施保护滨海湿地、淤泥质海岸、入海河口、重要渔业水域等典型性海洋生态系统，保护海洋生物多样性
河北省	2012	河北省人民代表大会常务委员会	《河北省海洋环境保护管理规定》	严格限制在重点海湾、重点河口区建设海岸、海洋工程建设项目
辽宁省	2015	盘锦市人民政府	《辽宁辽河口（双台河口）国家级自然保护区管理办法》（盘锦市人民政府令第54号）	建立健全保护区湿地生态效益补偿制度，保护区内的资源开发利用，必须坚持"谁破坏谁恢复、谁利用谁补偿、谁污染谁治理"的原则，必须坚持开发服从保护、符合保护区总体规划
辽宁省	2017	辽宁省人民政府办公厅	《辽宁省湿地保护修复实施方案》（辽政办发〔2017〕125号）	开展兴城河口湿地及红海滩生态环境综合治理。开展沈阳卧龙湖和盘锦辽河口生态经济区湿地保护与恢复项目建设。积极推进辽河口国家级自然保护区湿地保护与恢复项目
上海市	2021	上海市人民政府	《上海市生态环境保护"十四五"规划》（沪府发〔2021〕19号）	加大长江口候鸟迁徙地和迁徙通道保护力度。聚焦长江口、杭州湾北岸、黄浦江上游等重点区域，加强新生湿地培育、保育和生态修复，通过修复退化湿地、小微湿地、生物促淤滨海湿地等扩大湿地面积，保持湿地总量。严格实施长江口全面禁渔，继续开展增殖放流，促进长江口渔业资源恢复
上海市	2021	上海市人民政府办公厅	《上海市自然资源利用和保护"十四五"规划》（沪府办发〔2021〕22号）	完善长江口、杭州湾北岸海陆一体环境综合监测网络，恢复滩涂湿地的自然生态功能。积极推进长江口疏浚土利用和河口生态塑造工作。在长江口及东海近海海域，抓好生态保护红线和自然保护地等区域的生态保护修复。积极推进长江口和杭州湾地区产业转型升级和绿色发展

省（自治区、直辖市）	年份	颁布机关	政策法规名称	具 体 内 容
江苏省	2007	江苏省人民代表大会常务委员会	《江苏省海洋环境保护条例》（2016年修正）	严格控制在入海河口等兴建影响潮汐通道、降低水体交换能力以及加剧海洋演变速度的工程建设项目；有特殊需要确需建设的，应当在工程建设的同时采取必要的海洋环境保护或者生态修复措施
	2017	江苏省人民政府办公厅	《江苏省湿地保护修复制度实施方案》（苏政办发〔2017〕121号）	实施河流、湖泊、滨海、沼泽、库塘湿地修复工程，对长江、淮河、黄河故道、太湖、洪泽湖、石臼湖、白马湖、高邮湖、滨海滩涂及河口等区域退化湿地开展生态修复
	2021	江苏省人民政府办公厅	《江苏省"十四五"生态环境保护规划》（苏政办发〔2021〕84号）	按照"一湾一策、一口一策"原则，推进海州湾、蔷薇河口、古泊善后河口、大浦河口、如泰运河口、通吕运河口等重点河口海湾综合治理。恢复提升重点湖泊上游入湖河口、江河沿线及重要支流汇水区等生态系统
	2021	江苏省自然资源厅、省发展改革委	《江苏省"十四五"海洋经济发展规划》	积极推动海岸带生态保护与修复，完成滨海、射阳、临洪河口等岸线生态修复以及秦山岛、兴隆沙等海岛整治修复主体工程
浙江省	2004	浙江省人民代表大会常务委员会	《浙江省海洋环境保护条例》（2015年第三次修正）	严格控制在半封闭海湾、入海河口兴建影响潮汐通道、行洪安全以及明显降低水体交换能力和纳潮量的工程建设项目
	2012	浙江省人民代表大会常务委员会	《浙江省海域使用管理条例》	明确红树林、滨海湿地、海湾、入海河口、重要渔业水域等具有典型性、代表性的海洋生态系统的保护措施
	2020	浙江省人民政府办公厅	《浙江省近岸海域水污染防治攻坚三年行动计划》（浙政办发〔2020〕26号）	严守海洋生态保护红线，选划重点海湾河口及其他重要自然生态空间并纳入红线管理

续表

省（自治区、直辖市）	年份	颁布机关	政策法规名称	具 体 内 容
浙江省	2021	浙江省人民政府	《浙江省海洋经济发展"十四五"规划》（浙政发〔2021〕12号）	深入推进钱塘江、曹娥江、甬江、椒江、瓯江、飞云江、鳌江等重点流域水污染防治，构建七大入海河口陆海生态廊道
	2021	浙江省发展改革委、省生态环境厅	《浙江省海洋生态环境保护"十四五"规划》（浙发改规划〔2021〕210号）	从入海水系上游开始，开展河道、沿岸植被、河口湿地生态系统保护，维护重要河口的水产种质资源和生态景观资源
	2021	浙江省人民政府办公厅	《浙江省八大水系和近岸海域生态修复与生物多样性保护行动方案（2021—2025年）》（浙政办发〔2021〕55号）	包括钱塘江（含曹娥江）、瓯江、椒江、甬江、苕溪、运河、飞云江、鳌江等八大水系集水区域及近岸海域所涉浙江省所有县级行政区域，重点聚焦八大水系干流和河口海湾
福建省	2006	福建省福州市人民政府	《关于实施〈闽江口湿地概念性保护规划〉有关工作的通知》（榕政综〔2006〕119号）	加强闽江口湿地保护
	2010	福建省人民代表大会常务委员会	《福州市闽江河口湿地自然保护区管理办法》	对闽江河口湿地的规划、保护及相关的管理活动进行了明确规定
	2018	福建省生态环境厅、省财政厅、省自然资源厅、省发展改革委	《闽江流域山水林田湖草生态保护修复攻坚战实施方案》（闽环发〔2018〕25号）	实施闽江口综合治理
	2018	福建省福州市长乐区人民政府办公室	《福建闽江河口湿地水产养殖场退养补偿实施方案》（长政办〔2018〕113号）	为加快闽江河口湿地自然保护区水产养殖场问题整改工作进展，维护涉迁养殖户的合法权益，开展福建闽江河口湿地水产养殖场退养补偿
	2018	晋江市人民政府	《关于泉州湾河口湿地省级自然保护区晋江区域整治项目养殖退出补偿工作的通告》（晋政文〔2018〕267号）	退出范围。泉州湾河口湿地省级自然保护区晋江区域内围垦养殖项目。退出对象。泉州湾河口湿地省级自然保护区晋江区域范围内围垦养殖的单位或个人。补偿方式。退出补偿方式全部采用货币补偿

续表

省（自治区、直辖市）	年份	颁布机关	政策法规名称	具 体 内 容
福建省	2018	石狮市人民政府	《关于泉州湾河口湿地省级自然保护区石狮跨海大桥下围海养殖区域整治项目退出补偿工作的通告》（狮政〔2018〕37号）	退出范围。泉州湾河口湿地省级自然保护区石狮跨海大桥下蚶江镇水头村围海养殖项目（宗海面积约570亩），具体范围以项目红线为准。 退出对象。泉州湾河口湿地省级自然保护区石狮跨海大桥下蚶江镇水头村围海养殖的单位或个人。 补偿方式。全部采用货币补偿
	2019	泉州市丰泽区人民政府办公室	《泉州湾河口湿地省级自然保护区丰泽区域围垦养殖清退补偿实施方案》（泉丰政办综〔2019〕15号）	补偿范围：泉州湾河口湿地省级自然保护区丰泽区域尚未征用补偿过的围垦养殖。 补偿对象：在泉州湾河口湿地省级自然保护区丰泽区域尚未征用补偿过的围垦渔池从事养殖生产的单位和个人
	2021	福建省生态环境厅、省自然资源厅	《福建省加强陆海统筹推进沿海生态环境保护打造美丽海岸带工作方案》（闽环海函〔2021〕4号）	严格保护漳江口、九龙江口红树林，东山珊瑚礁，闽江口、兴化湾、泉州湾河口湿地等典型生态系统涉及的岸线。 在闽东沿岸、罗源湾、闽江口等湄洲湾以北的主要海湾开展互花米草等外来物种整治，分年度实施退草还林、退草还滩。在泉州湾、九龙江口和漳江口等湄洲湾以南的重点河口种植修复红树林，恢复红树林生态景观带
	2021	福建省发展改革委、省自然资源厅	《福建省重要生态系统保护和修复重大工程实施方案（2021—2035年）》（闽发改农业〔2021〕199号）	推进兴化湾、泉州湾、厦门湾、东山湾、闽江口、三都湾等整治修复，推进侵蚀岸线修复，加强重要河口生态保护修复。 在福建省重要海湾河口统筹推进红树林保护修复工作，开展漳江口、九龙江口、泉州湾等现有红树林自然保护地的优化调整

续表

省（自治区、直辖市）	年份	颁布机关	政策法规名称	具体内容
山东省	2017	山东省人民代表大会常务委员会	《山东黄河三角洲国家级自然保护区条例》	东营市人民政府应当加强对自然保护区工作的领导，将自然保护区保护和管理纳入国民经济和社会发展规划，保护和管理经费列入财政预算，并建立保护投入机制和生态补偿机制
	2021	山东省人民政府办公厅	《山东省"十四五"海洋经济发展规划》（鲁政办字〔2021〕120 号）	以保护黄河三角洲典型的河口湿地、滨海滩涂等复合生态系统和生态过程为目标，高标准建设黄河口国家公园
	2021	山东省人民政府	《山东省"十四五"生态环境保护规划》（鲁政发〔2021〕12 号）	推进黄河口国家公园、国际湿地城市、东营市沿黄河生态廊道和河口区湿地建设
广西壮族自治区	2017	广西壮族自治区人民政府办公厅	《关于健全生态保护补偿机制的实施意见》（桂政办发〔2017〕57 号）	研究建立北仑河口国家级自然保护区生态保护补偿制度
	2018	广西壮族自治区自治区人民政府	《广西壮族自治区山口红树林生态自然保护区和北仑河口国家级自然保护区管理办法》（广西壮族自治区人民政府令 125 号）	明确北仑河口国家级自然保护区的具体范围、管理体制、保护措施等内容
	2021	广西壮族自治区海洋局、自治区发展改革委	《广西海洋经济发展"十四五"规划》	加大海洋资源保护与修复投入，加快修复受损岸线、海湾、河口、海岛和珊瑚礁、红树林、海草床等典型海洋生态系统
海南省	2020	海南省人民代表大会常务委员会	《海南省生态保护补偿条例》	第八条 海洋生态保护补偿范围主要包括海湾、河流入海口、海岛、滩涂、红树林、海草床、珊瑚礁等重点海洋生态系统

144

6.2.3 实践案例

6.2.3.1 黄河三角洲

山东黄河三角洲是中国暖温带保存最完整、最广阔、最年轻的湿地生态系统。保护区内现共有野生动物 1627 种，其中鸟类 368 种。国家一级保护鸟类有丹顶鹤、白头鹤、白鹤、大鸨、东方白鹳、黑鹳、金雕、白尾海雕、中华秋沙鸭、遗鸥等，国家二级保护鸟类有灰鹤、大天鹅、鸳鸯等。植物资源丰富，共有植物 685 种。盐地碱蓬、柽柳和罗布麻广泛分布，自然植被覆盖率达 55.1%，是中国沿海最大的新生湿地自然植被区。黄河三角洲正越来越引起国内外湿地组织和专家的高度重视，1992 经国务院批准成立国家级自然保护区，1994 年被国家列为湿地、水域生态系统 16 处具有国际意义的重要保护地点之一，2004 年被国土资源部确定为国家地质公园，2006 年被国家林业局确定为国家级示范自然保护区，2010 年中国野生动物保护协会授予东营市"中国东方白鹳之乡"荣誉称号，2013 年被国家林业局、教育部、共青团中央授予"国家生态文明教育基地"称号，同年被国际重要湿地公约秘书处批准列入"国际重要湿地名录"，成为山东省唯一的国际重要湿地[48]。明确已开展的主要生态保护工作如下：

（1）开展湿地生态效益补偿。2014 年，《财政部、国家林业局关于切实做好退耕还湿和湿地生态效益补偿试点等工作的通知》（财农便〔2014〕319 号）提出，支持启动退耕还湿、湿地生态效益补偿试点和湿地保护奖励等工作。黄河三角洲是湿地生态效益补偿的首批试点之一。2016 年，财政部联合国家林业和草原局印发《林业改革发展资金管理办法》，明确湿地生态效益补偿补助用于对候鸟迁飞路线上的林业系统管理的重要湿地因鸟类等野生动物保护造成损失给予的补偿支出。截至 2018 年，已先后 3 次安排山东黄河三角洲国家级自然保护区湿地生态效益补偿补助资金 8000 万元，恢复退化湿地 1.64 万亩，开展耕作物补偿面积 6.77 万亩。

（2）实施湿地生态保护与修复工程。从 2019 年起，国家和山东省先后实施了黄河三角洲国际重要湿地保护与恢复工程等总投资 10.8 亿元的 16 项生态保护恢复工程。黄河三角洲完成退耕还湿、退养还滩 7.25 万亩，累计修复湿地近 30 万亩。通过水系微循环、微生境改造、种子库补充、水分补给等恢复及构建技术，逐渐形成了"河流水系循环连通、原生湿地保育补水、鱼虾生物繁衍生息、适宜鸟类觅食筑巢"和"一次恢复、自然演替、逐步稳定"的黄河三角洲湿地修复新模式，湿地生态系统明显改善，湿地生物多样性显著提升。此外，针对山东黄河三角洲等滨海湿地的互花米草入侵问题，国家林业和草原局与有关部门进一步加大综合防控力度，强化调查监测，建立预警体系，开展互花米草防控技术研究。同时，结合实施湿地保护修复工程，因地制宜进行互花米草防控示范，逐步恢复本土植被，改善和优化鸟类栖息地，改善湿地生态状况，维护区域生态安全。

（3）开展生态补水工程。河南境内的小浪底水利工程 2001 年建成，从次年开始，中国每年都进行调水调沙，以冲刷地上河道，确保河道安全并集中泄洪，形成每年黄河最大的水沙流量，也给湿地带来了丰富的源头活水。2008 年起，河务部门将流经的黄河水引蓄补充进黄河三角洲湿地，此举既增加了地表和地下淡水，也降低了土地含盐量和含碱度。持续多年的补水工程为三角洲生态恢复提供了重要支撑。自补水以来，河口淡水湿地生态逐渐得到改善，鸟类捕食区建设管理也得到加强，加之三角洲沉积而成的特定泥质海岸，湿地吸引了越来越多的海鸟和内陆鸟，逐渐成为"鸟类国际机场"。

6.2.3.2　辽河三角洲湿地

辽河三角洲湿地位于渤海湾的北端，由辽河、大辽河、大凌河等诸多河流冲积而成，是世界上面积最大的滨海芦苇沼泽湿地，也是世界上生态系统保存较完好的湿地之一。除水稻田之外，湿地总面积为 24.96 万 hm²，其中自然湿地面积 21.65 万 hm²，占湿地总面积的 86.74%；人工湿地 3.31 万 hm²，占湿地总面积的 13.26%。辽河三角洲湿地分布各类野生动物 450 种，其中鸟类 298 种，包括丹顶鹤、白鹤等国家一级保护动物 9 种，灰鹤、大天鹅等国家二级保护动物 41 种。盘锦湿地处在全球八大鸟类迁徙路线的东亚—澳大利西亚迁飞路线上，每年有近百万只水鸟于此停歇和繁殖，有超过 500 只丹顶鹤在此停歇，是丹顶鹤繁殖分布的南限和越冬分布的北限，也是全球黑嘴鸥最大种群的繁殖地，数量超过 10000 只；辽河口处还是斑海豹的重要产仔地，栖息有斑海豹 300 余头。因此，在湿地生物多样性保护中处于重要地位，深受国内外湿地保护组织关注[49]。目前已开展的主要生态保护工作如下：

（1）加大争取资金力度，积极修复退化湿地。近年来，积极争取中央财政湿地生态效益补偿试点、重点生态功能区转移支付、辽河封育等项目资金 9.15 亿元。国家林业和草原局、财政部 5 次将辽河口湿地列为湿地生态效益补偿试点，拨付资金 1.28 亿元，开展保护区及周边 1km 辐射区

77011 亩基本农田和二轮土地承包耕地补偿、湿地生态补水、湿地生态修复、湿地周边环境整治、湿地保护等项目；争取国家发展改革委国家重点生态功能区转移支付资金 1.37 亿元，开展了盘山县和大洼区国家级重点生态功能区湿地保护工作；争取河流生态补偿资金 2.82 亿元，开展辽河、凌河保护区 5.5 万亩耕地退耕还河；争取自然资源部矿山治理资金 2.6 亿元，实施矿山地质环境保护与修复治理项目 3 个，治理总面积 6729 亩。争取大凌河口生态修复项目资金 0.32 亿元，修复滨海湿地 7500 亩。以上一系列项目的实施，有效改善了湿地生态环境，提升了湿地生态系统服务功能。

（2）强化对外合作，扩大国际影响力。积极参与国际交流合作，曾先后与世界自然基金会、日本黑嘴鸥研究会、澳大利亚环境署、国际鹤类基金会、湿地国际等国际组织开展黑嘴鸥、丹顶鹤、白鹤及鸻鹬类鸟类调查与监测工作，现开展的黄渤海生态区候鸟同步监测和鹤鹬类迁徙种群监测，已引起国内外有关组织的热切关注。2019 年，又与法国卡玛格自然公园建立姊妹保护区，与韩国济州岛确立"湿地学校"合作互访机制；全球环境基金（Global Enviroment Facility，GEF）第七期项目也于 2020 年年底开展工作。盘锦国际湿地城市申报工作已通过国家评审，并报送到湿地公约秘书处，2022 年 6 月正式被纳入第二批"国际湿地城市"名单；现正在积极开展中国黄（渤）海候鸟栖息地（第二期）申遗工作。

（3）推进湿地确权登记，显化国有土地资产价值。根据自然资源部联合多部门印发的《自然资源统一确权登记暂行办法》，湿地作为自然资源登记单元单独划定。2019 年，盘锦市发布实施了《盘锦市国有农用地基准地价标准》，对内陆滩涂（湿地）参照农用地作出了定级和使用权价值评估，为量化湿地价值提供了充分的基础政策依据，按照土地利用现状，盘锦市内陆滩涂面积 620km^2，显化国有土地资产价值约 12 亿元。

6.2.3.3　闽江河口

闽江河口位于长乐潭头、梅花镇闽江入海口处[50]，是目前福建省最大的湿地，有河口水域、潮间带沙滩、红树林沼泽等 7 种湿地类型，其自然环境优越，是候鸟迁徙的重要越冬地、水鸟集中分布区，同时也是全球唯一可以同时观赏到黑嘴端凤头燕鸥、勺嘴鹬、黑脸琵鹭 3 种珍稀鸟类的地方。2003 年经长乐区人民政府批准建立了长乐闽江河口湿地县级自然保护区。2007 年，经福建省政府闽政文〔2007〕426 号批准正式建立福建长乐闽江河口湿地省级自然保护区，总面积 3129hm^2。2014 年经国务院审定，福建闽江河口湿地晋升国家级自然保护区，总面积 2100hm^2。目前已开展的主要生态保护工作如下：

（1）开展退养还湿生态补偿。2018 年，《福州市长乐区人民政府办公室关于印发福建闽江河口湿地水产养殖场退养补偿实施方案的通知》（长政办〔2018〕113 号）提出，为加快闽江河口湿地自然保护区水产养殖场问题整改工作进展，维护涉迁养殖户的合法权益，开展福建闽江河口湿地水产养殖场退养补偿。

1）补偿范围：闽江河口湿地的退养及补偿范围确定为潭头镇克凤五门闸至梅花镇旧港口码头的闽江河口湿地自然保护区实验区内的水产养殖场。

2）补偿标准：闽江河口湿地自然保护区水产养殖场退养补偿采取货币补偿的办法，补偿费由以下 3 部分组成：

第一部分是养殖场建（构）筑物拆除补偿。水产养殖场建（构）筑物及设施、设备拆除补偿费由具有资质的中介机构出具评估报告作为补偿依据。养殖场具有滩涂围堰养殖使用证颁证记录的，按评估价的全额补偿，没有则按评估价的 85% 予以补偿。

第二部分是养殖水产品处置损失补偿。依据不同养殖品种、养殖方式的补偿标准，按实际养殖面积给予分类补偿，①闽江河口湿地自然保护区内围堰养殖的鱼、虾、蟹、蛏、蛤等水产养殖场按每亩 1 万元给予补偿；②蛏、蛤等水产苗种场持有福建省水产苗种生产许可证及相关证件的，由所在乡镇聘请具有资质的中介机构进行评估，按评估金额给予补偿；无相关证件的，则按一般性水产养殖属性给予每亩 1 万元补偿；③以上两类补偿标准包含水产养殖场当年养殖收益损失适当补偿、养殖业主自行处置水产品损失补偿及养殖渔民转产转业费用。实际养殖水面面积由具有资质的测绘机构提供书面测绘报告作为依据，并按测绘水面面积计算补偿金额，同时养殖业主需要提供生产记录或其他能证明实际养殖生产情况的佐证材料。没有进行实际养殖的闲置池塘及养殖场附属土地不计入补偿范围。

第三部分是奖励性补贴。对在退养规定期限内，积极配合有关部门和乡镇如期完成退养工作的，给予补偿总金额的 15% 奖励性补贴，逾期的不给予奖励并依法申请法院强制拆除。

（2）开展湿地生态保护修复工程。2018 年，福建省生态环境厅、省财政厅、省自然资源厅和省发展改革委 4 个部门联合印发了《闽江流域山水林田湖草生态保护修复攻坚战实施方案》，提出实施闽江口综合治理。同年，福州市印发《闽江流域（福州段）山水林田湖草生态保护修复控制性详细规划（2018—2020 年）》（榕政综〔2019〕88 号），将互花米草治理及乡土植被恢复工程列为闽江河口湿地保护区管理单元项目。截至目前，采用"人工＋物理除治法"，已清除互花米草 1810 亩，并种植红树林、芦苇等乡土植物，恢复乡土植被 875 亩，还营造了水鸟栖息生境，保持 510 亩光滩供水禽觅食及栖息。此外，福州市在开展水产养殖场退养补偿的基础上，实施水鸟栖息地生境改善工程，对原有的水产养殖场进行初步改造，并设立高潮位水鸟栖息地调节区，将调节区池塘底部挖成高低不平的地势，营造深浅不一的水深环境，以适应不同鸟类停歇、觅食的需求。

6.2.4 存在问题

总体来看，重要河口生态保护补偿尚未正式开展，已开展的与河口相关的生态保护补偿相对较少，多通过生态保护与修复项目或纳入湿地、自然保护区生态保护补偿的方式进行，缺乏专门的重要河口生态保护补偿资金来源和渠道，对于补偿范围、补偿对象、补偿标准、补偿方式等，尚没有明确的界定。

（1）缺乏从流域角度的统筹考虑。从流域来看，河口地区承担了上游洪水宣泄，且生态功能突出，其生态环境保护是所在流域整体生态保护的重要组成部分。但目前已开展的河口生态保护补偿多通过国家和地方以项目或财政转移支付的形式进行补偿，针对的多是河口所在及周边区域，没有从流域角度进行统筹考虑。

（2）对退减取用水、水环境治理改善等项目考虑较少。目前，河口生态保护补偿主要是与湿地生态保护补偿、自然保护地生态保护补偿等结合，而这些更多关注对河口周边居民企业土地占用的补偿、禁止水产养殖的补偿，以及对水生动植物、栖息鸟类保护的补偿，而对退减取用水、水环境质量改善等行为考虑较少。

（3）产权界定不清，补偿主体模糊。根据"谁受益，谁补偿"的原则，河口生态效益的补偿主体应为河口生态效益的受益者。但河口相关产权制度并不健全，河口资源权属模糊不清，河口地区是水体的伴生，而水体存在着流动性与季节性的丰、枯水期等特征，受季节、气候影响强烈，变动性大，因此，河口地区面积确定与区域划分是一大难点。再者，河口生态功能具有经济学上所说的"外溢性"，即河口生态功能对大量的、区域外人群产生正相关影响，也导致难以界定各利益相关者在生态环境保护方面的权利、义务、责任关系，权责落实不到位，参与补偿的主体模糊，容易陷入"公地悲剧"的陷阱之中。

（4）价值难以评估，补偿标准各异。生态保护补偿标准的核算主要有对生态系统服务功能进行价值评估、对河口生态保护成本进行核算以及对生态系统服务功能提供者的机会成本进行核算等途径。对河口资源进行科学的价值评估是制定河口生态保护补偿标准的重要方面，然而河口作为一种公共属性的物品，具有外部性，生态服务价值评估困难，其价值不但难以货币化，而且大多数的价值是免费服务于大众的。目前，很多环境经济评价方法尚不成熟，因此，获得准确的河口资源生态服务价值依然是河口生态保护补偿存在的一大技术难题，补偿标准不能被各方接受，缺乏统一、权威的指标体系和测算方法，从而阻碍了生态保护补偿的有效评估和考核。

（5）融资渠道过窄，补偿资金来源有限。河口生态保护与治理修复周期长、投资大、见效慢，需要长期、大量的资金，如果没有足够的财力和物力作后盾和支撑，河口生态系统保护与治理修复就不能顺利实施并达到预期目的。目前，我国现有的资金投入方式比较单一，基本上是依靠国家和政府的财政投入，没有运用好市场手段，没有调动全社会的积极性，融资渠道过窄，资金来源不够丰富。

6.3　补偿框架

6.3.1　补偿范围

《全国重要生态系统保护和修复重大工程总体规划（2021—2035 年）》中，涉及河口和三角洲生态保护和修复的重要工程包括：①黄河重点生态区（含黄土高原生态屏障）生态保护和修复重大工程中，加强黄河下游湿地特别是黄河三角洲生态保护和修复；②海岸带生态保护和修复重大工程中包括河口海湾生态修复，重点提升粤港澳大湾区和渤海、长江口、黄河口等重要海湾、河口生态环境，具体包含粤港澳大湾区生物多样性保护（推进珠江三角洲水生态保护修复）、黄渤海生态保护和修复（加强鸭绿江口、辽河口、黄河口等重要湿地保护修复）、长江三角洲重要河口区生态保护和修复、海峡西岸重点海湾河口生态保护和修复（加强重要河口生态保护修复，重点在漳江口、九龙江口等地实施红树林保护修复）、北部湾滨海湿地生态系统保护和修复（推动北仑河口等地区红树林生态系统保护和修复）。

根据 2021 年国家林业和草原局、国家发展改革委联合印发的《"十四五"林业草原保护发展规划纲要》，纳入国家重要湿地名录的河口为福建长乐闽江河口；纳入国际重要湿地名录的河口包括：福建漳江口红树林国家级自然保护区、辽宁双台河口国家级自然保护区、广西北仑河口国家级自然保护区、上海长江口中华鲟湿地自然保护区、山东黄河三角洲湿地5处。

根据《生态环境部、农业农村部、水利部关于印发〈重点流域水生生物多样性保护方案〉的通知》（环生态〔2018〕3 号），长江河口重点保护中华绒螯蟹、鳗鲡、暗纹东方鲀等的产卵场和栖息地；黄河三角洲河口保护重点为河口洄游性鱼类、滨海水生生物及其栖息地；珠江河口河网重点保护中华白海豚栖息地，以及中华鲟、黄唇鱼等国家重点保护鱼类及其产卵场、洄游通道与栖息地等。

结合上述相关成果，梳理出目前受到关注的河口范围，大致分为两类：①大江大河入海河口，包括长江河口、黄河河口；②其他河流入海河口（表 6.8）。国家层面推进建立重要河口生态保护补偿机制主要针对大江大河入海河口，其余重要河流入海河口由所在地方政府负责组织实施。

表 6.8　　　　　　　　　　全 国 重 要 河 口 名 录

河口名称	所在位置	类　型	来　源
上海长江口（三角洲）	上海市	大江大河入海口、国家级自然保护区、国际重要湿地	《"十四五"林业草原保护发展规划纲要》 《重点流域水生生物多样性保护方案》
山东黄河口（三角洲）	山东省东营市垦利区	大江大河入海口、国家级自然保护区、国际重要湿地	《"十四五"林业草原保护发展规划纲要》 《全国重要生态系统保护和修复重大工程总体规划（2021—2035 年）》 《重点流域水生生物多样性保护方案》
珠江河口（三角洲）	广东省中南部	大江大河入海口、国家级自然保护区	《重点流域水生生物多样性保护方案》

续表

河口名称	所在位置	类　型	来　源
辽宁双台河口（辽河口）	盘锦市	大江大河入海口、国家级自然保护区、国际重要湿地	《"十四五"林业草原保护发展规划纲要》
广西北仑河口	防城港市防城区、东兴市	河流入海口、国家级自然保护区、国际重要湿地	《"十四五"林业草原保护发展规划纲要》
福建长乐区闽江河口	福州市长乐区	河流入海口、国家重要湿地	《"十四五"林业草原保护发展规划纲要》
福建漳江口	漳州市云霄县	河流入海口、国家级自然保护区、国际重要湿地	《"十四五"林业草原保护发展规划纲要》
辽宁鸭绿江口	丹东市	河流入海口	《全国重要生态系统保护和修复重大工程总体规划（2021—2035 年)》

6.3.2　补偿主体与补偿对象

6.3.2.1　补偿主体

河口生态系统具有独特的环境特征和重要的生态系统服务功能，形成的生态效益作为准公共物品，其所带来的益处是流域上下游所有人共同享有的，作为补偿主体，有政府、生态改善的受益群体、河口生态环境资源的使用者、环境公益组织。

（1）政府。政府和公共财政是河口生态保护活动所形成利益的最高代表者，在生态保护补偿过程中占有绝对主导地位，作为生态河口的生态保护补偿主体已形成共识。政府作为补偿主体可以分为中央财政和地方财政。中央财政补偿主要负责全国重要河口生态保护与修复，如黄河三角洲等，中央通过财政资金，对河口生态保护给予财政补贴、政策优惠、项目支持等多种方式的补偿，来增加对生态脆弱和生态保护重点区域的支持力度，而地方政府财政补偿主要对辖区范围内的河口进行生态保护与修复。

（2）生态改善的受益群体。包括河口资源的开发利用者、资源产品的消费者和其他生态效益的享受者。生态改善效益的享受者范围比较广，对于可以明确界定直接或间接从生态改善中获得利益的群体，这种利益包括经济利益、环境利益和社会利益 3 个方面，按受益比例补偿生态成本。

（3）河口生态环境资源的使用者。应履行河口环境资源有偿使用责任，对因开发利用河口资源造成的河口生态系统服务价值和生物资源价值损失进行的资金补偿，补偿资金优先用于海洋生态环境保护修复相关工作。

（4）环境公益组织。即对生态环境的关心和热爱而自发成立的环保社团。其资金渠道主要是国际组织、外国政府、国内各种组织、国内单位和个人的捐款或捐助。

6.3.2.2　补偿对象

（1）从事河口地区生态保护的行为主体。包括区域所在地方政府，以及在区域内及区域周边的生活、生产的居民和从事河口生态保护的企业。由于补偿对象实施的各项保护和修复措施，为保障水资源可持续利用和维系水生态系统服务功能投入了大量的人力、物力和财力，需要进行补偿。

（2）为保护和修复河口地区水生态系统，以致经济社会活动受限，无法像其他地区进行常规生产、生活的行为主体。如因保护水生动物资源，禁止捕捞、水产养殖，迁出河口自然保护区核心区，或因河口保护而丧失灌溉水源、饮用水源甚至公平发展权的周边居民或企业。

6.3.3　补偿标准

河口生态保护补偿标准是指在公平合理的理念和某一阶段的经济社会条件下，对生态保护补偿支付的依据，制定公平、合理的河口生态保护补偿标准是建立重要河口生态保护补偿制度中的最重要的环节，它关系到补偿效益以及补偿主体的承受能力。在实际操作过程中，要结合各省的经济社会发展实际，在一个统一的原则框架下，允许各省实施差别化的标准，综合考虑河口生态环境状况、生态保护目标、生态保护成本、财政承受能力等因素合理确定河口补偿标准。主要考虑：

（1）河口生态修复增加的经济投入成本，如开展入海水道整治与建设、工程管理与维护、河口湿地生态治理修复、河口维护管理等一系列措施。

（2）河口地区因保护湿地，牺牲一部分的发展权所造成的经济受益损失，可对受到限制的生产生活动逐项估算其产生的损失，也可从经济总量上采用流域或区域平均数值或采用类比法确定。

（3）针对河口生态保护所产生的气候条件、生态多样性保护、景观美化等生态服务价值，进行综合评估与核算。

（4）通过协商确定。对于不涉及项目建设的资源保护类、空间管控类和水量调度类措施，难以计算直接成本，且根据区域生态环境问题严重性，不同措施有短期、长期和常规之分，更难以统一核算。在设置补偿标准时，应充分发挥补偿的协商机制，加强补偿主体与补偿对象的沟通协调，充分考虑支付意愿和受偿意愿，商定补偿标准。

6.3.4　补偿方式

补偿方式主要包括资金补偿、项目补偿、政策补偿和市场补偿等。

（1）建立河口生态保护专项资金。探索建立重要河口生态保护补偿专项资金，用于重要河口生态保护与修复，其来源渠道应保持稳定，且专款专用，主要用于河口生态环境保护、水资源节约保护、水生态环境管理费用，以及因河口生态环境保护而导致周边居民土地占用损失、企业关停、停办、搬迁导致的经济损失等方面。应做好与湿地生态保护补偿、自然保护区生态保护补偿的衔接。

（2）通过生态保护项目进行补偿。国家和地方财政通过加大河口生态保护与修复项目的投资力度来进行补偿，如目前财政部下达生态保护修复资金，实施的"蓝色海湾""南红北柳""生态岛礁"工程等。主要生态保护修复项目包括排污控制、河口清淤、植被恢复，修复受损河口生境和自然景观等，在核定项目投资情况下，中央财政和地方财政给予支持；对为河口地区生态治理修复作出贡献的县市政府、企业团体和个人，由省级财政给予县市政府一定的转移支付和对企业团体和个人进行补偿。

（3）通过出台相关优惠政策进行补偿。国家或地方政府出台有利于河口地区生态环境保护和经济社会发展的政策，在投资项目、产业发展和财政税收等方面加大对河口地区的支持和优惠，受补偿者在授权的权限内，利用政策的优先权和优惠待遇，促进河口地区生态环境保护和经济发展并筹集资金。

（4）积极推进多元化市场化补偿方式。河口地区可以结合本地资源环境禀赋优势，因地制宜地采取生态旅游、生态标识产品、水权交易等方式，探索市场化多元化的生态保护补偿。

此外，还可将河口生态保护补偿纳入流域生态保护补偿统筹考虑，探索建立健全流域上下游横向生态保护补偿机制。

6.4　相关建议

目前，我国重要河口生态保护补偿机制尚未正式开展，迫切需要对重点领域、关键环节进行完善，强化理论支撑和资金支持，确保重要河口生态保护补偿机制顺利实施，从而促进河口地区生态环境保护与经济社会发展协调并进。

（1）可探索将重要河口生态保护补偿纳入流域生态保护补偿统筹考虑。河口地区承担着上游洪水的宣泄且生态环境敏感、生态功能重要，河口保护对整体流域的生态环境保护都有着重要意义，将其作为流域综合生态保护补偿资金筹集、资金分配和评估考核的重要考虑，有效衔接湿地生态效益补偿、国家级自然保护区生态保护、海岸带生态保护和修复等。推动建立健全流域综合生态保护补偿，在流域综合生态保护补偿资金分配时，通过调整分配系数向河口地区倾斜，加大支持力度，共同推进河口地区生态环境保护。

（2）可将退还取用水、水环境质量改善等行为作为重要河口生态保护补偿的重要依据。目前，重要河口生态保护补偿与湿地、自然保护区补偿结合，更多关注的是对河口周边土地占用的补偿、禁止水产养殖的补偿，以及对水生动植物、栖息鸟类保护的补偿。然而，河口周边政府、企业和居民通过退还取用水，采取绿色生产生活方式减少污染物排放、改善水环境等行为，也对河口地区的生态环境改善发挥了重要作用，应将这些行为纳入重要河口生态保护补偿中统筹考虑，为补偿范围、补偿对象确定以及补偿标准核算提供重要依据。

（3）建立健全重要河口生态环境监测体系。依托国家、省（自治区、直辖市）现有水文水资源监测体系，统筹水量、水位、水质、水沙、盐度等不同水生态要素监测平台，逐步拓展水生态监测能力和要素，根据补偿要素适度扩大监测范围、加强监测密度和频率，提升河口地区自动监测预警能力。同时，建立河口地区生态保护补偿监测支撑体系，推动开展河口地区生态环境质量监测评估，建立生态保护补偿统计指标体系和信息发布制度。

（4）建立重要河口生态保护补偿评估体系。在建立健全重要河口生态环境监测体系的基础上，因地制宜选取能够反映河口地区自然地理属性、水文及水资源属性、经济社会发展水平、生态环境健康状况等，特别是揭示突出水生态问题、反映水生态演变情况（即水生态保护与治理修复成效）的指标，结合国内外相关领域研究进展，合理确定指标阈值，建立可操作可落地的重要河口生态保护补偿评估体系，开展重要河口生态保护补偿评估，为补偿方案的制订实施，以及补偿实施效果的评估考虑提供定量依据。

（5）加强水流生态保护补偿方案制定的科学研究。重点围绕河口生态服务价值核算，补偿范围确定、补偿标准测算和实施途径等，以及如何在流域生态保护补偿统筹考虑重要河口生态保护补偿等方面加强科学研究，因地制宜地推动构建与区域自然资源和生态环境服务相适应、易操作的重要河口生态保护补偿方案。此外，应根据经济社会的发展，建立重要河口生态保护补偿动态调整机制。

（6）健全重要河口生态保护补偿配套管理制度。明确重要河口生态保护补偿金征收与管理的法定主体，明确重要河口生态保护补偿金专项使用制度以及相应的监督机制，形成一整套文明、高效、公正、严格的专项执法机制。统筹推进建立占用补偿、损害赔偿与保护补偿协同推进的生态环境保护机制。通过建立并不断完善执法机制，加大对破坏重要河口生态行为的打击力度，不断优化推进重要河口生态保护补偿工作的法治环境。

（7）选取典型试点先行先试。由于我国重要河口生态保护补偿机制尚未正式开展，建议按照"先易后难、重点突破、试点先行、稳妥推进"的要求，优先选择生态功能重要和生态保护补偿工作基础较好的河口地区开展试点工作，探索建立重要河口生态保护补偿标准体系，以及生态保护补偿的资金来源、补偿渠道、补偿方式和保障体系，建立重要河口生态保护补偿评估制度，对水流生态保护补偿试点实施效果进行评价。积累形成一批可复制、可推广的经验，待时机成熟时，再视情在全国范围推广开展重要河口生态保护补偿工作。

第 7 章

水土保持生态保护补偿

7.1 基本情况

水土资源是人类赖以生存和发展的基础性资源。我国疆域广阔，地形起伏，山地丘陵约占全国陆地面积的 2/3。复杂的地质构造、多样的地貌类型、暴雨频发的气候特征、密集分布的人口及生产生活影响，导致水土流失类型复杂、面广量大，是世界上水土流失最严重的国家之一。严重的水土流失导致水土资源破坏、生态环境恶化、自然灾害加剧，威胁国家生态安全、防洪安全、饮水安全和粮食安全，是我国经济社会可持续发展的突出制约因素。

新中国成立以来，国家高度重视水土保持工作，组织开展了大规模的水土流失预防保护和综合治理，经过 70 多年的不断发展，水土流失防治进程持续加快，水土流失状况明显改善。根据水利部年度动态监测成果，2018 年全国水土流失面积为 273.69 万 km^2（其中水力侵蚀面积 115.09 万 km^2，风力侵蚀面积 158.60 万 km^2），较 1985 年水土流失面积减少 93.34 万 km^2，占国土面积（不含港澳台地区）的比例由 38.2% 下降到 28.6%，减少近 10 个百分点。与 1999 年相比，2018 年中度及以上水土流失面积减少了 88 万 km^2，减幅达 45.5%。当前我国水土流失以中轻度侵蚀为主，2021 年全国中轻度水土流失面积占比 78.7%。总体呈现面积逐年减少、强度逐步降低的趋势[51]。

对标新时代加快推进生态文明建设的要求和人民日益增长的美好生活需要，当前我国水土保持工作仍面临不少问题和挑战。主要表现如下：

（1）水土流失治理任务依然艰巨。全国水土流失依然严重，东北黑土区、西南石漠化地区土地资源保护抢救的任务十分迫切，革命老区、少数民族地区、欠发达地区严重的水土流失尚未得到有效治理。

（2）人为水土流失问题仍较突出。人为水土流失虽然得到了初步遏制，但重建设、轻生态、轻保护问题依然存在，仍需进一步加强人为水土流失防治和监督管理。

（3）水土流失防治投入仍然不足。虽然国家水土保持投入明显增长，但水土流失防治任务仍然十分艰巨且治理难度逐步增大，水土流失防治领域资金、技术、人才等投入仍不能满足生态建设需要。

（4）社会公众水土保持意识尚需提高。水土保持宣教和科普工作虽然取得了较大成绩，但生产建设过程中急功近利、破坏生态的情况仍时有发生，社会公众水土保持意识尚需全面提高。

水土保持生态保护补偿是人类社会系统为控制水土流失，维护水土保持功能，保障水土资源的可持续利用和生态环境的可持续维护，对自然生态系统进行的人工干预。建立和完善水土保持生态保护补偿机制，调整相关群体之间的利益关系，有利于加大防治水土流失投入，加快水土流失防治进程；有利于推动"环境有价、资源有价、生态功能有价"观念成为全社会价值取向，提高全民保护水土资源和生态环境意识；有利于协调各利益相关方关于水土保持生态建设效益与经济利益的分配关系，促进经济发展与水土保持生态建设，以及城乡间、地区间和群体间的公平性和社会的协调发展，实现资源的可持续利用和生态环境的可持续维护，构建和谐社会，有力支撑经济社会可持续发展[52]。

7.2　补偿实践探索

目前，我国已针对水土保持生态保护补偿开展了诸多实践，主要是围绕以下 3 个方面展开：①在水土流失重点防治区开展水土保持治理项目；②对建设项目征收水土保持补偿费；③对纳入国家主体功能区划中的水土保持型重点生态功能区转移支付。其基本情况如下。

7.2.1　水土保持治理项目

水土保持治理项目主要是指由国家或地方财政出资，对生态环境本底脆弱、水土流失严重的区域进行系统治理的项目，主要包括国家水土保持重点工程、三北防护林、退耕还林还草、天然林资源保护、草原生态保护工程、国土整治、沙化和石漠化土地治理、山水林田湖草生态保护修复等。

7.2.1.1 国家水土保持重点工程

1983 年，我国第一个国家水土保持重点工程——八片国家水土流失重点治理工程启动实施。随后，国家又先后启动实施了长江上中游、黄河上中游、黄土高原淤地坝、京津风沙源、东北黑土区和喀斯特地区石漠化治理等一大批水土保持重点工程，治理范围从传统的黄河、长江上中游地区扩展到全国主要流域，基本覆盖了水土流失严重的地区，通过近 40 年的治理，治理区生产生活条件显著提升，粮食产量增加，农民增收显著，乡村面貌焕然一新，国家水土保持重点工程（2003 年至今）见表 7.1。

表 7.1 国家水土保持重点工程（2003 年至今）

序号	名　称	工程涉及范围	起止时间
1	国家水土保持重点建设工程（原名"全国八片水土保持重点防治工程"）	涉及北京、河北、山西、内蒙古、辽宁、江西、陕西、甘肃 8 个省（自治区、直辖市）	1983—2018 年
2	长江上中游水土保持重点防治工程	涉及云南、贵州、四川、重庆、甘肃、陕西、湖北、湖南、河南和江西 10 个省（直辖市）	1989—2008 年
3	黄河上中游水土保持重点防治工程	涉及青海、甘肃、宁夏、内蒙古、山西、河南和陕西 7 个省（自治区）	1986—2008 年
4	晋陕蒙砒砂岩区沙棘生态工程	涉及山西、内蒙古、陕西 3 个省（自治区）	1998—2010 年
5	京津风沙源治理工程	涉及北京、天津、河北、山西、内蒙古 5 个省（自治区、直辖市）	2001 年至今
6	21 世纪初期首都水资源可持续利用规划水土保持工程	涉及北京、河北、山西 3 个省（直辖市）	2001—2005 年 2009—2010 年
7	国家农业综合开发水土保持项目	涉及山西、江西、湖南、重庆、四川、陕西、宁夏 7 个省（自治区、直辖市）	1989—2018 年
8	珠江上游南北盘江石灰岩地区水土保持综合治理试点工程	涉及云南、贵州、广西 3 个省（自治区）	2003—2007 年
9	东北黑土区水土流失综合防治试点工程	涉及黑龙江、吉林、辽宁、内蒙古 4 个省（自治区）	2003—2008 年

序号	名　　称	工程涉及范围	起止时间
10	黄土高原淤地坝工程	涉及山西、陕西、内蒙古、甘肃、宁夏 5 个省（自治区）	2004—2008 年
11	淮河流域水土保持重点工程	涉及江苏、安徽、山东、河南 4 个省	2006—2007 年
12	丹江口库区水土保持重点防治工程	涉及陕西、湖北、河南 3 个省	2008—2010 年、2012—2015 年
13	中央预算内水利基本建设投资水土保持项目	涉及除北京、天津、上海、海南外的 28 个省（自治区、直辖市）、新疆生产建设兵团和大连计划单列市	2009—2014 年
14	坡耕地水土流失综合治理工程	涉及河北、山西、内蒙古、辽宁、吉林、黑龙江、安徽、福建、江西、山东、河南、湖北、湖南、广西、重庆、四川、贵州、云南、陕西、甘肃、青海、宁夏 22 个省（自治区、直辖市）	2010 年至今
15	中央预算内面上水土保持工程	涉及河北、山西、内蒙古、辽宁、吉林、黑龙江、江苏、浙江、安徽、福建、江西、山东、河南、湖北、湖南、广东、广西、重庆、四川、贵州、云南、陕西、甘肃、青海、宁夏、新疆 26 个省（自治区、直辖市）以及新疆生产建设兵团的 328 个县	2015 年
16	病险淤地坝除险加固项目	涉及山西、内蒙古、河南、陕西、甘肃、宁夏和青海 7 个省（自治区）	2016 年至今
17	小流域水土流失综合治理工程	涉及北京、河北、山西、内蒙古、江苏、浙江、安徽、福建、江西、山东、河南、湖北、湖南、广东、广西、海南、重庆、四川、贵州、云南、西藏、陕西、甘肃、青海、宁夏和新疆 26 个省（自治区、直辖市），以及新疆生产建设兵团和青岛市	2019 年至今
18	东部黑土区侵蚀沟综合治理工程	涉及内蒙古、辽宁、吉林、黑龙江 4 省（自治区）	2019 年至今
19	黄土高原塬面保护工程	涉及山西、陕西、甘肃 3 省	2019 年至今

（1）国家水土保持重点工程（原名"全国八大片水土保持重点防治工程"）。1983 年，为加快水土流失治理，探索大面积综合治理的经验，经国务院批准，在我国水土流失严重、对国民经济建设影响很大的八片地区

开展大规模的重点治理工程,即全国八片水土保持重点防治工程,这是我国第一个由中央安排财政专项资金,有计划、有步骤、集中连片,在水土流失严重地区开展的水土流失综合治理的水土保持重点工程,分期规划、分期实施,截至 2018 年,已实施 5 期。

1) 一期工程(1983—1992 年):中央财政每年补助 3000 万元,累计补助 3 亿元。实施范围包括黄河流域无定河、三川河、湫水河、皇甫川和定西;海河流域的永定河上游;辽河流域的柳河上游和大凌河中游;长江流域的贡水流域、三峡库区、赣江流域。涉及北京、河北、山西、内蒙古、湖北、辽宁、江西、陕西和甘肃 9 省(自治区、直辖市)的 43 个县(市、区、旗)。

2) 二期工程(1993—2002 年):分两个阶段实施,累计补助 4.5 亿元。实施范围包括永定河、湫水河、大凌河、柳河、无定河、皇甫川、赣江和定西。涉及陕西、甘肃、山西、内蒙古、江西、辽宁、河北、北京 8 省(自治区、直辖市)的 56 个县(市、区、旗)。规划治理面积 15000km², 实际完成治理面积 19500km²。

3) 三期工程(2003—2007 年):累计补助 2.8 亿元,实施范围包括永定河、湫水河、太行山区、大凌河、柳河、无定河、皇甫川、赣江和定西。涉及陕西、甘肃、山西、内蒙古、江西、辽宁、河北、北京 8 省(自治区、直辖市)的 42 个县(市、区、旗)。规划治理面积 4500km², 实际完成治理面积 4600km²。

4) 四期工程(2008—2012 年):在对北京、河北、山西、内蒙古、辽宁、江西、陕西、甘肃 8 省(自治区、直辖市)原有项目县进行适当调整的基础上,把水土流失严重的福建省闽西地区、山东省沂蒙山区、安徽省桐柏山区、河南省大别山区 4 个革命老区纳入规划治理范围,涉及北京、河北、山西、内蒙古、辽宁、福建、江西、山东、安徽、河南、陕西及甘肃 12 个省(自治区、直辖市)的 106 个县,规划治理面积 16026km²。

5) 五期工程(2013—2017 年)建设范围以水土流失严重、经济社会发展相对滞后的一类和二类革命老区县为重点,涉及北京、河北、四川、贵州、甘肃等 20 个省(自治区、直辖市)的 279 个县,分布在太行山、大别山、沂蒙山等 12 个革命老区片,规划 5 年累计新增水土流失治理面积 3万 km², 治理小流域 2008 条。

(2) 长江上中游水土保持重点防治工程[53]。1987 年,全国水土保持工作协调小组办公室在北京组织召开了长江上游水土保持座谈会,会后向国务院报送了《关于将长江上游列为全国水土保持重点防治区的报告》，建议将金沙江下游及毕节地区、陇南地区（后来又增加了陕南）、嘉陵江中下游、川东鄂西的三峡库区等水土流失严重的 4 片，列为第一批治理的重点；建议成立长江上游水土保持委员会。1988 年，国务院以"国函〔1988〕66 号"文批准将长江上游列为全国水土保持重点防治区。1989 年，国务院以"国函〔1989〕1 号"文对长江上游水土保持重点防治区治理问题进行了批复。自此，长江上游 4 片水土保持重点防治区按照长江上游水土保持委员会批准的防治规划，开始进行有计划、有步骤、有组织的综合防治。20 世纪 90 年代以后，重点防治区范围逐步扩大到长江中游的洞庭湖和鄱阳湖水系、丹江口水库水源区及大别山南麓，初步形成了以上游为重点、上中游协调推进的防治新格局。到 2008 年年底，长江上中游水土保持重点防治工程已连续开展了 7 期重点防治，取得了令人瞩目的成就。治理范围涉及四川、云南、贵州、重庆、甘肃、陕西、湖北、湖南、江西、河南 10 省（直辖市）200 多个县（区、市），累计治理了 5462 条小流域，治理水土流失面积 9.62 万 km^2。

（3）京津风沙源治理工程。2000 年春天，华北地区连续发生了多次沙尘暴或浮尘天气，频率之高、范围之广、强度之大为新中国成立以来所罕见。党中央、国务院对此高度重视，国务院分别于 2000 年 3 次召开会议进行研究，其间朱镕基总理考察了河北省、内蒙古自治区沙化严重地区，作出加快防沙治沙步伐，特别是要加快北京及周边地区防沙治沙速度的重要指示。2000 年国家启动了北京及周边地区防沙治沙试点示范工作，2001 年在试点工作的基础上，国务院批准实施《京津风沙源治理工程规划（2001—2010 年）》，项目建设期 10 年，涉及北京、天津、河北、山西及内蒙古 5 省（自治区、直辖市）的 75 个县（旗、市、区），总国土面积为 45.8 万 km^2。2012 年，为进一步减轻京津地区风沙危害，构筑北方生态屏障等需要，国务院常务会议讨论通过了《京津风沙源治理二期工程规划（2013—2022 年）》，决定实施京津风沙源治理二期工程，工程区范围扩大至包括陕西在内 6 个省（自治区、直辖市）的 138 个县（旗、市、区）。京津风沙源治理工程实施 20 年来，工程区累计营造林 902.9 万 hm^2，工程固沙 5.1 万 hm^2，草地治理 979.7 万 hm^2，森林覆盖率由 10.59％增加到 18.67％，综合植被盖度由 39.8％提高到 45.5％，沙尘天气发生次数从工程实施初期的年均 13 次减少到近年来年均 2～3 次，空气质量明显改善。

（4）珠江上游南北盘江石灰岩地区水土保持综合治理试点工程。2003

年，珠江上游南北盘江石灰岩地区水土保持综合治理试点工程启动。珠江上游石灰岩地区原有水土流失面积 5 万 km^2，是珠江流域乃至全国水土流失最严重、治理难度最大、群众生活最贫困、需要治理最迫切的地区之一。试点工程根据项目区的行政区域和水系特点，在选定的 14 个子项目区、144 条小流域进行综合治理，计划治理水土流失面积 1450km^2，其中人工治理面积 650km^2，实施封育管理面积 800km^2。试点工程建设期限为 5 年，计划到 2007 年完成。项目实施后，通过采取坡改梯、沟道治理、种植经果林、生态修复等措施，新增基本农田 11150hm^2，恢复水毁农田 1135hm^2，保护项目区及下游农田 30050hm^2，可增产粮食 20434 万 kg；水土流失得到有效遏制，土地石漠化得到控制，蓄水工程增加蓄水能力 4021 万 m^3，减少珠江水系泥沙 427 万 t。

7.2.1.2 其他项目

除上述与水土保持生态保护补偿直接相关的项目外，在森林生态保护补偿、草地生态保护补偿等其他领域，也陆续实施了一些关于林草植被保护与修复的重大项目，发挥着水土保持的作用，如三北防护林、退耕还林、天然林资源保护、退牧还草、沙化和石漠化土地治理、山水林田湖草生态保护修复等工程，简要介绍如下：

（1）三北防护林工程。1978 年，我国政府从中华民族生存和发展的战略出发，作出了在风沙危害和水土流失严重的西北、华北、东北地区建设三北防护林体系（以下简称"三北工程"）的重大战略决策。三北工程规划期限为 73 年（1978—2050 年），分 8 期进行建设：1978—1985 年、1986—1995 年、1996—2000 年，以后每 10 年一期，已经启动了第 6 期工程建设。根据 2018 年中国科学院完成的《三北防护林体系建设 40 年综合评价报告》，三北工程 40 年累计完成造林保存面积 3014 万 hm^2，工程区森林覆盖率由 1977 年的 5.05％提高到 13.57％。工程建设发挥出日益显著的生态、经济和社会效益，推动三北地区生态状况发生了历史性、转折性变化。

（2）退耕还林还草工程。1998 年特大洪水发生后，中共中央、国务院《关于灾后重建、整治江湖、兴修水利的若干意见》作出了实施退耕还林工程的重大决策。自 1999 年，按照退耕还林（草）、封山绿化、个体承包、以粮带赈的政策，四川、陕西、甘肃 3 省率先启动退耕还林试点；2000 年退耕还林工程全面启动。鉴于退耕还林前期出现诸多问题，2007 年国家暂停退耕造林任务。2008 年之后，国家延长了一个退耕还林补助周期，对退耕还林户的补助政策减半，剩余的资金由各地集中使用，用于改善退耕户生计和发展后续产业。党的十八届三中全会通过的《中共中央关于全面深化改革若干重大问题的决定》明确提出稳定和扩大退耕还林、退牧还草范围。在党中央、国务院的高度重视下，在社会各界的广泛关注下，为加强生态文明和美丽中国建设，2014 年国家作出了实施新一轮退耕还林还草的决定，要求到 2020 年，将全国具备条件的坡耕地和严重沙化耕地约 4240 万亩退耕还林还草。2020 年，国家林业和草原局发布《中国退耕还林还草二十年（1999—2019）》白皮书，显示 20 年来我国实施退耕还林还草 5.15 亿亩，成林面积占全球同期增绿面积的 4% 以上。按照 2016 年现价评估，全国退耕还林还草当年产生的生态效益总价值量为 1.38 万亿元，成为我国生态文明建设史上的标志性工程。

（3）天然林资源保护工程。1998 年特大洪水后，针对长期以来我国天然林资源过度消耗等而引起生态环境严重恶化的现实，党中央、国务院从我国经济社会可持续发展的战略高度，作出了实施天然林资源保护工程的重大决策。天然林资源保护工程从 1998 年开始试点，2000 年，国务院批准了《长江上游、黄河上中游地区天然林资源保护工程实施方案》和《东北、内蒙古等重点国有林区天然林资源保护工程实施方案》。工程建设期为 2000—2010 年，工程区涉及长江上游、黄河上中游、东北、内蒙古等重点国有林区 17 个省（自治区、直辖市）的 734 个县和 167 个森工局。2010 年，温家宝总理主持召开第 138 次国务院常务会议，决定实施天然林资源保护二期工程，工程建设期为 2011—2020 年，实施范围在原有基础上增加丹江口库区的 11 个县（市、区）。经过 20 多年的保护培育，国家投入 5000 多亿元，工程建设取得显著成效，19.44 亿亩天然乔木林得到严格管护，累计完成公益林建设 3 亿亩，后备森林资源培育 1651 万亩，森林抚育 2.73 亿亩。目前，《全国天然林保护修复中长期规划（2022—2035 年）》已经印发，推动全国天然林全面持续保护。

（4）退牧还草工程。继退耕还林工程之后，我国从 2003 年开始实施"退牧还草"草原生态保护工程，对全年禁牧和季节性休牧的牧民进行饲料粮补助，并且补助草原围栏建设。2003—2010 年退牧还草工程在内蒙古、新疆、青海、甘肃、四川、西藏、宁夏、云南 8 省（自治区）和新疆生产建设兵团，中央累计投入基本建设投资 136 亿元，安排草原围栏建设任务 7.78 亿亩，同时对项目实施围栏封育的牧民给予饲草料补贴。2011 年草原生态保护补助奖励这项重大政策出台后，经国务院同意，国家发展改革委会同农业部、财政部印发了《关于完善退牧还草政策的意见的通知》（发改西部〔2011〕1856号），对退牧还草政策作出调整，使之与"草原上生态保护补助奖励"政策相适应，主要包括：①实施禁牧封育的草原，原则上不再围栏建设；②配套建设舍饲棚圈和人工饲草料地；③提高中央投资补助比例和标准；④饲料粮补助改为草原生态保护补助奖励。截至2018年，中央已累计投入资金295.7亿元，累计增产鲜草8.3亿t，约为5个内蒙古草原的年产草量。

（5）山水林田湖草生态保护修复工程。为贯彻落实山水林田湖草是一个生命共同体的理念，2016年财政部会同自然资源部、生态环境部启动了山水林田湖草生态保护修复工程试点。2016—2020年，中央财政已累计下达重点生态保护修复治理资金360亿元，围绕重点生态功能区遴选了25个山水林田湖草生态保护修复试点项目，山水林田湖草整体系统保护的理念逐渐深入人心，初步探索出全局治理新路径，积累了整体性、系统性开展生态保护修复工程的经验。

7.2.2　水土保持补偿费

水土保持补偿费是指在山区、丘陵区、风沙区以及水土保持规划确定的容易发生水土流失的其他区域开办生产建设项目或者从事其他生产建设活动，损坏了水土保持设施、地貌植被，不能恢复原有水土保持功能，应当向水行政部门缴纳的费用，专项用于水土流失预防和治理。

7.2.2.1　国家层面

1. 相关政策

水土保持生态保护补偿提出较早，1991年颁布的《中华人民共和国水土保持法》就明确规定"损坏水土保持设施的应当给予补偿"。

1993年，《国务院关于加强水土保持工作的通知》（国发〔1993〕5号）更加明确具体地提出："对已经发挥效益的大中型水利、水电工程，要按照库区流域防治任务的需要，每年从收取的水费、电费中提取部分资金，由水库、电站掌握用于本库区及其上游的水土保持，由所在省水行政主管部门负责组织检查验收。"

1996年，《国务院关于进一步加强农田水利基本建设的通知》（国发〔1996〕6号）提出，要认真落实水利部、财政部、国家计委联合颁布的《占用农业灌溉水源、灌排工程设施补偿办法》（水政资〔1995〕457号）和征收水土流失防治费、水土保持补偿费的有关政策。

2005 年,《中共中央、国务院关于推进社会主义新农村建设的若干意见》(中发〔2006〕1 号)要求,建立和完善水电、采矿等企业的环境恢复治理责任机制,从水电、矿产等资源的开发收益中,安排一定的资金用于企业所在地环境的恢复治理,防止水土流失。

2011 年,新修订的《中华人民共和国水土保持法》进一步强调,"在山区、丘陵区、风沙区以及水土保持规划确定的容易发生水土流失的其他区域开办生产建设项目或者从事其他生产建设活动,损坏水土保持设施、地貌植被,不能恢复原有水土保持功能的,应当缴纳水土保持补偿费,专项用于水土流失预防和治理。专项水土流失预防和治理由水行政主管部门负责组织实施"。

2014 年,财政部、国家发展改革委、水利部、中国人民银行出台的《水土保持补偿费征收使用管理办法》(财综〔2014〕8 号),明确了水土保持补偿费征收范围、缴库比例、使用管理等事项,废止了各省(自治区)关于水土流失补偿的多种称谓和补偿规定,形成了全国范围统一适用的水土保持补偿费制度。同年,国家发展改革委、财政部、水利部下发《关于水土保持补偿费收费标准(试行)的通知》(发改价格〔2014〕886 号),对一般性生产建设项目、开采矿产资源等不同类型项目的收费标准进一步进行了明确。

2017 年,根据《国家发展改革委、财政部关于降低电信网码号资源占用费等部分行政事业性收费标准的通知》(发改价格〔2017〕1186 号),从进一步加大降费力度、切实减轻社会负担、促进实体经济发展的角度出发,降低了水土保持补偿费等部分行政事业性收费标准。

2020 年,《财政部关于水土保持补偿费等四项非税收入划转税务部门征收的通知》(财税〔2020〕58 号)要求,自 2021 年 1 月 1 日起,将水土保持补偿费等四项非税收划转至税务部门征收。

2. 征收范围、方式及标准

依据国家有关部委颁布的有关文件,对水土保持补偿费的征收范围、计征方式以及征收标准简单介绍如下:

(1)征收范围。根据《水土保持补偿费征收使用管理办法》(财综〔2014〕8 号),山区、丘陵区、风沙区以及水土保持规划确定的容易发生水土流失的其他区域开办生产建设项目或者从事其他生产建设活动,损坏水土保持设施、地貌植被,不能恢复原有水土保持功能的单位和个人(以下简称"缴纳义务人"),应当缴纳水土保持补偿费。前款所称其他生产

166

建设活动包括：①取土、挖砂、采石（不含河道采砂）；②烧制砖、瓦、瓷、石灰；③排放废弃土、石、渣。

（2）计征方式。根据《水土保持补偿费征收使用管理办法》（财综〔2014〕8号），水土保持补偿费按照下列方式计征：①开办一般性生产建设项目的，按照征占用土地面积计征；②开采矿产资源的，在建设期间按照征占用土地面积计征；在开采期间，对石油、天然气以外的矿产资源按照开采量计征，对石油、天然气按照油气生产井占地面积每年计征；③取土、挖砂、采石以及烧制砖、瓦、瓷、石灰的，按照取土、挖砂、采石量计征；④排放废弃土、石、渣的，按照排放量计征。对缴纳义务人已按照前3种方式计征水土保持补偿费的，其排放废弃土、石、渣，不再按照排放量重复计征。

（3）征收标准。根据《国家发展改革委、财政部关于降低电信网码号资源占用费等部分行政事业性收费标准的通知》（发改价格〔2017〕1186号），水土保持补偿费收费标准按下列规定执行：

1）对一般性生产建设项目，按照征占用土地面积一次性计征，东部地区由每平方米不超过2元（不足$1m^2$的按$1m^2$计，下同）降为每平方米不超过1.4元，中部地区由每平方米不超过2.2元降为每平方米不超过1.5元，西部地区由每平方米不超过2.5元降为每平方米不超过1.7元。对水利水电工程建设项目，水库淹没区不在水土保持补偿费计征范围之内。

2）开采矿产资源的，建设期间，按照征占用土地面积一次性计征，具体收费标准按照上述规定执行。开采期间，石油、天然气以外的矿产资源按照开采量（采掘、采剥总量）计征。石油、天然气根据油、气生产井（不包括水井、勘探井）占地面积按年征收，每口油、气生产井占地面积按不超过$2000m^2$计算；对丛式井每增加一口井，增加计征面积按不超过$400m^2$计算，每平方米每年收费由不超过2元降为不超过1.4元。各地在核定具体收费标准时，应充分评估损害程度，对生产技术先进、管理水平较高、生态环境治理投入较大的资源开采企业，在核定收费标准时应按照从低原则制定。

3）取土、挖砂（河道采砂除外）、采石以及烧制砖、瓦、瓷、石灰的，根据取土、挖砂、采石量，由按照每立方米0.5～2元计征（不足1立方米的按1立方米计，下同）降为按照每立方米0.3～1.4元计征。对缴纳义务人已按前两种方式计征水土保持补偿费的，不再重复计征。

　　4）排放废弃土、石、渣的，根据土、石、渣量，由按照每立方米0.5~2元计征降为按照每立方米0.3~1.4元计征。对缴纳义务人已按前3种方式计征水土保持补偿费的，不再重复计征。

　　上述各类收费具体标准，由各省（自治区、直辖市）价格主管部门、财政部门会同水行政主管部门根据本地实际情况制定。

7.2.2.2　地方层面

　　2014年之前，全国各地多围绕水土保持设施补偿费、水土流失防治费等水土保持"两费"征收使用等出台了相关管理规定和规范性文件，如《黑龙江省水土流失防治费收取和使用管理规定》（黑财综字〔1994〕66号）、《天津市水土保持设施补偿费水土流失防治费征收使用管理办法》（津政发〔1997〕74号）、《山东省水土保持设施补偿费、水土流失防治费收费标准和使用管理暂行办法》（鲁价涉发〔1995〕112号）等。

　　随着《水土保持补偿费征收使用管理办法》（财综〔2014〕8号）的出台，各省（自治区、直辖市）关于水土流失补偿的多种称谓和补偿规定被废止，各省按照国家《水土保持补偿费征收使用管理办法》的总体要求，结合自身资源环境禀赋和经济社会发展状况，纷纷出台了与自身区域特点相适应的水土保持补偿费征收适用管理办法（表7.2）。

表 7.2　全国及部分省（自治区、直辖市）水土保持补偿费征收使用管理办法

地区	颁布机关	政策法规名称	文号
全国	财政部、国家发展改革委、水利部、中国人民银行	《水土保持补偿费征收使用管理办法》	财综〔2014〕8号
北京市	北京市财政局、市发展改革委、市水务局	《北京市水土保持补偿费征收管理办法》	京财农〔2016〕506号
天津市	天津市财政局、市发展改革委	《关于继续向企业征收水土保持补偿费有关问题的通知》	津财综〔2020〕34号
河北省	河北省财政厅、省发展改革委、省水利厅、中国人民银行石家庄中心支行	《河北省水土保持补偿费征收使用管理办法》	冀财非税〔2020〕5号
山西省	山西省财政厅、省物价局、省水利厅、中国人民银行太原中心支行	《全省水土保持补偿费征收使用管理实施办法》	晋财综〔2015〕87号
内蒙古自治区	内蒙古自治区财政厅、自治区发展改革委、自治区水利厅、中国人民银行呼和浩特中心支行	《内蒙古自治区水土保持补偿费征收使用实施办法》	内财非税规〔2015〕18号

地区	颁布机关	政策法规名称	文号
黑龙江省	黑龙江省财政厅、省物价监督管理局、省水利厅和中国人民银行哈尔滨中心支行	《黑龙江省水土保持补偿费征收使用管理实施办法》	黑财综〔2016〕21号
上海市	上海市水务局、国家税务总局上海市税务局	《上海市水土保持补偿费征收管理办法》	沪水务〔2021〕550号
江苏省	江苏省财政厅、省物价局、省水利厅、中国人民银行南京分行	《江苏省水土保持补偿费征收使用管理办法》	苏财综〔2014〕39号
安徽省	安徽省物价局、省财政厅、省水利厅	《关于我省水土保持补偿收费标准的通知》	皖价费〔2014〕160号
福建省	福建省财政厅、省发展改革委、省物价局、省水利厅、中国人民银行福州中心支行、财政部驻福建财政监察专员办事处	《福建省水土保持补偿费征收使用管理实施办法》	闽财综〔2014〕54号
山东省	山东省财政厅、省发展改革委、省水利厅、中国人民银行济南分行	《山东省水土保持补偿费征收使用管理办法》	鲁财税〔2020〕17号
河南省	河南省财政厅、省发展改革委、省水利厅、中国人民银行郑州中心分行	《河南省〈水土保持补偿费征收使用管理办法〉实施细则》	豫财综〔2015〕107号
湖北省	湖北省财政厅、省物价局、省水利厅、中国人民银行武汉分行	《湖北省水土保持补偿费征收使用管理实施办法》	鄂财综规〔2015〕5号
湖南省	湖南省财政厅、省发展改革委、省水利厅、中国人民银行长沙中心支行	《湖南省水土保持补偿费征收使用管理办法》	湘财综〔2014〕49号
广西壮族自治区	广西壮族自治区财政厅、自治区水利厅、自治区物价局、中国人民银行南宁中心支行	《广西壮族自治区水土保持补偿费征收使用管理实施办法》	桂财税〔2016〕37号
海南省	海南省财政厅、省物价局、省水务厅、中国人民银行海口中心支行	《海南省水土保持补偿费征收使用管理办法》	琼财非税〔2014〕1540号
重庆市	重庆市财政局、省物价局、省水利局、中国人民银行重庆营业管理部	《重庆市水土保持补偿费征收使用管理实施办法》	渝财综〔2015〕101号
四川省	四川省财政局、省发展改革委、省水利厅、中国人民银行成都分行	《四川省水土保持补偿费征收使用管理实施办法》	川财综〔2014〕6号

地区	颁布机关	政策法规名称	文号
贵州省	贵州省人民政府	《贵州省水土保持补偿费征收管理办法》	贵州省人民政府令第163号
西藏自治区	西藏自治区财政厅、自治区发展改革委、自治区水利厅、中国人民银行拉萨中心支行	《西藏自治区水土保持补偿费征收标准和使用管理办法》	藏财综字〔2015〕38号
陕西省	陕西省财政厅、省物价局、省水利厅、省地税局、中国人民银行西安分行	《陕西省水土保持补偿费征收使用管理实施办法》	陕财综〔2015〕38号
甘肃省	甘肃省财政厅、省发展改革委、省水利厅、中国人民银行兰州中心支行	《甘肃省水土保持补偿费征收使用管理办法》	甘财税〔2019〕14号
青海省	青海省财政厅、省发展改革委、省水利厅、国家税务总局青海省税务局、中国人民银行西宁中心支行	《青海省水土保持补偿费征收使用管理实施办法》	青财税字〔2021〕226号
宁夏回族自治区	宁夏回族自治区财政厅、自治区物价局、自治区水利厅、中国人民银行银川中心支行、自治区国税局、自治区地税局	《宁夏回族自治区水土保持补偿费征收使用管理实施办法》	宁财规发〔2017〕12号
新疆维吾尔自治区	新疆维吾尔自治区财政厅、自治区发展改革委、自治区水利厅	《新疆维吾尔自治区水土保持补偿费征收使用管理办法》	新财非税〔2015〕10号

此外，各省（自治区、直辖市）还根据自身实际情况制定了相应的水土保持补偿费收费标准，但由于各地政治、经济、文化等条件不同，各省（自治区、直辖市）的收费标准也不尽相同（表7.3）。

表7.3　全国及部分省（自治区、直辖市）水土保持补偿费收费标准

地区	政策法规名称	文号	内　容
全国	《国家发展改革委、财政部关于降低电信网码号资源占用费等部分行政事业性收费标准的通知》	发改价格〔2017〕1186号	（一）对一般性生产建设项目，按照征占用土地面积一次性计征，东部地区由每平方米不超过2元（不足1平方米的按1平方米计，下同）降为每平方米不超过1.4元，中部地区由每平方米不超过2.2元降为每平方米不超过1.5元，西部地区由每平方米不超过2.5元降为每平方米不超过1.7元。对水利水电工程建设项目，水库淹没区不在水土保持补偿费计征范围之内。

续表

地区	政策法规名称	文号	内　　容
全国	《国家发展改革委、财政部关于降低电信网码号资源占用费等部分行政事业性收费标准的通知》	发改价格〔2017〕1186号	（二）开采矿产资源的，建设期间，按照征占用土地面积一次性计征，具体收费标准按照上述规定执行。开采期间，石油、天然气以外的矿产资源按照开采量（采掘、采剥总量）计征。石油、天然气根据油、气生产井（不包括水井、勘探井）占地面积按年征收，每口油、气生产井占地面积按不超过2000平方米计算；对丛式井每增加一口井，增加计征面积按不超过400平方米计算，每平方米每年收费由不超过2元降为不超过1.4元。各地在核定具体收费标准时，应充分评估损害程度，对生产技术先进、管理水平较高、生态环境治理投入较大的资源开采企业，在核定收费标准时应按照从低原则制定。 （三）取土、挖砂（河道采砂除外）、采石以及烧制砖、瓦、瓷、石灰的，根据取土、挖砂、采石量，由按照每立方米0.5～2元计征（不足1立方米的按1立方米计，下同）降为按照每立方米0.3～1.4元计征。对缴纳义务人已按前两种方式计征水土保持补偿费的，不再重复计征。 （四）排放废弃土、石、渣的，根据土、石、渣量，由按照每立方米0.5～2元计征降为按照每立方米0.3～1.4元计征。对缴纳义务人已按前三种方式计征水土保持补偿费的，不再重复计征。 上述各类收费具体标准，由各省、自治区、直辖市价格主管部门、财政部门会同水行政主管部门根据本地实际情况制定
北京市	《北京市发展和改革委员会、北京市财政局、北京市水务局关于降低本市水土保持补偿费收费标准的通知》	京发改〔2021〕1271号	（一）对一般性生产建设项目，按照征占用土地面积每平方米0.3元一次性计征（不足1平方米的按1平方米计，下同）。 对水利水电工程建设项目，水库淹没区不在水土保持补偿费计征范围之内。 （二）开采矿产资源的，建设期间，按照征占用土地面积每平方米0.3元一次性计征；开采期间，按照开采量（采掘、采剥总量）每立方米0.3元计征（不足1立方米的按1立方米计，下同）。 （三）排放废弃土、石、渣的，根据土、石、渣量，按照每立方米0.3元计征。对缴纳义务人已按前两种方式计征水土保持补偿费的，不再重复计征

续表

地区	政策法规名称	文号	内　容
河北省	《河北省物价局、河北省财政厅、河北省水利厅关于调整水土保持补偿费收费标准的通知》	冀价行费〔2017〕173 号	（一）对一般性生产建设项目，按照征占用土地面积每平方米 1.4 元一次性计征。 对水利水电工程建设项目,水库淹没区不在水土保持补偿费计征范围之内。 （二）开采矿产资源的，建设期间，按照征占用土地面积一次性计征，具体收费标准按照第一款执行。开采期间，石油、天然气以外的矿产资源按照开采量（采掘、采剥总量）每立方米计征，其中露天矿开采按每立方米 0.7 元计征、地下矿开采按每立方米 0.3 元计征。 石油、天然气根据油、气生产井（不包括水井、勘探井）占地面积按年征收，每口油、气生产井占地面积按 2000 平方米计算；对丛式井每增加一口井，增加计征面积按 400 平方米计算，每平方米每年收费 1.4 元。 （三）取土、挖砂（河道采砂除外）、采石以及烧制砖、瓦、瓷、石灰的，根据取土、挖砂、采石量，按照每立方米 0.3 元计征（不足 1 立方米的按 1 立方米计）。对缴纳义务人已按前两种方式计征水土保持补偿费的，不再重复计征。 （四）排放废弃土、石、渣的，根据土、石、渣量，按照每立方米 0.3 元计征（不足 1 立方米的按 1 立方米计）。对缴纳义务人已按前三种方式计征水土保持补偿费的，不再重复计征
山西省	《山西省发展改革委、山西省财政厅、山西省水利厅关于水土保持补偿费收费标准的通知》	晋发改收费发〔2018〕464 号	（一）对一般性生产建设项目，按照征占用土地面积每平方米 0.4 元一次性计征（不足 1 立方米的按 1 立方米计）。对水利水电工程建设项目，水库淹没区不在水土保持补偿费计征范围之内。 （二）开采矿产资源的，建设期间，按照征占用土地面积一次性计征，每平方米 0.4 元。开采期间，石油、天然气以外的矿产资源按照开采量（采掘、采剥总量）计征，每吨 0.2 元。石油、天然气根据油、气生产井（不包括水井、勘探井）占地面积按年征收，每平方米每年 0.4 元。每口油、气生产井占地面积不超过 2000 平方米的按照实际占地面积计征，超过 2000 平方米的按照 2000 平方米计征；对丛式井每增加一口井，增加计征面积不超过 400 平方米的按照实际占地面积计征，超过 400 平方米的按照 400 平方米计征。

地区	政策法规名称	文号	内　　容
山西省	《山西省发展改革委、山西省财政厅、山西省水利厅关于水土保持补偿费收费标准的通知》	晋发改收费发〔2018〕464 号	（三）取土、挖砂（河道采砂除外）、采石以及烧制砖、瓦、瓷、石灰的，根据取土、挖砂、采石量计征，每立方米 0.5 元计征（不足 1 立方米的按 1 立方米计）。对缴纳义务人已按前两种方式计征水土保持补偿费的，不再重复计征 （四）排放废弃土、石、渣的，根据土、石、渣量计征，按照每立方米 0.5 元（不足 1 立方米的按 1 立方米计）。对缴纳义务人已按前三种方式计征水土保持补偿费的，不再重复计征
辽宁省	《辽宁省物价局、辽宁省财政厅、辽宁省水利厅关于降低我省水土保持补偿费标准的通知》	—	（一）对一般性生产建设项目和开采矿产资源建设期间，按征占土地面积一次性计征，收费标准由每平方 0.5～1.4 元降为 0.5～1.0 元，其中林地（无工程果园）由 1.4 元降为 1.0 元、疏地由 1.0 元降为 0.8 元；草地、荒地林草覆盖率 70％以上的由 1.4 元降为 1.0 元、70％～30％的由 1 元降为 0.8 元、30％以下的 0.5 元；耕地由 0.8 元降为 0.5 元；河滩、海滩及扰动原有路面、建筑物等继续按 0.5 元执行。水利水电建设项目，水库淹没区不在水土保持补偿费计征范围之内。 （二）开采矿产资源的，开采期间，石油、天然气以外的矿产资源按照产生的废弃土、石、渣量计征，收费标准由每立方米 1.4 元降低为 0.95 元。石油、天然气根据油、气生产井（不包括水井、勘探井）占地面积按不超过 2000 平方米计算；对丛式井每增加一口井，增加计征面积按不超过 400 平方米计算，每平方米每年收费由 1.4 元降为 1.0 元。 （三）取土、挖砂（河道采砂除外）、采石以及烧制砖、瓦、瓷、石灰的，根据取土、挖砂、采石量按照每立方米由 1.4 元降为 0.95 元计征。对缴纳义务人已按前两种方式计征水土保持补偿费的，不再重复计征 （四）排放废弃土、石、渣的，根据土、石、渣量，按照每立方米由 1.4 元降为 0.95 元计征。对缴纳义务人按前三种方式计征水土保持补偿费的，不再重复计征

续表

地区	政策法规名称	文号	内　　容
黑龙江省	《黑龙江省物价监督管理局、黑龙江省财政厅关于转发〈国家发展改革委、财政部关于降低电信网码号资源占用费等部分行政事业性收费标准的通知〉的通知》	黑价联〔2017〕23 号	（一）对开办一般性生产建设项目的，按照征占用土地面积每平方米 1.20 元（不足 1 平方米的按 1 平方米计，下同）一次性计征。 对水利水电工程建设项目，水库淹没区不在水土保持补偿费计征范围之内。 （二）开采矿产资源的，建设期间，按照征占用土地面积每平方米 1.20 元一次性计征。 开采期间，对石油、天然气以外的矿产资源按照开采量（采掘、采剥总量）计征，其中：煤炭按每吨 0.30 元征收，其他矿产资源按每吨 0.70 元征收。 石油、天然气根据油、气生产井（不包括水井、勘探井）占地面积按年征收。每口油气井占地按不超过 2000 平方米计算；对丛式井每增加一口井，按增加计征面积不超过 400 平方米计算，具体占地面积按国家有关规定执行，每平方米每年按 0.80 元征收。 （三）取土、挖砂（河道采砂除外）、采石以及烧制砖、瓦、瓷、石灰的，按照取土、挖砂、采石量每立方米 0.80 元（不足 1 立方米的按 1 立方米计，下同）征收。对缴纳义务人已按前两种方式计征水土保持补偿费的，不再重复计征。 （四）排放废弃土、石、渣的，根据土、石、渣量，按照每立方米 1.10 元征收。对缴纳义务人已按照前三种方式计征水土保持补偿费的，不再重复计征
江苏省	《江苏省物价局、江苏省财政厅关于降低水土保持补偿费征收标准的通知》	苏价农〔2018〕112 号	（一）对一般性生产建设项目（依法需要编制水土保持方案的生产建设项目），按照征占用地面积苏南五市（南京、无锡、常州、苏州、镇江）由每平方米 1.5 元（不足 1 平方米的按 1 平方米计，下同）降为每平方米 1.2 元一次性计征；其余地区每平方米 1.0 元一次性计征。对水利水电工程建设项目，水库淹没区不在水土保持补偿费计征范围之内。 （二）对开采矿产资源的生产建设项目，在建设期间按照征占用地面积一次性计征，具体收费标准按本通知第一款执行。 在开采期间，对石油、天然气以外的矿产资源按照开采量（采掘、采剥总量）每立方米 1 元计征（不足 1 立方米的按 1 立方米计，下同）。

地区	政策法规名称	文号	内　容
江苏省	《江苏省物价局、江苏省财政厅关于降低水土保持补偿费征收标准的通知》	苏价农〔2018〕112号	石油、天然气根据油气生产井（不包括水井、勘探井）占地面积按年计征，每口油、气生产井占地面积按不超过2000平方米计算；对丛式井每增加一口井，增加计征面积按不超过400平方米计算，每平方米每年收费1元。 （三）取土、挖砂（河道采砂除外）、采石以及烧制砖、瓦、瓷、石灰的，根据取土、挖砂、采石量，按照每立方米1元计征。对缴纳义务人已按前两种方式计征水土保持补偿费的，不再重复计征。 （四）排放废弃土、石、渣的，根据土、石、渣量，按照每立方米1元计征。对缴纳义务人已按前三种方式计征水土保持补偿费的，不再重复计征
安徽省	《安徽省物价局、安徽省财政厅、安徽省水利厅关于继续执行我省水土保持补偿费收费标准的通知》	皖价费〔2017〕5号	（一）对一般性生产建设项目（依法需要编制水土保持方案的生产建设项目），按照征占用土地面积每平方米1.2元一次性计征。对水利水电工程建设项目，水库淹没区不在水土保持补偿费计征范围之内。 （二）对开采矿产资源的生产建设项目，建设期间，按照征占用土地面积一次性计征，具体收费标准按照本条第一款执行。开采期间，石油、天然气根据油、气生产井（不包括水井、勘探井）占地面积按年征收，每口油、气生产井占地面积按2000平方米计算；对丛式井每增加一口井，增加计征面积按400平方米计算，每平方米每年收费2元。石油、天然气以外的矿产资源按照开采量（采掘、采剥总量）销售额计征，其中井下开采类项目按销售额1.2‰计征，露天开采类项目按销售额2‰计征，对已实行资源税改革的煤炭企业减半收费。 （三）取土、挖砂（河道采砂除外）、采石以及烧制砖、瓦、瓷、石灰的，根据取土、挖砂、采石量，按照每立方米1元计征（不足1立方米的按1立方米计）。对缴纳义务人已按前两种方式计征水土保持补偿费的，不再重复计征。 （四）排放废弃土、石、渣的，根据土、石、渣量，按照每立方米1元计征（不足1立方米的按1立方米计）。对缴纳义务人已按前三种方式计征水土保持补偿费的，不再重复计征

续表

地区	政策法规名称	文号	内　　容
福建省	《福建省物价局、福建省财政厅关于降低水土保持补偿费收费标准等有关问题的通知》	闽价费〔2017〕286 号	（一）对一般性生产建设项目，按照征占用土地面积一次性计征的，每平方米 1 元（不足 1 平方米的按 1 平方米计，下同），或者按照弃土弃渣一次性计征的，每立方米 1 元（不足 1 立方米的按 1 立方米计，下同）。 对水利水电工程建设项目，水库淹没区不在水土保持补偿费计征范围之内。 （二）开采矿产资源的，在建设期间，按照征占用土地面积一次性计征的，每平方米 1 元，或者按照弃土弃渣（含探矿洞渣）一次性计征的，每立方米 1 元；开采期间，按照开采量（采掘、采剥总量）每吨 0.25 元计征。 （三）取土、挖砂（河道采砂除外）、采石以及烧制砖、瓦、瓷、石灰的，根据取土、挖砂、采石量，按照每立方米 1 元计征（不足 1 立方米的按 1 立方米计），对缴纳义务人已按前两种方式计征水土保持补偿费的，不再重复计征。 （四）排放废弃土、石、渣的，根据土、石、渣量，按照排放量每立方米 1 元计征。对缴纳义务人已按前三种方式计征水土保持补偿费的，不再重复计征
山东省	《山东省物价局、山东省财政厅、山东省水利厅关于降低水土保持补偿费收费标准的通知》	鲁价发〔2017〕58 号	（一）对一般性生产建设项目，按照征占用土地面积开工前一次性计征，每平方米 1.2 元（不足 1 平方米的按 1 平方米计，下同）。 对水利水电工程建设项目，水库淹没区不在水土保持补偿费计征范围之内。 （二）开采矿产资源的，建设期间，按照征占用土地面积一次性计征，每平方米 1.2 元。开采期间，石油、天然气以外的矿产资源，按照矿石开采量（采掘、采剥总量）计征，其中露天开采的每吨 1 元，非露天开采的每吨 0.5 元。石油、天然气根据油、气生产井（不包括水井、勘探井）占地面积按年征收，每平方米每年由 2 元降为 1.2 元。每口油、气生产井占地面积按照不超过 2000 平方米计算；对丛式井每增加一口井，增加计征面积按不超过 400 平方米计算。

176

续表

地区	政策法规名称	文号	内　容
山东省	《山东省物价局、山东省财政厅、山东省水利厅关于降低水土保持补偿费收费标准的通知》	鲁价发〔2017〕58号	（三）取土、挖砂（河道采砂除外）、采石以及烧制砖、瓦、瓷、石灰的，根据取土、挖砂、采石量，由按照每立方米1.5元计征（不足1立方米的按1立方米计，下同）降为按照每立方米1.2元计征。对缴纳义务人已按前两种方式计征的，不再重复计征。 （四）排放废弃土、石、渣的，根据排放土、石、渣量，由按照每立方米1.5元计征降为按照每立方米1.2元计征。对缴纳义务人已按前三种方式计征的，不再重复计征
河南省	《河南省发展改革委、河南省财政厅、河南省水利厅关于我省水土保持补偿费收费标准的通知》	豫发改收费〔2018〕1079号	（一）对一般生产性建设项目（不含水利水电工程建设项目中的水库淹没区）。按征占用地面积一次性计征，每平方米1.2元（不足1平方米的按1平方米计，下同）。 （二）开采矿产资源的，建设期间，按征占土地面积一次性计征，每平方米1.2元；开采期间，石油、天然气以外的矿产资源按开采量（采掘、采剥总量）计征，每吨0.5元。石油、天然气根据油、气生产井（不包括水井、勘探井）占地面积按年征收，每口油、气生产井占地面积按不超过2000平方米计算；对丛式井每增加一口，增加计征面积按不超过400平方米计算，每平方米1.2元。 （三）取土、挖砂（河道采砂除外）、采石以及烧制砖、瓦、瓷、石灰的，根据取土、挖砂、采石量，按每立方米0.8元计征（不足1立方米的按1立方米计，下同）。对缴纳义务人已按前两种方式计征水土保持补偿费的，不再重复计征。 （四）排放废弃土、石、渣的，根据土、石、渣量，按每立方米0.8元计征。对缴纳义务人已按前三种方式计征水土保持补偿费的，不再重复计征
湖北省	《湖北省物价局、湖北省财政厅、湖北省水利厅关于水土保持补偿费收费标准的通知》	鄂价环资〔2017〕93号	（一）对一般性生产建设项目，按照征占用土地面积1.5元/m²一次性计征，但水利水电工程建设项目、水库淹没区不在水土保持补偿费计征范围之内。 （二）开采矿产资源的，建设期间，按照征占用土地面积每平方米1.5元一次性计征。开采期间，石油、天然气以外的矿产资源按照开采量（采掘、采剥总量）1.5元/m³计征；石油、天然气根据油、气生产井（不包括水井、勘探井）占地面积按年征收，每

续表

地区	政策法规名称	文号	内　容
湖北省	《湖北省物价局、湖北省财政厅、湖北省水利厅关于水土保持补偿费收费标准的通知》	鄂价环资〔2017〕93 号	口油、气生产井占地面积不超过 2000 平方米计算；对丛式井（一个井场或平台上的多口井）每增加一口井，增加计征面积不超过 400m² 计算，每平方米每年收费 1.4 元。 （三）取土、挖砂（河道采砂除外）、采石以及烧制砖、瓦、瓷、石灰的，根据取土、挖砂、采石量，按照 1 元/m³ 计征（不足 1m³ 的按 1m³ 计）。 （四）排放废弃土、石、渣的，根据土、石、渣量，同样按照 1 元/m³ 计征
湖南省	《湖南省发展改革委、湖南省财政厅关于降低 2017 年度涉企行政事业性收费标准的通知》	湘发改价费〔2017〕534 号	水利部门收取的水土保持补偿费在现行收费标准基础上降低 30%。 （一）一般性建设项目 1.00 元/平方米。 （二）开采矿产资源，建设期间按占用土地面积 1.00 元/平方米；开采期间按开采量 0.7 元/t。 （三）取土、挖砂、采石及烧制砖、瓦、瓷和石灰，根据取土、挖砂、采石量 1.00 元/m³。 （四）排放废弃土、石、渣 1.00 元/m³
广西壮族自治区	《广西壮族自治区物价局、广西壮族自治区财政厅、广西壮族自治区水利厅关于调整我区水土保持补偿费征收标准有关问题的通知》	桂价费〔2017〕37 号	（一）对一般性生产建设项目，按照征占用土地面积每平方米 1.1 元一次性计征。 对水利水电工程建设项目，水库淹没区不在水土保持补偿费计征范围之内。 （二）开采矿产资源的，建设期间，按照征占用土地面积每平方米 1.1 元一次性计征；开采期间，石油、天然气以外的矿产资源按照开采量（采掘、采剥总量）每吨 0.5 元计征。石油、天然气根据油、气生产井（不包括水井、勘探井）占地面积按年征收，每口油、气生产井占地面积不超过 2000 平方米计算；对丛式井每增加一口井，增加计征面积按不超过 400 平方米计算，每平方米每年收费 1 元。 （三）取土、挖砂（河道采砂除外）、采石以及烧制砖、瓦、瓷、石灰的，根据取土、挖砂、采石量，按照每立方米 1 元计征（不足 1 立方米的按 1 立方米计）。对缴纳义务人已按前两种方式计征水土保持补偿费的，不再重复计征。 （四）排放废弃土、石、渣的，根据土、石、渣量，按照每立方米 1 元计征（不足 1 立方米的按 1 立方米计）。对缴纳义务人已按前三种方式计征水土保持补偿费的，不再重复计征

地区	政策法规名称	文号	内　　容
海南省	《海南省发展改革委、海南省财政厅、海南省水务厅关于降低水土保持补偿费收费标准及有关问题的通知》	琼发改收费〔2021〕716号	（一）开办一般性生产建设项目的，按照征占用土地面积一次性计征，每平方米1.5元（不足1平方米的按1平方米计，下同）。 水利水电工程建设项目中的水库淹没区，不在水土保持补偿费计征范围内。 （二）开采矿产资源的，建设期间，按照征占用土地面积一次性计征，具体收费标准按照第（一）款执行。 （三）开采矿产资源的，开采期间，石油、天然气以外的矿产资源按照矿产资源行政主管部门批准的年度开采（矿石）量（采掘、采剥总量）计征。 1. 石油、天然气根据油、气生产井（不包括水井、勘探井）占地面积按年征收，每口油、气生产井占地面积按不超过2000平方米计算；对丛式井每增加一口井，增加计征面积按不超过400平方米计算，每平方米每年收费为1.2元。 2. 其他矿产资源按照矿产资源主管部门批复的矿产资源开发利用方案，在服务年限内，自开始生产之年起，按照批准的年度开采（矿石）量（采掘、采剥总量）计征；或者按照公布的年度开采（矿石）量（采掘、采剥总量）计征。 （四）取土、挖砂（河道采砂除外）、采石以及烧制砖、瓦、瓷、石灰的，根据取土、挖砂、采石量，按照每立方米0.3元计征（不足1立方米的按1立方米计）。对缴纳义务人已按前三种方式计征水土保持补偿费的，不再重复计征。 （五）排放废弃土、石、渣的，根据土、石、渣量，按照每立方米0.3元计征（不足1立方米的按1立方米计）。对缴纳义务人已按前四种方式计征水土保持补偿费的，不再重复计征
四川省	《四川省发展改革委、四川省财政厅关于制定水土保持补偿费收费标准的通知》	川发改价格〔2017〕347号	（一）对一般性生产建设项目，按照征占用土地面积每平方米1.3元一次性计征。 对水利水电工程建设项目，水库淹没区不在水土保持补偿费计征范围之内。 （二）开采矿产资源的，建设期间，按照征占用土地面积一次性计征，具体收费标准按照本条第一款执行。开采期间，石油、天然气以外的矿产资源按照开采量（采掘、采剥总量）每立方米0.3元计征。石油、天然气根据油、气生产井（不包括水井、勘探井）

续表

地区	政策法规名称	文号	内　　容
四川省	《四川省发展改革委、四川省财政厅关于制定水土保持补偿费收费标准的通知》	川发改价格〔2017〕347号	占地面积按年征收，每口油、气生产井占地面积按不超过2000平方米计算；对丛式井每增加一口井，增加计征面积按不超过400平方米计算，每平方米每年收费1.4元。 （三）取土、挖砂（河道采砂除外）、采石以及烧制砖、瓦、瓷、石灰的，根据取土、挖砂、采石量，按照每立方米0.3元计征（不足1立方米的按1立方米计）。对缴纳义务人已按前两种方式计征水土保持补偿费的，不再重复计征。 （四）排放废弃土、石、渣的，根据土、石、渣量，按照每立方米0.3元计征（不足1立方米的按1立方米计）。对缴纳义务人已按前三种方式计征水土保持补偿费的，不再重复计征
贵州省	《贵州省发展改革委、贵州省财政厅转发〈国家发展改革委财政部关于降低电信网码号资源占用费等部分行政事业单位性收费标准的通知〉》	黔发改收费〔2017〕1610号	（一）对一般性生产建设项目，按照征占用土地面积一次性计征，由每平方米2元（不足1平方米按1平方米计，下同）降为每平方米1.2元。 （二）开采矿产资源的，建设期间，按照征占用土地面积一次性计征。由每平方米2元降为每平方米1.2元；开采期间，石油、天然气以外的矿产资源按照开采量（采掘、采剥总量）每吨由0.5元调整为每吨0.35元按季度计征。石油、天然气根据油、气生产井（不包括水井、勘探井）占地面积按年征收，每口油、气生产井占地面积不超过2000平方米计算；对丛式井（一个井场或平台上的多口井）每增加一口井，增加计征面积不超过400m^{2}计算，每平方米每年收费由1.5元降为1元。 对以下企业,按50%的比例征收水土保持补偿费： ①符合《煤炭先进产能评价依据（暂行）》（发改电〔2016〕360号）要求的煤炭开采企业； ②属于《产业结构调整目录》"鼓励类"范围内的资源开采企业； ③属于《西部地区鼓励类产业目录》范围内的资源开采企业。 （三）取土、挖砂（河道采砂除外）、采石以及烧制砖、瓦、瓷、石灰的，根据取土、挖砂、采石量，由每立方米0.5元计征降为每立方米0.3元计征，对缴纳义务人已按前两种方式计征水土保持补偿费的，不再重复计征。 （四）排放废弃土、石、渣的，按照排放量每立方米0.5元计征降为每立方米0.3元计征，对缴纳义务人已按前两种方式计征水土保持补偿费的，不再重复计征

地区	政策法规名称	文号	内　容
云南省	《云南省物价局、云南省财政厅、云南省水利厅关于水土保持补偿费收费标准的通知》	云价收费〔2017〕113号	（一）对一般性生产建设项目，按照征占用土地面积 0.7 元/m² 一次性计征，但水利水电工程建设项目、水库淹没区不在水土保持补偿费计征范围之内。 （二）开采矿产资源的，建设期间，按照征占用土地面积每平方米 0.7 元一次性计征。开采期间，石油、天然气以外的矿产资源按开采量（采掘、采剥总量）每吨 0.5 元计征；石油、天然气根据油、气生产井（不包括水井、勘探井）占地面积按年征收，每口油、气生产井占地面积不超过 2000 平方米计算；对丛式井（一个井场或平台上的多口井）每增加一口井，增加计征面积不超过 400m² 计算，每平方米每年收费 1 元。 （三）取土、挖砂（河道采砂除外）、采石以及烧制砖、瓦、瓷、石灰的，根据取土、挖砂、采石量，按照 0.3 元/m³ 计征（不足 1m³ 的按 1m³ 计）。 （四）排放废弃土、石、渣的，根据土、石、渣量，同样按照 0.3 元/m³ 计征
西藏自治区	《西藏自治区发展改革委、西藏自治区财政厅、西藏自治区水利厅关于调整水土保持补偿费征收标准的通知》	藏发改价格〔2017〕929号	（一）对一般性生产建设项目，按照征占用土地面积每平方米由 2.5 元调整为 1.7 元。 （二）开采矿产资源的，建设期间，按照征占用土地面积每平方米由 2.5 元调整为 1.4 元；开采期间，石油、天然气以外的矿产资源按开采量（采掘、采剥总量）每立方米由 2 元调整为 1.4 元（不足 1 立方米的按 1 立方米计）。石油、天然气根据油、气生产井（不包括水井、勘探井）占地面积按年征收，每口油、气井占地按不超过 2000 平方米计算，对丛式井每增加一口井，按增加计征面积不超过 400 平方米计算，每平方米由 2 元调整为 1.4 元。 （三）取土、挖砂（河道采砂除外）、采石以及烧制砖、瓦、瓷、石灰的，根据取土、挖砂、采石量，每立方米由 2 元调整为 0.3～1.4 元（不足 1 立方米的按 1 立方米计），对缴纳义务人已按前两种方式计征水土保持补偿费的，不再重复计征。 （四）排放废弃土、石、渣的，根据土、石、渣量，每立方米由 2 元调整为 0.3～1.4 元（不足 1 立方米的按 1 立方米计），对缴纳义务人已按前三种方式计征水土保持补偿费的，不再重复计征

续表

地区	政策法规名称	文号	内　　容
陕西省	《陕西省物价局、陕西省财政厅转发〈国家发展改革委、财政部关于降低电信网码号资源占用费等部分行政事业性收费标准的通知〉》	陕价费发〔2017〕75号	（一）一般性生产建设项目和矿产资源开采项目建设期间，按占用、扰动、损坏原地貌、植被或水土保持设施面积1.7元/平方米计征。对水利水电工程建设项目，水库淹没区不在水土保持补偿费计征范围之内。 （二）矿产资源开采项目生产期间，煤炭按照原煤陕北每吨3.5元、关中每吨2.1元、陕南每吨0.7元；石油、天然气按照原油气生产井（不包括水井、勘探井）占地面积按年计征，每口油、气生产井占地面积按不超过2000平方米计算，对丛式井每增加一口井，增加计征面积按不超过400平方米计算，征收标准为1.4元/平方米·年。 （三）取土、挖砂、采石以及烧制砖、瓦、瓷、石灰的，按照取土、挖砂、采石量每立方米0.7元计征。 （四）排放废弃土、石、渣的，按照排放量每立方米0.7元计征。其他未涉及事项仍按陕财办综〔2015〕38号、陕财办综〔2015〕104号和陕财办综〔2015〕157号文件相关规定执行
甘肃省	《甘肃省发展改革委、甘肃省财政厅、甘肃省水利厅关于水土保持补偿收费标准的通知》	甘发改收费〔2017〕590号	（一）对一般性生产建设项目，按照征占用土地面积每平方米1.4元一次性计征。对水利水电工程建设项目，水库淹没区不在水土保持补偿费计征范围之内。 （二）开采矿产资源的，建设期间，按照征占用土地面积每平方米1.4元一次性计征。开采期间，石油、天然气以外的矿产资源按照开采量（采掘、采剥总量）每吨0.7元计征。石油、天然气根据油、气生产井（不包括水井、勘探井）占地面积按年征收，每口油、气生产井占地面积按不超过2000平方米计算；对丛式井每增加一口井，增加计征面积按不超过400平方米计算，每平方米每年收费1.4元。对生产技术先进、管理水平较高、生态环境治理投入较大的资源开采企业，收费时应按照从低原则征收。 （三）取土、挖砂（河道采砂除外）、采石以及烧制砖、瓦、瓷、石灰的，根据取土、挖砂、采石量，按照每立方米1元计征（不足1立方米的按1立方米计）。对缴纳义务人已按前两种方式计征水土保持补偿费的，不再重复计征。 （四）排放废弃土、石、渣的，根据土、石、渣量，按照每立方米1元计征（不足1立方米的按1立方米计）。对缴纳义务人已按前三种方式计征水土保持补偿费的，不再重复计征

地区	政策法规名称	文号	内　　容
青海省	《青海省发展改革委、青海省财政厅、青海省水利厅关于我省水土保持补偿费收费标准及有关问题的通知》	青发改价格〔2017〕475号	（一）对一般性生产建设项目，按照征占用土地面积每平方米1.5元一次性计征（不足1平方米的按1平方米计，下同），对水利水电工程建设项目，水库淹没区不在水土保持补偿费计征范围之内。 （二）开采矿产资源的，建设期间，按照征占用土地面积每平方米1.5元一次性计征。开采期间，石油、天然气以外的矿产资源按照开采量（采掘、采剥总量）每吨1.5元计征。石油、天然气根据油、气生产井（不包括水井、勘探井）占地面积按年征收，每口油、气生产井占地面积按不超过2000平方米计算；对丛式井每增加一口井，增加计征面积按不超过400平方米计算，每平方米每年收费1.0元。 （三）取土、挖砂（河道采砂除外）、采石以及烧制砖、瓦、瓷、石灰的，根据取土、挖砂、采石量，按照每立方米1.0元计征（不足1立方米的按1立方米计），对缴纳义务人已按前两种方式计征水土保持补偿费的，不再重复计征。 （四）排放废弃土、石、渣的，根据土、石、渣量，按照排放量每立方米1.0元计征。对缴纳义务人已按前三种方式计征水土保持补偿费的，不再重复计征
宁夏回族自治区	《宁夏回族自治区物价局、宁夏回族自治区财政厅、宁夏回族自治区水利厅关于制定我区水土保持补偿费收费标准的通知》	宁价商发〔2017〕43号	（一）对一般性生产建设项目，按照征占用土地面积每平方米1元一次性计征（不足1立方米的按1立方米计）。对水利水电工程建设项目，水库淹没区不在水土保持补偿费计征范围之内。 （二）开采矿产资源的，建设期间，按照征占用土地面积一次性计征，具体收费标准按照第一款执行。开采期间，石油、天然气以外的矿产资源按照开采量（采掘、采剥总量）计征，其中，太西煤以外的其他矿产资源（含其他煤种）按开采量（采掘、采剥总量）每吨1.4元计征。石油、天然气根据油、气生产井（不包括水井、勘探井）占地面积按年征收，每口油、气生产井占地面积按2000平方米计算；对丛式井每增加一口井，增加计征面积按400平方米计算，每平方米每年收费1.4元。 （三）取土、挖砂（河道采砂除外）、采石以及烧制砖、瓦、瓷、石灰的，根据取土、挖砂、采石量，按照每立方米1元计征（不足1立方米的按1立方米计）。对缴纳义务人已按前两种方式计征水土保持补偿费的，不再重复计征。 （四）排放废弃土、石、渣的，根据土、石、渣量，按照每立方米1元计征（不足1立方米的按1立方米计）。对缴纳义务人已按前三种方式计征水土保持补偿费的，不再重复计征

7.2.3　重点生态功能区转移支付

国家、地方的重点生态功能区转移支付政策中也对水土保持功能重要且纳入重点生态功能区的区域进行补偿。

纳入《全国主体功能区规划》的水土保持型重点生态功能区主要包括黄土高原丘陵沟壑水土保持生态功能区、大别山水土保持生态功能区、桂黔滇喀斯特石漠化防治生态功能区、三峡库区水土保持生态功能区 4 处，面积为 24.7 万 km² （表 7.4）。

表 7.4　　　　　　　水土保持型国家重点生态功能区

区　域	类型	范　围	面积/km²
黄土高原丘陵沟壑水土保持生态功能区	水土保持	山西省：五寨县、岢岚县、河曲县、保德县、偏关县、吉县、乡宁县、蒲县、大宁县、永和县、隰县、中阳县、兴县、临县、柳林县、石楼县、汾西县、神池县。	112050.5
		陕西省：子长市、安塞区、志丹县、吴起县、绥德县、米脂县、佳县、吴堡县、清涧县、子洲县。	
		甘肃省：庆城县、环县、华池县、镇原县、庄浪县、静宁县、张家川回族自治县、通渭县、会宁县。	
		宁夏回族自治区：彭阳县、泾源县、隆德县、盐池县、同心县、西吉县、海原县、红寺堡区	
大别山水土保持生态功能区	水土保持	安徽省：太湖县、岳西县、金寨县、霍山县、潜山市、石台县。	31213
		河南省：商城县、新县。	
		湖北省：大悟县、麻城市、红安县、罗田县、英山县、孝昌县、浠水县	
桂黔滇喀斯特石漠化防治生态功能区	水土保持	广西壮族自治区：上林县、马山县、都安瑶族自治县、大化瑶族自治县、忻城县、凌云县、乐业县、凤山县、东兰县、巴马瑶族自治县、天峨县、天等县。	76286.3
		贵州省：赫章县、威宁彝族回族苗族自治县、平塘县、罗甸县、望谟县、册亨县、关岭布依族苗族自治县、镇宁布依族苗族自治县、紫云苗族布依族自治县。	
		云南省：西畴县、马关县、文山壮族苗族自治州、广南县、富宁县	
三峡库区水土保持生态功能区	水土保持	湖北省：巴东县、兴山县、秭归县、夷陵区、长阳土家族自治县、五峰土家族自治县。	27849.6
		重庆市：巫山县、奉节县、云阳县	

针对国家重点生态功能区转移支付，2009 年财政部印发《国家重点生态功能区转移支付（试点）办法》（财预〔2009〕433 号），提出中央财政在均衡性转移支付项下设立国家重点生态功能区转移支付，支持范围包括关系国家区域生态安全，并由中央主管部门制定保护规划确定的生态功能区，生态外溢性较强、生态环境保护较好的省区，国务院批准纳入转移支付范围的其他生态功能区域。2011 年，财政部印发《国家重点生态功能区转移支付办法》（财预〔2011〕428 号），明确在《全国主体功能区规划》中限制开发区域（重点生态功能区）和禁止开发区域等重点生态功能区开展转移支付。至 2019 年，财政部多次更新国家重点生态功能区转移支付办法，补偿范围扩展至：

（1）重点生态县域。限制开发的国家重点生态功能区所属县（县级市、市辖区、旗、林业局等）。

（2）其他生态功能重要区域。包括："三区三州"等深度贫困地区、京津冀（对雄安新区及白洋淀周边区县单列）、海南以及长江经济带等相关地区。

（3）国家级禁止开发区域。

（4）国家生态文明试验区、国家公园体制试点地区等试点示范和重大生态工程建设地区。

（5）选聘建档立卡人员为生态护林员的地区。

7.2.4　存在问题

水土保持生态补偿理论的建立主要源于资源开采对植被、水、土地等资源造成破坏，导致水土的保持性逐渐降低，为此需要付出一定的经济代价。换句话说，就是对水土资源流失所产生的资源和生态环境破坏进行经济补偿。目前国家和地方虽然在水土保持治理项目、水土保持补偿费征收等方面开展了诸多探索，但在补偿方式、补偿标准、资金渠道等方面仍存在较多的问题，主要表现如下。

（1）流域横向水土保持生态保护补偿开展较少。目前我国的生态保护补偿探索较多采取国家、地方财政补偿和水土保持补偿费征收的形式，在现阶段这是基于现实的一个选择，但以流域为单元来看，上游地区采取水土保持措施后，会为下游提供丰富的水量和良好的水质，减轻河道淤积和防洪压力，缺乏相应的补偿。目前已开展的水土保持生态保护补偿没有考虑到跨区域（省、自治区、直辖市）的补偿，存在流域上下游、左右岸等区域之间不平衡的问题。随着不同流域或同一流域不同省（自治区、直辖市）的生态环境问题越来越突出，尤其是随着经济社会的快速发展，我国东部与中西部省（自治区、直辖市）的贫富差距越来越大，因水土流失所产生的生态保护补偿问题逐渐增多，仅仅依靠国家层面或省（自治区、直辖市）内的各项政策就不能完全解决，迫切需要研究推进跨区域、上下游之间的水土保持生态保护补偿。

（2）水土保持生态保护补偿方式单一且资金不足。虽然中央政府和地方政府水土保持投资总体呈增长趋势，但区域水土流失防治任务仍然十分艰巨且治理难度逐步增大。水土流失多发生在欠发达山区，地方和群众的经济力量薄弱，水土流失防治投入仍不能满足生态建设的需要，特别是水土流失重点预防区以管理费用投入为主，预防保护费用不足。目前水土保持生态保护补偿方式单一，主要是财政转移支付、财政补贴，政府补偿比重过大，市场化、多元化、横向补偿机制缺乏，难以形成全社会自觉保护资源和生态环境的意识；生产建设项目多通过征收水土保持补偿费的形式用于水土流失防治治理，但仍存在着部分生产建设项目逃避、拒绝缴纳水土保持补偿费，多由当地政府专设机构统一征收、统一使用，以及水利水保部门仅提供核算指标，没有体现专款专用原则等问题，制约了水土保持生态保护补偿工作的进一步开展。

（3）水土保持生态保护补偿基础研究薄弱。水土保持生态保护补偿是多元素融合的复杂工程，需要考虑不同主体、客体之间利益的协调，涉及补偿标准、途径、方式的考量。目前水土保持生态保护补偿的基础研究还相对薄弱，补偿标准制定缺乏科学依据，仅考虑当地经济发展水平以及企业承受能力等因素，缺乏对自然资源价值以及开发活动造成损失的考虑。水土保持生态保护补偿主客体不清楚，对于水土流失重点防治区内为生态保护和建设作出贡献或因生态保护丧失部分发展机会的企业、团体和个人考虑不足。另外，补偿标准、补偿方式不是固定不变的，应该根据区域特点、时间变化和地区间经济状况因地制宜、因时制宜。如生态环境恶化地区，因当地经济落后无力承担更多的生态环境建设资金，补偿标准应适当提高；生态环境建设初期与建设后期，资金投入也会存在较大差距，应予区别考虑。

7.3　补偿框架

依据水土流失发生发展特点、形态、相关群体利益关系和防治对策的不同，将水土保持生态保护补偿划分为三大类：预防保护类、生产建设类和治理类。各类水土保持生态保护补偿主要特征见表 7.5。

表 7.5   **各类水土保持生态保护补偿主要特征**

项目	特 征		
	预防保护类	生产建设类	治理类
水土流失特点	轻微； 潜在发生可能性大； 后果严重； 恢复难度大	生产建设活动造成； 过程短、强度大； 危害严重； 恢复难度大	比较严重； 历史造成； 危害大
水土流失形态	潜在发生	正在发生	已经发生
防治目标	维护现有水土保持功能	控制新增水土流失； 减少人为活动影响； 抑制水土保持功能受损	降低土壤侵蚀强度，修复已受损水土保持功能
防治对策	预防为主、保护优先	防治并重	综合治理
补偿流向	由受益者向保护者和受损者	由破坏者向受损者	由受益者向治理者
补偿依据	保护与生产发展的机会成本	人为水土流失造成的外部成本	水土流失的治理成本
主要补偿途径	受益者付费	破坏者付费	政府投入，社会参与
补偿性质	增益	抑损	增益
制度安排	激励	约束	激励

7.3.1   预防保护类和治理类水土保持补偿机制

7.3.1.1   适用范围

预防保护类和治理类水土保持生态保护补偿（简称"防治类水土保持生态保护补偿"）主要适用范围为水土流失重点防治区。根据《全国水土保持规划国家级水土流失重点预防区和重点治理区复核划分成果》（办水保〔2013〕188 号），国家级水土流失重点预防区涉及全国 460 个县，面积 43.92 万 km²；国家级水土流失重点治理区 17 处，涉及 631 个县，面积 49.44 万 km²。此后，各省（自治区、直辖市）也相继公布了省级水土流失重点防治区。国家级水土流失重点预防区详见表 7.6，国家级水土流失重点防治区详见表 7.7。

表 7.6 国家级水土流失重点预防区

重点预防区名称	涉及县个数	涉及县面积/km²	重点预防区面积/km²
大小兴安岭国家级水土流失重点预防区	28	256910	31481.6
呼伦贝尔国家级水土流失重点预防区	7	90386.7	25247.3
长白山国家级水土流失重点预防区	21	85435	25764.2
燕山国家级水土流失重点预防区	27	85537.2	17505.3
祁连山-黑河国家级水土流失重点预防区	11	197607.9	8055.9
子午岭-六盘山国家级水土流失重点预防区	26	42468	8298
阴山北麓国家级水土流失重点预防区	6	146159	25791.6
桐柏山大别山国家级水土流失重点预防区	25	53052.4	8001
三江源国家级水土流失重点预防区	22	404059.5	64087.6
雅鲁藏布江中下游国家级水土流失重点预防区	18	101308.3	10404.7
金沙江岷江上游及三江并流水土流失重点预防区	42	299196.2	99027.8
丹江口库区及上游国家级水土流失重点预防区	43	115070.6	29363.1
嘉陵江上游国家级水土流失重点预防区	20	61105.7	7394.6
武陵山国家级水土流失重点预防区	19	50724	5402.2
新安江国家级水土流失重点预防区	10	17181.4	4606.3
湘资沅上游国家级水土流失重点预防区	33	68517	8592
东江上中游国家级水土流失重点预防区	12	29211.4	7679.7
海南岛中部山区国家级水土流失重点预防区	4	7113	2760
黄泛平原风沙国家级水土流失重点预防区	34	38503.1	3281.1
阿尔金山国家级水土流失重点预防区	2	336625	2604.7
塔里木河国家级水土流失重点预防区	18	382289	12113.7
天山北坡国家级水土流失重点预防区	25	387103.466	29077.2
阿勒泰山国家级水土流失重点预防区	7	88473.7	2669.7
合　　计	460	3344037.6	439209.3

表 7.7 国家级水土流失重点治理区

重点治理区名称	涉及县个数	涉及县面积/km²	重点治理区面积/km²
东北漫川漫岗国家级水土流失重点治理区	69	190682.8	47297.2
大兴安岭东麓国家级水土流失重点治理区	14	120558.4	33202.5

续表

重点治理区名称	涉及县个数	涉及县面积 /km²	重点治理区面积/km²
西辽河大凌河中上游国家级水土流失重点治理区	28	129357.9	47736.3
永定河上游国家级水土流失重点治理区	31	50048.6	15873.2
太行山国家级水土流失重点治理区	48	68412.5	25639.7
黄河多沙粗沙国家级水土流失重点治理区	70	226425.6	95597.1
甘青宁黄土丘陵国家级水土流失重点治理区	48	95369.6	33024.7
伏牛山中条山国家级水土流失重点治理区	26	36478.3	11373.5
沂蒙山泰山国家级水土流失重点治理区	24	35818.0	9954.9
西南诸河高山峡谷国家级水土流失重点治理区	28	89842.9	20391.0
金沙江下游国家级水土流失重点治理区	38	89346.9	25512.9
嘉陵江及沱江中下游国家级水土流失重点治理区	30	57722.9	20663.8
三峡库区国家级水土流失重点治理区	18	51513.6	17688.5
湘资沅中游国家级水土流失重点治理区	26	43197.2	7585.5
乌江赤水河上中游国家级水土流失重点治理区	32	81618.5	25485.5
滇黔桂岩溶石漠化国家级水土流失重点治理区	57	155772.6	42488.3
粤闽赣红壤国家级水土流失重点治理区	44	114288.6	14864.0
合　计	631	1636454.9	494378.6

从已划定的水土流失重点防治区看,主要包括江河源头区、江河上游水源涵养区、重要饮用水水源保护区,以及对国家和区域生态安全具有重要作用的区域,这些地区的共同特点是植被覆盖度高、水土流失轻微、生态环境良好,但多为山高坡陡、地形起伏较大、降雨集中、土层瘠薄、土质疏松,具有发生水土流失的潜在危险。在水土流失重点防治区内,人类各项经济活动必须符合《中华人民共和国水土保持法》的有关规定。

国家级水土流失重点防治区的补偿范围,按水利部已公布的国家级水土流失重点防治区范围。省级水土流失重点防治区范围由省级人民政府划定。

7.3.1.2　补偿主体与补偿对象

水土流失重点防治区多属于限制与禁止开发区,其生态环境问题的社会性和环境保护的公益性特征突出,对水土流失重点防治区进行保护与治

189

理是政府的职责，各级人民政府作为水土流失重点防治区的保护主体已基本形成共识。水土流失重点防治区的生态效益作为准公共物品，所带来的益处是区域或全体人民共同享有的，其利益代表者是中央或省级人民政府。根据我国行政管理体制，国家级水土流失重点防治区的补偿主体应是中央人民政府，各省级水土流失重点防治区的补偿主体应是当地省级人民政府。

补偿对象为水土流失重点防治区内承担生态保护责任的地方政府、丧失部分发展机会或为水土流失重点防治区的生态保护和建设作出贡献的企业、团体和个人。

7.3.1.3　补偿标准分析测算

为了维护国家和区域生态安全，促进经济社会可持续发展，对涵养水源、保护水土重要的区域，禁止或限制人为活动对自然生态的干扰或破坏，实施封山禁牧、草场封育轮牧、生态修复等措施，维持和提高区域水土保持生态系统服务功能。对区域内居民由于水土保持而增加的成本或丧失发展的机会成本，应给予补偿。预防保护补偿总额度应不低于预防保护直接投入成本，适当考虑发展机会成本。

直接投入成本主要包括预防保护行动直接投入的人、财、物的成本，含管护费，包括管护人员工资，材料费（如拦护网、标志牌、工具等）、日常运行费（通信、交通等）；生态林或补植补种，苗木、人工费等；宣传培训费，宣传标语、手册等；病虫害防治、防火费；舍饲圈养费；能源替代费；基本农田改造费；小型水利水保设施费；生态移民费等。

机会成本主要考虑生存成本和经济发展机会成本。生存成本是指当地群众为了预防保护而放弃的生存机会，主要考虑维持当地群众基本生计的成本，补偿标准以每人每年所需基本生活资料确定。经济发展机会成本一般采用参考对比法，补偿标准影响因素比较复杂，在具体确定标准时，还应充分考虑当地资源潜力、区位条件和水土流失重点防治区重要程度等因素。

具体补偿标准的确定，在考虑直接投入成本与机会成本外，可选取具有代表性的小流域作为计算单元，以计算单元面积所占比例为权重来推算区域补偿标准。

7.3.1.4　补偿方式

预防保护类和治理类水土保持生态保护补偿可以采用资金投入、启动绿色项目、制定优惠政策、进行产业扶持以及受益区提供就业机会、引导劳务输出等手段，促进当地产业结构调整和升级，减小群众生产生活对土地的依赖程度，维护和巩固预防保护与治理成果。

1. 政府主导

（1）纵向补偿。指上级政府向水土流失重点防治区的补偿。上级政府出于生态安全保障的需要，设定水土流失重点防治区，组织制定水土保持规划，提出水土流失预防与治理行动的目标和任务，并将水土保持直接投入和适当考虑的机会成本一并纳入财政预算。除了通过安排专门的预防保护与治理项目外，还可以通过专项财政转移支付（主要用于促进水土流失重点防治区当地产业结构调整而建立的项目）和一般性财政转移支付（主要解决水土流失重点防治区公共服务问题）来实现补偿。

（2）横向补偿。受益区政府向水土流失重点防治区补偿。主要通过受益区政府对水土流失重点防治区政府的专项财政转移支付或者共同设立专项保护基金来实现补偿。资金可从受益区地方财政收入、基金、征收专门事业收费（或提高水资源费、水价标准）等方面筹措。

（3）部门补偿。特定经济主体向水土流失重点防治区补偿。享受水土流失重点防治区水土保持效益的特定经济主体，如重庆市水利水电开发企业从其营业收入中按一定比例提取资金，设立专用账户，由企业自主支配用于水土流失重点防治区的预防保护；企业缴纳一定比例的补偿费，由当地政府统筹管理，用于水土流失重点防治区的预防保护与治理；政府、企业和社会联合设立保护基金，对水土流失重点防治区进行补偿。

2. 市场主导

水土保持生态保护补偿的主体与对象，借助市场机制，就补偿方式和额度进行平等的协商、谈判，最终达成协议，实现补偿。借鉴国内外经验，可以采取泥沙指标交易和生态产品认证实现补偿。

（1）泥沙指标交易。河流泥沙含量是衡量区域水土保持生态功能强弱的一个重要指标，同时也是衡量江河湖海面源污染的一个重要指标，而且河流泥沙含量和污染物易于监测。根据国际碳交易、配额交易、许可证交易等成功经验，可以尝试建立泥沙指标交易机制，在分配不同区域泥沙指标配额的基础上，通过市场交易的方式实现补偿。设立泥沙指标确认和登记机构，确定不同区域河流泥沙允许指标，定期和不定期组织河流泥沙监测，向社会发布河流泥沙公报，作为泥沙指标交易的依据。建立交易市场，对于泥沙指标有可能超标的区域，一方面可以采取积极的预防保护措施，降低泥沙含量；另一方面可以通过市场交易方式向其他区域购买泥沙指标。

（2）生态产品认证。对因从事有利于维护水土流失重点防治区水土保持功能的生产经营活动而生产的产品，在各项指标符合相关行业要求的前提下，可以进行生态产品认证，引导消费者的选择，在市场上取得高于平均价格的价差，来实现对生态保护和建设主体的补偿。

7.3.2 生产建设类水土保持补偿机制

7.3.2.1 水土流失特点[54]

生产建设活动是一项物质活动，为人类创造物质财富，提供物质产品和服务。一般来说，以资源开发和基础设施建设为主的生产建设活动都会扰动地表、排放废弃固体物、构筑各种人工地貌，造成水土资源的破坏和损失，加剧土壤侵蚀。生产建设活动造成水土流失的主要特点是：与人类扰动地表程度密切相关，时空集中且流失强度大，成因复杂，危害重，恢复难度大，同时与生态破坏与环境污染相伴，与特定社会文化密切相关。

7.3.2.2 补偿目标

生产建设类水土保持生态保护补偿的核心就是要协调生产建设活动和水土保持之间的矛盾，实现 3 个目标：①把生产建设活动形成的水土流失外部成本内部化，让生产建设活动主体对其损坏或者消耗的水土保持功能付费，变生态环境资源无偿使用为有偿使用，促使企业改进生产工艺，提高管理水平，从而实现控制生产建设活动水土流失的目的；②促进生产建设单位积极治理生产建设活动已经造成的水土流失，及时恢复已受损的水土保持功能；③为大范围的水土保持和生态修复筹措资金，起到以工补农、以工补生态的作用。

7.3.2.3 补偿主体与补偿对象

生产建设活动主体在获取经济收益的同时，引发水土流失，导致生态环境恶化，增加了其他社会成员的生产生活成本，这是生产建设活动的外部成本。如果外部成本不能内部化，在经济利益驱动下，会助长生产建设活动主体对水土资源的滥用和对生态环境的破坏。因此，生产建设活动主体应该承担水土保持补偿责任。在实践中，承担生产建设项目的施工单位也有可能成为补偿主体。

从社会系统内部的利益关系分析，补偿对象可以理解为因水土保持功能降低或丧失受到直接和间接影响的社会成员。

7.3.2.4 补偿标准分析测算

生产建设类水土保持生态保护补偿主要是通过提高生产建设活动的成本，促使生产建设主体承担防治水土流失的责任和造成水土流失的损失，进而约束滥用水土资源和破坏生态环境的行为，维持区域水土保持功能的总体平衡。因此，生产建设类补偿应该包含生产建设活动水土流失防治成本、水土保持功能损失补偿费用，以及因其生产建设活动受到水土流失侵害的权利人经济补偿。

（1）防治成本。水土保持防治措施包括工程措施、植物措施和临时措施。因此，在计算时要综合考虑防治措施成本。另外，还要考虑水土保持防护运行费用。

（2）水土保持功能损失的价值。水土保持功能损失的价值可以通过功能降低或丧失带来的经济损失。在标准确定时，还需考虑当地经济发展水平以及支付意愿等因素。

7.3.2.5 补偿方式

1. 征收水土保持补偿费

对生产建设主体，按照水土保持功能降低或丧失造成的价值损失，由政府机关强制征收水土保持补偿费，将生产建设活动造成的部分水土保持外部成本纳入生产建设成本。这种补偿是一种以政府为主导的补偿方式。生产建设活动对区域生态系统水土保持功能的影响巨大，而且它往往危害的不是某个具体的个体，而是整个社会，不是某一代人，而是几代人甚至几十代人。生产建设活动的这部分外部性，由于产权的难以界定和难以分割，以及交易主体的不确定性，无法通过市场主体的交换来解决。政府作为全社会利益的代表可以通过向生产建设单位征收水土保持补偿费，来消除生产建设活动所造成的这部分社会成本。

2. 督促企业自行防治

督促企业自行防治这种补偿是在政府的监管下由企业自主完成的，是一种政府和市场共同作用的补偿方式。政府可以对企业防治水土流失的标准提出要求。政府按照事先设定的目标和技术规范对企业在生产建设中可能对水土保持所产生的影响进行评估，以确定是否同意其开发行为。对企业制订的水土保持方案进行审批，并监督其诸实施。企业则按照审批的水土保持方案防治项目建设过程造成的水土流失，保证水土保持设施与主体工程同时设计、同时施工、同时投产使用，水土保持设施经政府验收通过后主体工程方可投产使用。为了确保企业防治水土流失的效果，可以实行水土流失防治保证金制度，由企业自提自留自用，政府监管。对拒不治理或因技术等原因不便自行治理的生产建设单位，可由政府组织或者委托相关单位治理，所需费用由生产建设单位承担。这种补偿方式较为直接，在政府的监管下由企业直接治理修复已经产生水土流失的生态系统。

7.4　相关建议

目前，我国水土保持生态保护补偿机制正处于起步阶段，迫切需要对重点领域、关键环节进行完善，强化理论支撑和资金支持，有效确保水土保持生态保护补偿机制顺利进行落实，从而促进我国经济社会稳步发展。

（1）探索建立区域横向水土保持生态保护补偿机制。目前我国的生态保护补偿探索较多地集中于政府纵向补偿，难以满足解决不同地区、不同流域的区际生态环境问题的要求，应探索建立跨区域、上下游之间横向水土保持补偿机制。对于具备条件开展流域上下游横向综合生态保护补偿机制的区域，将水土流失重点防治区的补偿纳入流域上下游横向综合生态保护补偿中统筹考虑，增设水土保持相关指标，将其作为开展流域综合生态保护补偿资金筹集、分配和考核的依据。对于暂不具备条件建立流域上下游综合横向生态保护补偿机制的流域，可以水土流失重点防治区为试点，逐步探索开展跨区域、上下游之间横向水土保持补偿，待条件成熟时，参考上述做法推动全流域建立综合生态保护补偿机制，并将水土流失重点防治区纳入统筹范围。

（2）加强水土保持补偿费的征缴力度。对于开展生产建设项目或者从事其他生产建设活动损害原有水土保持功能的，应通过加大宣传、健全体制、加强监督管理等方式，加强水土保持补偿费的征缴力度。主要包括以下措施：

1）加强水土保持补偿费征缴工作宣传。通过召开座谈会、发放宣传册、上门讲解、报刊、电视和网络媒体宣传等方式，加强对生产建设单位的宣教工作，着重介绍水土保持补偿费征缴工作的意义及对拒不缴纳、拖延拖欠水土保持补偿费义务人的处罚措施，提升缴纳义务人主动缴纳水土保持费的意识，为开展好水土保持工作、及时全面足额征缴水土保持补偿费提供良好的社会舆论环境。

2）加强水土保持工作队伍力量。适度增加水土保持机构工作经费及人员，解决执法队伍工作设备的配备问题，加强工作人员的学习培训工作，提升工作人员的积极性；同时，切实增强工作人员主动担当、主动作为的意识，加强日常巡查工作力度，对推延拖欠水土保持补偿费的生产建设单位及时发出催缴通知书，仍拒不缴纳的，要严格按照《中华人民共和国水土保持法》及《水土保持补偿费征收使用管理办法》等相关法律法规，依法严肃追究其法律责任。

3）切实落实生产建设项目信息共享机制。要提高水土保持补偿费征收率，就要从源头抓好生产建设项目信息共享机制工作。通过搭建生产建设项目审批数据共享平台，使水行政主管部门能够及时了解掌握生产建设项目前期工作进度，消除工作中的盲点，确保在规定的期限足额征收生产建设项目水土保持补偿费。

4）加强水土保持生态保护补偿金使用监管。建立监督管理部门，对生态保护补偿工作进行监督，对不按照要求进行工作的个人或者团体进行处理。

（3）扩宽水土保持生态保护补偿的资金渠道。水土保持生态保护补偿的主要途径是政府纵向财政拨款，一部分来自于国家财政补助，另一部分来自于行政事业性收费，补偿途径狭窄。应优化补偿制度，建立以政府资金补偿为主、市场补偿为辅、社会补偿为补充的补偿方式。主要包括以下措施：

1）要做好与森林生态保护补偿、草原生态保护补偿、重点区域生态保护补偿的衔接。水土保持生态保护补偿涉及要素、行业众多，有重点生态功能区转移支付、草原生态保护补助奖励、国家级公益林森林生态效益补偿机制等，应做好与现行补偿机制的有效衔接，统筹考虑和安排资金，合理开展水土保持生态保护补偿。

2）从受益区财政收入中提取一定比例，补偿上游水土保持水源涵养区，开展水土流失防治和生态建设。上游地区为保护水土资源，进行产业调整，控制和限制依赖土地的生产项目，保护自然植被，经济社会发展受到了损失，下游地区则应按其提供的资源、生态环境价值给予补偿，具体做法可参考本小节的第1条建议。

3）从水利水电企业的收入中提取一定比例，建立水土保持补偿资金。水利水电工程防洪、发电、灌溉、供水等效益的大小，与库区和上游水土流失状况、径流和泥沙量等直接相关，水土保持做好了就可长期稳定发挥效益。反之，若水土流失不断恶化，工程使用寿命将缩短，效益难以发挥，有的甚至成为病险工程。从大中型水库的供水水价、水力发电上网电费年收入总额中提取治理补偿资金，是资源使用并受益者占用、使用公共资源所付出的补偿，可以增强资源使用者保护资源、节约资源的意识，同时将补偿费用于库区和上游水土保持和生态保护等社会公共事业，符合社会公平原则和资源有价原则。

4）通过绿色生态产品认证的方式，进行水土保持生态保护补偿。对因从事有利于维护水土流失重点防治区水土保持功能的生产经营活动而生产的产品，在各项指标符合相关行业要求的前提下，可以进行生态产品认证，引导消费者的选择，在市场上取得高于平均价格的价差，来实现对保护者的补偿。

（4）做好水土保持生态保护补偿的基础支撑工作。水土保持生态保护补偿涉及范围广、涉及要素多，具有一定的特殊性和复杂性，应从以下方面做好水土保持生态保护补偿的基础支撑工作，为我国水土保持补偿分类试点及逐步推广，尽快建立和实施水土保持生态保护补偿制度提供基础支撑，以加快我国水土流失防治，促进资源、生态环境与经济社会的协调发展。

1）加强水土保持监测。全面优化水土保持监测站网布局，加强对水土流失重点防治区的雨量、土壤侵蚀、植被覆盖度监测，推动水土保持监测站自动化现代化升级改造。共享获取国内外、多行业的卫星、雷达等监测数据，加强生产建设活动水土保持卫星遥感监测，组织生产建设活动扰动图斑遥感影像解译，核查疑似违法违规图斑。

2）建立水土保持数据库。积极推动水土保持监测数据及时入库，建立水土保持监测评价系统，实现水土保持监测数据的快速评估。完善生产建设项目水土保持管理系统，加强对生产建设项目造成的水土流失监管，为快速、及时、准确征收水土保持补偿费奠定基础。

3）加强水土保持生态保护补偿科学研究。应充分结合当地实际，研究选取适宜的水土保持生态保护补偿标准、补偿方式以及考核指标，因地制宜地推动构建与当地区域自然资源和生态环境服务相适应、易于操作的水土保持生态保护补偿方案。此外，应根据经济社会发展水平和特点，建立水土保持生态保护补偿动态调整机制，激励和推动各地生态环境保护工作有序开展。

第 8 章

蓄滞洪区生态保护补偿

8.1 基本情况

　　我国洪涝灾害频发，主要江河中下游地区一般地势低平，普遍存在洪水峰高量大与河道渲泄能力不足的矛盾，这些地区人口众多、经济发达，防洪保安压力大，仅靠河道、水库和堤防等防洪工程难以确保重点地区防洪安全。为此，在沿江河低洼地区和湖泊等地开辟了蓄滞洪区，用于分蓄江河超额洪水、削减洪峰，成为保护重点地区和重要防洪保护对象防洪安全、减轻灾害的有效措施。

　　根据蓄滞洪区在防洪体系中的地位、作用、运用概率、调度权限以及所处地理位置等因素，将蓄滞洪区分为国家蓄滞洪区和地方蓄滞洪区。国家蓄滞洪区是指列入国务院或者国务院水行政主管部门批准的防洪规划或者防御洪水方案，在大江大河防洪体系中作用重要，直接影响干流洪水安排，关系流域全局防洪安全；或者位置重要，省际关系、省际矛盾突出，需要国家进行协调和调度，运用后国家予以补偿的蓄滞洪区。地方蓄滞洪区是指国家蓄滞洪区以外，列入区域、防洪等规划或防御（调度）洪水方案的蓄滞洪区。

　　根据 2009 年印发的《全国蓄滞洪区建设与管理规划》，将蓄滞洪区分为重要蓄滞洪区、一般蓄滞洪区、蓄滞洪保留区 3 类。2010 年，经国务院同意，水利部公布了《国家蓄滞洪区修订名录（2010 年）》，修订后的国家蓄滞洪区共有 98 处（表 8.1），分布在长江、黄河、淮河、海河、松花江、珠江等主要江河，涉及北京、天津、河北、江苏、安徽、江西、山东、河南、湖北、湖南、吉林、黑龙江和广东 13 个省（直辖市）。国家蓄滞洪区大多数位于江河流域中下游地区，蓄洪面积 3.4 万 km^2，设计蓄洪容积 1090 亿 m^3。

表 8.1　　　　　　　　　　　国 家 蓄 滞 洪 区 名 录

序号	蓄滞洪区名称	所在河流	所在县（市、区）	分类	规划启用标准/×年一遇	面积/km^2
1	荆江分洪区	长江	公安县	重要	100	920.6
2	涴市扩大区	长江	荆州区、松滋市	保留	100	94.37
3	虎西备蓄区	长江	公安县	保留	100	74.45
4	人民大垸	长江	石首市、监利市	保留	100	348.85
5	澧南垸	洞庭湖	澧县	重要	10～20	33.58
6	九垸	洞庭湖	澧县	一般	10～20	47.67
7	西官垸	洞庭湖	澧县	重要	10～20	74
8	安澧垸	洞庭湖	安乡县	保留	30～100	136.48
9	安昌垸	洞庭湖	安乡县	保留	100	117.91
10	安化垸	洞庭湖	安乡县	保留	100	87.32
11	南顶垸	洞庭湖	南县	保留	100	45.94
12	和康垸	洞庭湖	南县	保留	100	96.1
13	南汉垸	洞庭湖	南县	保留	100	97.56
14	集成安合	洞庭湖	华容县	保留	100	130.77
15	围堤湖	洞庭湖	汉寿县	重要	10～20	33.9
16	六角山	洞庭湖	汉寿县	保留	30～100	18.36
17	民主垸	洞庭湖	资阳区、沅江市	重要	10～20	210.28
18	城西垸	洞庭湖	湘阴县	重要	10～20	109.86
19	义合垸	洞庭湖	湘阴县	保留	20～100	14.99
20	北湖垸	洞庭湖	湘阴县	保留	20～100	35.99
21	屈原农场	洞庭湖	屈原管理区、汨罗市、湘阴县	一般	10～20	207.85
22	共双茶	洞庭湖	沅江市	重要	10～20	269.55
23	大通湖东	洞庭湖	南县、华容县	重要	10～20	215.18
24	钱粮湖	洞庭湖	华容县、君山区	重要	10～20	465.18
25	建新农场	洞庭湖	君山区	一般	10～20	45.72
26	建设垸	洞庭湖	君山区	重要	10～20	100.65

序号	蓄滞洪区名称	所在河流	所在县（市、区）	分类	规划启用标准/×年一遇	面积/km²
27	君山农场	洞庭湖	君山区	保留	30～100	90.32
28	江南陆城	长江	临湘市	一般	20～30	188.05
29.1	洪湖东分块	长江	洪湖市	重要	20～30	873.7
29.2	洪湖中分块	长江	洪湖市、监利县	一般	50	1053.09
29.3	洪湖西分块	长江	洪湖市、监利县	保留	100	858.19
30	杜家台	长江	汉南区、武汉经济技术开发区、蔡甸区、仙桃市	重要	10	603.02
31	西凉湖	长江	嘉鱼县、赤壁市、江夏区	一般	20～30	1085.61
32	东西湖	长江	东西湖区	保留	50	431.6
33	武湖	长江	新洲区、黄陂区	一般	20～30	305.15
34	张渡湖	长江	新洲区	一般	20～30	438.32
35	白潭湖	长江	黄州区、团风县	一般	20～30	261.83
36	康山圩	鄱阳湖	余干县	重要	20～30	298.24
37	珠湖圩	鄱阳湖	鄱阳县	一般	20～30	153.08
38	黄湖圩	鄱阳湖	南昌县	一般	20～30	49.26
39	方洲斜塘	鄱阳湖	新建县	一般	20～30	34.11
40	华阳河	鄱阳湖	龙感湖管理区（农场）、黄梅县、宿松县、太湖县、望江县	一般	20～30	1594.26
41	荒草二圩	滁河	全椒县	一般	10	4.4
42	荒草三圩	滁河	全椒县	一般	10	7.1
43	蒿子圩	滁河	南谯区	一般	20	3.9
44	汪波东荡	滁河	来安县	一般	20	4.1
45	东平湖	黄河	梁山县、东平县	重要	30	627
46	北金堤	黄河	长垣市、濮阳县、范县	保留	1000	2316
47	蒙洼	淮河	阜南县	重要	10	180.4
48	南润段	淮河	颍上县	一般	20	10.7
49	城西湖	淮河	霍邱县	重要	20	517
50	邱家湖	淮河	颍上县、霍邱县	重要	10	36.97
51	姜唐湖	淮河	颍上县、霍邱县	重要	10	145.95

续表

序号	蓄滞洪区名称	所在河流	所在县（市、区）	分类	规划启用标准/×年一遇	面积/km²
52	城东湖	淮河	裕安区、霍邱县	重要	20	380
53	寿西湖	淮河	寿县	重要	16	119.2
54	瓦埠湖	淮河	长丰县、田家庵区、谢家集区、寿县	一般	20	776
55	董峰湖	淮河	凤台县、毛集区实验区	一般	15	38.3
56	汤渔湖	淮河	潘集区、怀远县	重要	20	67.9
57	荆山湖	淮河	怀远县、禹会区	重要	15	66.5
58	花园湖	淮河	五河县、凤阳县、明光市	重要	20	208.2
59	洪泽湖周边（含鲍集圩）	淮河	宿城区（洪泽湖农场）、泗洪县、泗阳县；淮阴区、盱眙县（三河农场）、洪泽区	一般	>50	1629.5
60	杨庄	洪汝河	西平县	一般	3	82
61	老王坡	洪汝河	西平县	一般	2~3	121.3
62	蛟停湖	洪汝河	新蔡县、平舆县、正阳县	一般	>5	48.7
63	泥河洼	沙颍河	舞阳县	一般	3	103
64	老汪湖	奎濉河	埇桥区、灵璧县	一般	2~3	65
65	南四湖湖东	里运河	微山县、滕州市、邹城市、薛城区	一般	>50	232
66	大逍遥	沙颍河		一般	>20	92
67	黄墩湖	里运河	邳州市、睢宁县、宿豫区	一般	50	355.1
68	小清河分洪区	大清河	涿州市、房山区、丰台区	重要	100（永定河） 5（北拒马河）	335
69	永定河泛区	永定河	永清县、广阳区、安次区、大兴区、武清区、北辰区	重要	3~20	487
70	三角淀	永定河	武清区、北辰区	保留	>100	59.86
71	大黄铺洼	北运河	宝坻区、武清区、宁河区	一般	20	273.71
72	青甸洼	蓟运河	蓟州区	一般	10	151.95
73	黄庄洼	潮白河	宝坻区、宁河区	一般	10	348.27

续表

序号	蓄滞洪区名称	所在河流	所在县（市、区）	分类	规划启用标准/×年一遇	面积/km²
74	盛庄洼	蓟运河	玉田县、宁河区	一般	10	12.5
75	兰沟洼	大清河	高碑店市、定兴县、涿州市	一般	30	228
76	白洋淀	大清河	安新县、高阳县、徐水区、清苑区、容城县、雄县、任丘市	重要	10	1191
77	东淀	大清河	霸州市、文安县、静海县、西青区	重要	<5	378.76
78	文安洼	大清河	文安县、大城县、任丘市、静海区	重要	约25	1556.5
79	贾口洼	大清河	大城县、青县、静海区	重要	约25	911.13
80	团泊洼	大清河	静海区、滨海新区	保留	>200	695.05
81	宁晋泊	子牙河	任泽区、隆尧县、巨鹿县、平乡县、广宗县、宁晋县、柏乡县、大曹庄管理区	重要	<5	1460
82	大陆泽	子牙河	任县、隆尧县、巨鹿县、南和区、平乡县	重要	<5	581
83	永年洼	子牙河	永年区	一般	3	16.03
84	献县泛区	子牙河	献县、饶阳县、武强县	重要	10	331.4
85	良相坡	漳卫河	卫辉市、淇县	一般	5	81
86	柳围坡	漳卫河	卫辉市、浚县	一般	30	78.5
87	长虹渠	漳卫河	浚县、滑县	一般	>20	72.4
88	白寺坡	漳卫河	浚县、滑县	一般	10	129
89	共渠西	漳卫河	浚县	一般	5	94.86
90	小滩坡	漳卫河	浚县、内黄县	保留	>50	93.19
91	任固坡	漳卫河	汤阴县、内黄县	保留	>50	167.83
92	广润坡	漳卫河	汤阴县、安阳县、内黄县、安阳新区、文峰区	一般	20	152.79
93	崔家桥	漳卫河	安阳县	一般	20	74.54
94	大名泛区	漳卫河	大名县、魏县	一般	30	371
95	恩县洼	漳卫河	武城县	重要	30	325
96	潖江	北江	清城区、佛冈县	一般	20	79.8
97	月亮泡	洮儿河	大安市、镇赉县	一般	100	686
98	胖头泡	松花江	肇源县	一般	100	1994

（1）重要蓄滞洪区。在保障流域和区域整体防洪安全中地位和作用十分突出，涉及省际防洪安全，对保护重要城市、地区和重要设施极为重要，由国务院、国家防汛抗旱总指挥部或流域防汛抗旱总指挥部调度，运用概率较高的蓄滞洪区。

（2）一般蓄滞洪区。对保护重要支流、局部地区或一般地区的防洪安全有重要作用，由流域防汛抗旱总指挥部或省级防汛指挥机构调度，运用概率相对较低的蓄滞洪区。

（3）蓄滞洪保留区。为防御流域超标准洪水而设置的蓄滞洪区，以及运用概率低、但暂时还不能取消仍需要保留的蓄滞洪区。

蓄滞洪区是流域防洪减灾体系的重要组成部分，在防御流域大洪水中发挥了削减洪峰、蓄滞超额洪水的重要作用，为保障主要江河中下游重要城市和重要防洪地区的安全作出了巨大贡献。据统计，1950—2021 年，98 处国家蓄滞洪区中有 66 处累计启用 424 次，滞蓄洪量超 1400 亿 m^3（图 8.1）。其中，淮河、海河和长江流域蓄滞洪区启用相对频繁，分别达到 211 次、146 次、53 次，对于蓄滞洪区运用补偿的探索也相较其他流域更多。

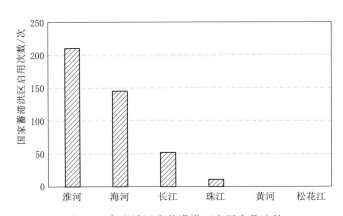

图 8.1 各流域国家蓄滞洪区启用次数比较

相对其他类型而言，蓄滞洪区生态保护补偿作为水流生态保护补偿的一种新类型，具有其自身特点。蓄滞洪区生态保护补偿是基于最大限度保障流域和区域防洪安全、改善提升蓄滞洪区区内居民生活水平的客观需要而提出的，通常不是对资源或环境破坏的一种补偿，而是国家从资金、实物、政策等方面对蓄滞洪区发展滞后给予的扶持或特殊优惠政策[55]。

2000 年以前，蓄滞洪区运用后国家只对分洪区的群众给予低标准的补助和救济。随着经济社会的发展，蓄滞洪区内经济社会也得到迅速发展，分蓄洪水造成的损失越来越大，蓄滞洪区的分洪运用决策也越来越难。为了保证及时有效地运用蓄滞洪区、维护人民群众的合法权益、保障社会安定，2000 年国务院通过《蓄滞洪区运用补偿暂行办法》（中华人民共和国国务院令第 286 号），明确了蓄滞洪区运用补偿机制。补偿政策实施后，国家先后对 21 处蓄滞洪区进行了补偿，累计发放运用补偿资金 26.3 亿元。安徽、河南、湖南、湖北等多省多次按照《蓄滞洪区运用补偿暂行办法》规定，对蓄滞洪区运用进行损失补偿。补偿政策的落实为保障蓄滞洪区内居民基本生活、促进蓄滞洪区恢复农业生产及确保蓄滞洪区及时有效运用，发挥了重要的作用。

《蓄滞洪区运用补偿暂行办法》是各流域和省市开展蓄滞洪区运用补偿的首要依据。如 2003 年，长江流域在该办法颁布后首次利用澧南垸主动分洪，分洪后，通过核查确定为该蓄滞洪区提供补偿资金 2898.61 万元，中央承担 70%，湖南省财政分担 30%。

目前，在蓄滞洪区运用补偿以外，尚未出台有针对性的生态补偿政策和设立相应补偿资金，蓄滞洪区生态保护补偿工作尚未启动，蓄滞洪区生态保护补偿运作模式尚在探索阶段。

8.2 补偿实践探索

法律层面规定国务院和有关人民政府应对蓄滞洪区滞洪后给予扶持、补偿和救助，针对国家级蓄滞洪区，国家和有关省市先后出台一系列有关蓄滞洪区运用补偿的法律法规及政策文件（表 8.2）。

8.2.1 国家层面

2016 年修正的《中华人民共和国防洪法》是目前关于蓄滞洪区运用补偿制度的最高法律依据。其中，第七条明确"各级人民政府应当对蓄滞洪区予以扶持；蓄滞洪后，应当依照国家规定予以补偿或者救助"。第三十二条明确"因蓄滞洪区而直接受益的地区和单位，应当对蓄滞洪区承担国家规定的补偿、救助义务。国务院和有关的省、自治区、直辖市人民政府应当建立对蓄滞洪区的扶持和补偿、救助制度。国务院和有关的省、自治区、直辖市人民政府可以制定洪泛区、蓄滞洪区安全建设管理办法以及对

蓄滞洪区生态保护补偿政策法规文件

表 8.2

层面	年份	颁布机关	政策法规名称	文件号	主要内容	备注
中央	2000	国务院	《蓄滞洪区运用补偿暂行办法》	国务院令第286号	对于国家蓄滞洪区，在蓄滞洪区运用后，依照本办法的规定获得补偿，并针对对农作物、专业养殖和经济林水毁损失，住房水毁损失以及家庭转移用消费品水毁损失分别明确了滞洪区运用后的补偿标准	蓄滞洪区运用补偿资金由中央财政和蓄滞洪区所在地的省级财政共同承担；具体承担比例由国务院财政主管部门根据蓄滞洪区的实际损失和省级财政收入水平拟定，报国务院批准
	2006	财政部	《国家蓄滞洪区运用财政补偿资金管理规定》	财政部令第37号	对国家蓄滞洪区运用财政补偿资金使用和管理进行规定	
	2006	国务院办公厅	《关于加强蓄滞洪区建设与管理的若干意见》	国办发〔2006〕45号	国家蓄滞洪区运用的基本生活，尽快恢复农业生产所设立的专项资金。国家蓄滞洪区运用损失由中央财政和省级财政共同给予补偿。其他蓄滞洪区运用补偿资金由中央财政和省级财政专项安排	
	2007	水利部	《蓄滞洪区运用补偿核查办法》	水汛〔2007〕72号	蓄滞洪区运用补偿核查内容、方法和程序，为蓄滞洪区运用规范流域管理机构开展流域内国家蓄滞洪区运用补偿核查工作提供了依据	
	2012	财政部、国家发展改革委、水利部	《黄河下游滩区运用财政补偿资金管理办法》	财农〔2012〕440号	补偿范围：滩区运用后区内居民遭受洪水淹没所造成的农作物（不含秋播的水果林木及其他林木）和房屋（不含搭建的附属建筑物）损失，在淹没范围内的给予一定补偿。补偿标准：农作物损失补偿标准，按滩区所在地县级统计部门上报的前三年（不含运用年份）同季主要农作物单产年均产值，按区内部分损失价值的60%~80%核定；居民住房损失补偿标准，按主体部分损失价值的70%核定；居民住房所在地的省级财政部门会同有关部门确定	补偿资金比例：中央和省级财政4:1

续表

层面	年份	颁布机关	政策法规名称	文件号	主要内容	备注
中央	2014	国务院	《关于全面深化农村改革加快推进农业现代化的若干意见》	中发〔2014〕1号	完善森林、草原、湿地、水土保持等生态补偿制度。继续执行公益林补偿政策，建立江河源头区、重要水源地、草原生态保护补助奖励政策，重要水生态修复治理区和蓄滞洪区生态补偿机制	
	2014	水利部	《水利部关于深化水利改革的指导意见》	水规计〔2014〕48号	健全水资源有偿使用制度和水生态补偿机制。推动建立江河源头区、重要水源地、重要水生态修复治理区和蓄滞洪区生态补偿机制	
	2016	全国人大常委会	《中华人民共和国防洪法》	全国人大常委会第二十一次会议	因蓄滞洪区而直接受益的地区和单位，应当对蓄滞洪区承担国家规定的补偿、救助义务。国务院有关的省、自治区、直辖市人民政府应当建立对蓄滞洪区的扶持和补偿、救助制度	
	2021	中共中央办公厅、国务院办公厅	《关于深化生态保护补偿制度改革的意见》	（中办发〔2021〕50号）	针对江河源头、治区、蓄滞洪区，重要水源地、受频河湖等重点区域开展水流生态保护补偿	
省（直辖市）安徽省	1988	安徽省人民政府	《安徽省淮河行蓄洪区防洪基金征收、使用和管理办法》	皖政〔1988〕55号	对安徽省淮河防洪基金征收、使用和管理进行规定	
	2002	安徽省人民政府	《安徽省〈蓄滞洪区运用补偿暂行办法〉实施细则》	安徽省人民政府令第146号	对蓄滞洪区运用补偿进行规定，包括总则、补偿对象、范围和标准，补偿程序，管理与监督等	
	2011	安徽省人民政府办公厅	《关于切实做好我省淮河行蓄洪区及干流滩区居民迁建工作的实施意见》	皖政办〔2011〕64号	对安徽省淮河行蓄洪区及干流区居民迁建工作提出实施意见。包括对建工作补助标准和资金使用实施中提出实施意见	

续表

层面		年份	颁布机关	政策法规名称	文件号	主　要　内　容	备注
省（直辖市）	安徽省	2019	安徽省人民政府办公厅	《安徽省行蓄洪区产业发展负面清单》	皖政办秘〔2017〕309号	加大行蓄洪区管理力度，建立健全负面清单管理机制。负面清单分为限制类与禁止类。其中，农林牧渔业、重资产类旅游业、风力与大阳能发电、道路工程建设要求日不得污染环境、产业园区建设、必须符合防洪安装要求水电气生产和供应业、房地产业、交通运输仓储业等为禁止类项目	
		2020	安徽省财政厅、省水利厅、省扶贫开发工作办公室	《安徽省2020年蓄滞洪区运用补偿工作方案》	皖财农〔2020〕936号	蓄滞洪区运用补偿范围，补偿对象及补偿标准等有关事项	
	天津市	2003	天津市人民政府	《天津市蓄滞洪区运用补偿暂行办法》	津政发〔2003〕135号	天津市蓄滞洪区运用补偿工作实行地方行政首长负责制，市人民政府负责本市蓄滞洪区运用本补偿工作的监督和管理，区县人民政府负责本行政区内蓄滞洪区运用补偿工作的具体实施和管理。对蓄滞洪区内具有常住户口的居民和在蓄滞洪区内依法承包土地种植、专业养殖类经济作物的居民，在蓄滞洪区运用后遭受指定类损失予以补偿	
		2010修正	天津市第十二届人民大代表大会常务委员会第二十七次会议通过	《天津市蓄滞洪区管理条例》	根据2010年9月25日天津市第十五届人民代表大会常务委员会第十九次会议通过的《天津市代表大会常务委员会关于修改部分地方性法规的决定》第二次修正	为加强本市蓄滞洪区的安全、建设管理、发挥蓄滞洪区的功能、减少分滞洪水淹设损失，保障蓄滞洪区建设和人民生命财产安全，根据《中华人民共和国水法》及其他有关法律、法规，结合本市经济建设情况，制定本条例	

续表

层面	年份	颁布机关	政策法规名称	文件号	主要内容	备注
	2020	河北省司法厅	《河北省蓄滞洪区管理规定（修订草案征求意见稿）》		第二十七条【补偿机制】建立和完善蓄滞洪区补偿机制，按照流域补偿与区域补偿相结合，纵向补偿和横向补偿相结合、单一补偿和综合补偿相结合的原则，明确补偿办法和标准。县级以上人民政府应当统筹调度蓄滞洪区和上游有关地区之间的损益关系，鼓励对口协作、产业转移、人才培训，共建园区等多元补偿方式，推动蓄滞洪区的协同保护和安全建设。第二十八条【运用补偿】县级以上人民政府有关部门应当依法做好蓄滞洪区运用内蓄滞洪区所在地各级人民政府蓄滞洪区运用工作	正式文件尚未发布
省（直辖市）河北省	2020	河北省人民政府	《河北省蓄滞洪区管理办法》	河北省人民政府令〔2020〕第6号	第二十四条 蓄滞洪区运用后，各级人民政府应当根据自力更生为主、国家补助为辅的原则，积极组织灾区群众开展生产自救；电力、交通、邮电、农业、教育、水利等有关部门应当帮助灾区群众修复基础设施。修复水毁工程所需的费用，应当优先列入有关人民政府的年度建设计划。第二十五条 各级人民政府及其有关部门在制定政策和安排资金、物资时，应当充分考虑蓄滞洪区在防洪抗灾中所作出的牺牲性和贡献，给予重点照顾。第二十六条 省水行政主管部门和同级保险部门应当根据保险法律、法规规定，研究建立蓄滞洪区保险基金制度，并制定具体管理办法。水行政主管的河道修建维护管理费可以提取百分之二至百分之五作为蓄滞洪区保险基金	各级政府为主、国家主管补助为辅。水行政主管部门每年可以提取2%～5%河道工程修建维护费作为蓄滞洪区保险基金

续表

层面	年份	颁布机关	政策法规名称	文件号	主　要　内　容	备注
河南省	2021	河南省水利厅、省财政厅、省应急管理厅联合印发	《2021 年河南省蓄滞洪区运用补偿工作方案》	豫水防〔2021〕27 号	把保障蓄滞洪区居民的基本生活、尽快恢复农业生产作为蓄滞洪区运用补偿工作的首要原则，支持蓄滞洪区受灾群众尽快恢复生产生活、重建家园	
	2021	河南省水利厅、省财政厅、省应急管理厅联合印发	《2021 年河南省蓄滞洪区运用补偿标准》	豫水防〔2021〕33 号	明确了蓄滞洪区农作物、经济林、专业养殖、居民住房、家庭耐用消费品等补偿标准	
省（直辖市）江苏省	2021	江苏省水利厅	《江苏省加强行蓄滞洪区管理与生态建设实施意见》	苏水规〔2021〕2 号	健全行蓄洪区运用补偿 •研究省级运用补偿细则 •严格运用补偿资金管理 •探索洪水风险补偿机制 •探索行蓄洪区常态化补偿 •加大就业创业与促进与社会救助保障	
湖南省	2011	湖南省人民政府	《湖南省洞庭湖区安全与建设管理办法》	湖南省人民政府令第 251 号	第二十一条 国家对蓄洪区造成的经济损失给予一定补偿。第二十二条 建立蓄洪区保险经济补偿制度，由中国人民保险公司湖南省分公司会同省水行政主管部门制订，报省人民政府批准	资金来源：国家

续表

层面		年份	颁布机关	政策法规名称	文件号	主要内容	备注
省（直辖市）	湖南省	2012	湖南省人民政府办公厅	《湖南省洞庭湖蓄洪区建设与管理暂行办法》	湘政发〔2012〕43号	第二十四条 蓄滞洪区运用后造成的经济损失补偿参照《蓄滞洪区运用补偿暂行办法》（国务院令第286号）。第二十五条 鼓励和支持在蓄洪区发展洪水保险事业。蓄洪区内的单位和个人，根据自愿原则参加洪水保险	资金来源：各级人民政府
		2017	湖南省人民政府办公厅	《湖南省人民政府办公厅关于健全生态保护补偿机制的实施意见》	湘政办发〔2017〕40号	第三条 启动蓄滞洪区生态保护补偿	
	湖北省	2013	湖北省荆江分洪区工程管理局	《湖北省荆江分蓄洪区工程建设管理暂行办法》		为提高荆江分蓄洪区工程建设的管理水平，加快工程建设、保证工程质量，根据水利部《堤防工程建设管理条例》《湖北省安全建设与管理办法》《湖北省公益性水利基础设施建设管理办法》及有关法规，结合荆江分蓄洪区工程建设管理实际，制定本办法	
		2018	湖北省人民政府办公厅	《省人民政府办公厅关于建立健全生态保护补偿机制的实施意见》	鄂政办发〔2018〕1号	第五条 明确生态保护补偿的范围，包含蓄滞洪区	

续表

层面		年份	颁布机关	政策法规名称	文件号	主要内容	备注
省（直辖市）	湖北省	1996 通过，2014、2021 修订	湖北省第八届人民代表大会常务委员会第 23 次会议通过	《湖北省分洪区安全建设与管理条例》	根据 2021 年 1 月 22 日湖北省第十三届人民代表大会常务委员会第二十次会议《关于集中修改部分省本级地方性法规的决定》第二次修订	第十五条　鼓励分洪区内的居民到安全区（台）建房定居。有关部门应提供方便，给予优惠，并按规定办理用地手续。其建房应遵守分洪转移计划和城镇建设规划。其建房应遵守分洪转移计划和城镇建设规划，并按规定办理用地手续。第二十条　分洪区安全设施属防洪抗灾工程，其新建、扩建、改建和有偿使用，应免除各种收费，有关税收由省人民政府按其权限规定返还分洪区。第三十条　省人民政府应组织各受益区和有关部门以及社会各界在财力、物力上支援分洪区恢复生产，重建家园，救助制度。第三十一条　用于分洪区安全建设与管理的各项资金必须专款专用，不得挪用、截留、挤占	
	浙江省	2007	浙江省第十届人民代表大会常务委员会第三十一次会议通过	《浙江省防汛防台抗旱条例》	浙江省第十三届人民代表大会常务委员会第二十九次会议第二次修订	县级以上人民政府应对蓄滞洪区因蓄滞洪水造成的损失给予适当补偿，没有明确补偿范围、标准及程序方案等	浙江省无国家蓄滞洪区

蓄滞洪区的扶持和补偿、救助办法"。

国家围绕蓄滞洪区建设、运行和管理出台了一系列办法、规定和意见，其中涵盖了蓄滞洪区运用补偿的相关政策。例如，2001年，财政部印发《国家蓄滞洪区运用财政补偿资金管理规定》（财政部令第13号），规范和加强蓄滞洪区运用财政补偿资金的管理。2005年，水利部启动了《全国蓄滞洪区建设与管理规划》，财政部修订了《国家蓄滞洪区运用财政补偿资金管理规定》（财政部令第37号）。2006年，国务院办公厅批转了水利部等部门《关于加强蓄滞洪区建设与管理若干意见》（国办发〔2006〕45号），从完善蓄滞洪区运用补偿保障措施等方面进一步明确了加强蓄滞洪区建设与管理的具体要求。2007年，水利部印发《蓄滞洪区运用补偿核查办法》（水汛〔2007〕72号），与修订后的《国家蓄滞洪区运用财政补偿资金管理规定》相衔接。2014年，中共中央、国务院印发《关于全面深化农村改革加快推进农业现代化的若干意见》（中发〔2014〕1号），水利部印发《水利部关于深化水利改革的指导意见》（水规计〔2014〕48号），均明确要求建立蓄滞洪区生态补偿机制。2021年，中共中央办公厅、国务院办公厅印发《关于深化生态保护补偿制度改革的意见》（中办发〔2021〕50号），要求针对江河源头、重要水源地、水土流失重点防治区、蓄滞洪区、受损河湖等重点区域开展水流生态保护补偿。

此外，2012年财政部、国家发展改革委、水利部联合印发《黄河下游滩区运用财政补偿资金管理办法》（财农〔2012〕440号），决定对滩区内具有常住户口的居民因滩区运用造成的一定损失，由中央财政和省级财政共同给予补偿。并在该办法中明确了黄河下游滩区运用补偿对象、补偿范围和补偿标准。安徽、山东、河南等省市相继制定并印发实施细则和补偿方案。

8.2.2 省级层面

（1）安徽省。安徽省是长江、淮河流经的重要省份，也是防洪重点省份。根据水利部公布的《国家蓄滞洪区修订名录（2010年）》，安徽省境内国家蓄滞洪区个数由22个调整为18个，以达到行洪更畅、造成经济损失更小等目标。其中，安徽省长江流域蓄滞洪区增加4个，分别是荒草二圩、荒草三圩、蒿子圩、汪波东荡蓄滞洪区；安徽省淮河流域蓄滞洪区减少8个，分别是上六坊堤、下六坊堤、石姚湾、洛河洼、方邱湖、临北段、香浮段、潘村洼。对于减少的8个蓄滞洪区，在规划工程完工前，若遇大洪水时仍可分洪运用，并参照《蓄滞洪区运用补偿暂行办法》给予补偿。

国家在 2000 年颁布实施《蓄滞洪区运用补偿暂行办法》后，安徽省淮河流域 2003 年、2007 年、2020 年遇大水启用了蓄滞洪区，现有蓄滞洪区共补偿金额 178749 万元。

2003 年淮河流域发生了 1954 年型洪水，安徽省及时启用了淮河沿岸的蒙洼、城东湖、唐垛湖、邱家湖、上六坊堤、下六坊堤、石姚段、洛河洼、荆山湖 9 处蓄滞洪区，涉及阜阳、六安、淮南、蚌埠 4 个市的 11 个县（区）40 个乡镇和 3 个农场，受灾人口 60.9 万人，分蓄洪量约 8.5 亿 m³，保证了淮河安全度汛。两次运用蒙洼蓄洪区，分别降低王家坝站洪峰水位约 0.18m 和 0.13m，削减洪峰流量分别约为 580m³/s 和 300m³/s，保证了王家坝站安全度汛。现有蓄滞洪区共补偿了 7 处，补偿总金额 58765 万元，其中蒙洼补偿金额 10659 万元，邱家湖补偿金额 1899 万元，唐垛湖补偿金额 4397 万元，城东湖补偿金额 33901 万元，上六坊堤补偿金额 804 万元，下六坊堤补偿金额 760 万元，荆山湖补偿金额 6345 万元。

2007 年汛期，安徽省先后启用蒙洼、南润段、邱家湖、姜唐湖、上六坊堤、下六坊堤、石姚湾、洛河洼、荆山湖 9 处行蓄洪区，涉及阜阳、六安、淮南、蚌埠和滁州 5 个市的 13 个县（区）43 个乡镇和 3 个农场，受灾人口 33.66 万人，受灾耕地面积 506km²，分蓄洪量约 16.7 亿 m³。其中，王家坝、润河集站主要受蒙洼蓄洪区运用影响，削减洪峰流量分别为 18％ 和 7％，降低洪峰水位分别为 0.26m 和 0.18m，保证了安全度汛。同时，对花园湖、临北段、香浮段 3 个行蓄洪区下达了转移命令，转移人口超 11 万人。安徽省随即启动蓄滞洪区运用补偿工作，制定并实施《安徽省 2007 年蓄滞洪区运用补偿工作方案》，对全省行蓄洪区运用补偿工作进行了规范。全省群众损失补偿资金为 3.57 亿元，其中中央财政补助为 2.49 亿元，占 69.7％，省级配套为 1.08 亿元，占 30.1％。现有蓄滞洪区共补偿了 7 处，补偿总金额为 27551 万元，其中蒙洼补偿金额 9613 万元，南润段补偿金额 734 万元，邱家湖补偿金额 1338 万元，姜唐湖补偿金额 7794 万元，上六坊堤补偿金额 956 万元，下六坊堤补偿金额 1375 万元，荆山湖补偿金额 5741 万元。

2020 年汛期，安徽先后启用了蒙洼、南润段、邱家湖、上六坊堤、下六坊堤、姜唐湖、董峰湖、荆山湖和潘村洼 9 处蓄滞洪区，累计蓄洪约 17 亿 m³，降低淮河上中游干流洪峰水位 0.2～0.4m，有效减轻了淮河上中游的防洪压力。安徽省财政厅、省水利厅、省应急管理厅、省扶贫开发工作办公室印发《安徽省 2020 年蓄滞洪区运用补偿工作方案》（皖财农〔2020〕936 号），明确了蓄滞洪区运用补偿范围、补偿对象、补偿标准、补偿资金落实等具体内容。在补偿资金来源上，对于国家蓄滞洪区，根据国家规定的分担比例，由中央和省财政安排补偿资金；对于省级蓄滞洪区，根据省政府规定，按照"谁受益、谁补偿"的原则，由省财政和受益市、县财政安排补偿资金；对于蓄滞洪的圩口，按照"谁受益、谁补偿"的原则，由所在地级市人民政府研究确定所属县（市、区）分担比例，省财政厅根据各市上报的应补偿数额等，积极争取中央财政支持，统筹拟定省级补助比例，报省政府审定。对现有蓄滞洪区共补偿了 9 处，补偿总金额 92434 万元，其中蒙洼补偿金额 30405 万元，南润段补偿金额 3092 万元，邱家湖补偿金额 5585 万元，姜唐湖补偿金额 15777 万元，董峰湖补偿金额 9992 万元，上六坊堤补偿金额 3013 万元，下六坊堤补偿金额 3014 万元，荆山湖补偿金额 13779 万元，潘村洼补偿金额 7777 万元。

（2）河南省。根据《国家蓄滞洪区修订定名录（2010 年）》，河南省内共有国家蓄滞洪区 15 处，其中淮河流域 5 处，分别是老王坡、杨庄、蛟停湖、泥河洼、大逍遥；海河流域 9 处，分别是良相坡、长虹渠、柳围坡、白寺坡、小滩坡、广润坡、任固坡、共渠西、崔家桥；黄河流域 1 处，即北金堤。

2016 年安阳河发生洪水，造成 59 个村庄进水，67651 人遇灾，受损房屋 4030 间，6.1 万亩农作物绝收，直接经济损失 9000 多万元。通过启用崔家桥蓄滞洪区，有效减轻了安阳河的防洪压力，最大程度保障了安阳市区和下游人民群众的生命财产安全，但也使区内群众遭受了巨大财产损失。洪灾过后，河南省安阳市组织安阳县从建立补偿组织机构、明确补偿范围、加强行业指导等方面开展了崔家桥蓄滞洪区运用补偿工作。河南省蓄滞洪区运用补偿资金共计 8007.57 万元，其中中央财政补偿资金 5605 万元，占比 70%。

2021 年为应对郑州"7·20"特大暴雨，河南省相继启用了崔家桥、广润坡、良相坡、共渠西、长虹渠、柳围坡、白寺坡、小滩坡 8 处蓄滞洪区，累计转移人口 40.46 万人。河南省水利厅、省财政厅、省应急管理厅联合印发《2021 年河南省蓄滞洪区运用补偿工作方案》（豫水防〔2021〕27 号）、《2021 年河南省蓄滞洪区运用补偿标准》（豫水防〔2021〕33 号）。蓄滞洪区所在地县级人民政府制定补偿资金具体发放方案，乡（镇）政府据此逐户确定补偿金额，并由县级财政部门在指定日期前将补偿金及时发放到户。此次蓄滞洪区运用补偿资金共计 37.4 亿元，其中中央财政下达补偿资金 25.4 亿元，占比 67.9%，省级资金 12 亿元，占比 32.1%。

（3）河北省。根据水利部公布的《国家蓄滞洪区修订名录（2010年）》，河北省内共有国家蓄滞洪区 13 处，包括北三河系盛庄洼，永定河系永定河泛区，大清河系兰沟洼、白洋淀、东淀、文安洼、贾口洼、小清河分洪区，子牙河系宁晋泊、大陆泽、献县泛区、永年洼，漳卫河系大名泛区。

2016 年海河流域"7·19"洪水，子牙河相继启用了大陆泽、宁晋泊、永年洼，漳卫河启用了崔家桥和广润坡蓄滞洪区。为保障蓄滞洪区持续正常运用，确保受洪水威胁居民基本生活，尽快恢复农业生产，河北省依据《蓄滞洪区运用补偿暂行办法》及省内相关规定，对蓄滞洪区内居民因蓄滞洪水遭受的损失进行补偿。按照《河北省 2016 年蓄滞洪区运用补偿工作方案》（冀补偿〔2016〕3 号）文件要求，河北省严格界定补偿范围、补偿对象和补偿标准，按照程序开展蓄滞洪区运用补偿申报工作，经过乡镇登记、县级核算、市级审查、部委核查后，河北省财政厅以《河北省财政厅关于下达中央和省级蓄滞洪区运用财政补偿资金的通知》（冀财农〔2017〕39 号）直接向相关县下达补偿资金共计 16373.09 万元，其中中央财政补偿资金 11461 万元，占比 70%。河北省宁晋泊、大陆泽和永年洼 3 处蓄滞洪启用后，共发放补偿资金 6373.09 万元，其中中央财政资金占 70%，省级财政资金占 30%。大陆泽、宁晋泊补偿资金共计 15912.06 万元，其中宁晋县 8181.83 万元，隆尧县 1870.39 万元，任县 5064.28 万元，南和县795.56 万元。永年洼蓄滞洪区启用，淹没玉米地 5649.56 亩，家庭农业生产机械损失 8 台，补偿 1.5 万人，补偿资金共计 461.03 万元。

8.2.3　实践案例

8.2.3.1　长江流域蓄滞洪区运用补偿案例

长江流域共有 44 处国家蓄滞洪区，总面积约 12370km²，蓄滞洪总库容约 615 亿 m³。主要分布在干流的荆江地区、洞庭湖区、武汉地区、湖口附近区以及长江下游支流滁河上。其中，荆江分洪区、钱粮湖垸、共双茶垸、大通湖东垸、洪湖分洪区、围堤湖垸、民主垸、城西垸、澧南垸、西官垸、建设垸、杜家台、康山圩 13 处为重要蓄滞洪区；屈原农场、九垸、江南陆城、建新农场、西凉湖分洪区、武湖分洪区、张渡湖分洪区、白潭湖分洪区、珠湖圩、黄湖圩、方州斜塘圩、华阳河分洪区、荒草二圩、荒草三圩、汪波东荡圩、蒿子圩 16 处为一般蓄滞洪区；浣市扩大区、虎西备蓄区、人民大垸、君山农场、集成安合垸、南汉垸、安澧垸、安昌垸、北湖垸、义合垸、安化垸、和康垸、南顶垸、六角山、东西湖分洪区 15 处为蓄滞洪保留区（1954—2020 年），运用情况详见表 8.3。

表 8.3　长江流域国家蓄滞洪区运用情况调查表（1954—2020 年）

序号	蓄滞洪区名称	运用次数	运 用 年 份
1	荆江分洪区	3	1954
2	虎西备蓄区	1	1954
3	人民大垸	1	1954
4	钱粮湖垸	1	1996
5	大通湖东垸	1	1996
6	民主垸	2	1996、1999
7	共双茶垸	1	1996
8	围堤湖垸	2	1995、1996
9	澧南垸	2	1998、2003
10	西官垸	1	1998
11	杜家台	21	1956、1957、1958、1960、1964、1974、1975、1983、1984、2005、2011
12	西凉湖	1	1954
13	康山圩	1	1983
14	荒草二圩	5	1991、2003、2008、2015、2020
15	荒草三圩	5	1991、2003、2008、2015、2020
16	蒿子圩	3	1991、2008（安徽省蒿子圩），1991、2003、2008（江苏省蒿子圩）
17	汪波东荡圩	3	1991、2003、2008

　　长江中下游洪水峰高量大，巨大的洪水来量与河道安全泄量之间的矛盾突出，需要按照"蓄泄兼筹、以泄为主"的防洪治理方针，通过堤防、河道、水库、蓄滞洪区等组成的综合防洪体系来解决。水库和蓄滞洪区是妥善安排超额洪水的主要措施。长江中下游洪水组成复杂，加之水库规模受到淹没情况制约，且大多数支流水库的防洪目标主要还是防御本支流洪水，同时水库的设计、运行调度还必须考虑到兴利的要求，因此依靠水库

拦蓄的超额洪水只能是一部分，对相当部分超额洪水，还须采取计划分洪措施，通过蓄滞洪区在大水年计划分洪，确保重点地区防洪安全，在小水年垦殖利用，这也是人在与洪水斗争的实践中摸索出来的协调人与自然关系的重要举措之一。截至2020年，长江流域国家蓄滞洪区中有17处曾分洪运用，总分洪运用次数达到54次。

长江流域澧南垸分洪闸位于湖南省澧县境内澧水南岸、洞庭湖24个蓄洪垸之一澧南垸，最大分洪流量2380m³/s，属大（2）型水闸，分洪闸全长165m，溢流孔数为9孔，单孔净宽10m，溢流总净宽90m。2003年，长江流域在《蓄滞洪区运用补偿暂行办法》颁布后首次利用澧南垸主动分洪，此次蓄洪面积34.33km²，蓄洪总量2.7亿m³，降低津市水位1.02m，转移人口2.46万人。澧南垸蓄滞洪区运用补偿参照《蓄滞洪区运用补偿暂行办法》执行，蓄洪前已实行了居民财产登记，蓄洪后，湖南省组织常德市、澧县，开展了居民财产损失核查，提出了补偿方案，经湖南省人民政府核实后，上报长江水利委员会、水利部、财政部审查，经国务院批准后下达了补偿资金。长江流域2003年启用澧南垸共补偿资金2899万元，其中湖南省财政配套870万元，占比30%。

长江流域荒草二圩、荒草三圩蓄滞洪区，共启用蓄滞洪5次，分别为1991年、2003年、2008年、2015年、2020年。每次进洪待滁河水位退去后，立即启动蓄滞洪区财产补偿，结合汛前财产登记，采取现场复核、登记、公示等方式，严格执行补偿标准，及时进行补偿。2015年，荒草二圩和荒草三圩分别爆破分洪，最大进洪流量均超过400m³/s，总蓄洪量约0.6亿m³，分别降低滁河襄河口闸上、汊河集闸上水位达0.80m、0.20m，有效缓解了沿滁堤防防守压力。此次启用荒草二圩、荒草三圩蓄滞洪区共补偿资金4306万元，其中省级配套1291万元，占比30%。

8.2.3.2 淮河流域蓄滞洪区运用补偿案例

淮河流域共有21处国家蓄滞洪区，总面积约5280km²，蓄滞洪总库容约155亿m³，主要位于淮河干流、洪泽湖及淮河上游支流洪汝河、沙颍河。其中，蒙洼、城西湖、城东湖、邱家湖、姜唐湖、寿西湖、荆山湖、汤渔湖、花园湖9处为重要蓄滞洪区；董峰湖、南润段、瓦埠湖、泥河洼、杨庄、老王坡、蛟停湖、老汪湖、黄墩湖、大逍遥、南四湖湖东、洪泽湖周边（含鲍集圩）12处为一般蓄滞洪区。淮河流域蓄滞洪区多且启用频繁。1950—2020年，淮河流域25个国家蓄滞洪区（调整前）累计启用277次，运用情况详见表8.4。

表 8.4　淮河流域国家蓄滞洪区运用情况调查表（1950—2020 年）

序号	蓄滞洪区名称	启用次数	运用年份	备注
1	蒙洼	17	1950、1954、1956、1960、1968、1969、1971、1975、1982、1983、1991、2003、2007、2020	1982 年、1991 年、2003 年均启用 2 次
2	城西湖	4	1950、1954、1968、1991	
3	城东湖	10	1950、1954、1956、1968、1975、1991、2003	1954 年启用 3 次、1956 年启用 2 次
4	瓦埠湖	2	1950、1954	
5	杨庄	2	2000	1998 年建成，2000 年两次进洪
6	老王坡	46	1954、1955、1956、1957、1958、1963、1964、1965、1967、1968、1969、1975、1979、1980、1982、1983、1984、1988、1989、1994、1998、2000、2001、2004、2007	1955 年启用 5 次，1957 年 4 次，1963 年、1965 年、1968 年、1982 年、1983 年、1984 年、2000 年均启用 2 次，1964 年、1969 年均启用 3 次
7	蛟停湖	5	1954、1956、1965、1968、1975	
8	泥河洼	44	1955、1956、1957、1958、1959、1961、1963、1964、1965、1968、1969、1972、1975、1979、1982、1998、2000、2004	1955、2000 年启用 5 次，1957 年 8 次，1958 年、1964 年、1969 年均启用 2 次，1956 年启用 3 次，1959 年启用 4 次
9	老汪湖	7	1954、1956、1957、1963、1972、1982、1996	
10	南润段	15	1954、1956、1960、1962、1963、1968、1969、1975、1977、1980、1982、1983、1991、2007、2020	
11	邱家湖	16	1950、1954、1955、1956、1960、1963、1964、1968、1969、1975、1982、1983、1984、1991、2003、2007、2020	
12	姜唐湖	15	1950、1954、1955、1956、1960、1963、1964、1968、1969、1971、1975、1982、1983、1984、1991、2003（姜家湖）	
		13	1968、1969、1970、1971、1972、1975、1977、1980、1982、1983、1984、1991、2003（唐垛湖）	
		2	2007、2020（姜唐湖）	

序号	蓄滞洪区名称	启用次数	运用年份	备　注
13	寿西湖	2	1950、1954	
14	董峰湖	10	1950、1954、1956、1968、1975、1982、1983、1991、1996、2020	
15	汤渔湖	1	1991	
16	荆山湖	9	1950、1954、1956、1975、1982、1991、2003、2007、2020	
17	花园湖	3	1950、1954、1956	
18	上六坊堤	13	1950、1954、1956、1960、1963、1968、1969、1975、1982、1991、2003、2007、2020	调出
19	下六坊堤	13	1950、1954、1956、1960、1963、1968、1975、1982、1983、1991、2003、2007、2020	调出
20	石姚段	9	1950、1954、1956、1963、1975、1982、1991、2003、2007	已改为防洪保护区
21	洛河洼	9	1963、1964、1968、1975、1982、1983、1991、2003、2007	已改为防洪保护区
22	方邱湖	3	1950、1954、1956	调出
23	临北段	2	1950、1956	调出
24	香浮段	3	1950、1954、1956	调出
25	潘村洼	2	1950、1954	调出

　　淮河流域 2000 年启用了泥河洼、杨庄和老王坡蓄滞洪区,共补偿资金 1.76 亿元,其中省级配套 7167 万元,占比 40.7%;2001 年启用了老王坡蓄滞洪区,共补偿资金 3970 万元,其中省级配套 1588 万元,占比 40%;2003 年启用了蒙洼、姜家湖、唐垛湖、邱家湖、城东湖、荆山湖、石姚段、洛河洼、上六坊堤、下六坊堤等 11 处蓄滞洪区,共补偿资金 5.58 亿元,其中省级配套 1.48 亿元,占比 26.5%;2004 年启用了泥河洼、老王坡蓄滞洪区,共补偿资金 9913 万元,其中省级配套 2974 万元,占比 30%;2007 年启用了蒙洼、姜唐湖、邱家湖、南润段、石姚段、洛河洼、上六坊堤、下六坊堤 8 处蓄滞洪区,共补偿资金 4.35 亿元,其中省级配套 1.24 亿元,占比 28.5%。

蓄滞洪区是淮河流域防洪工程体系的重要组成部分，在历次大洪水中为保障重点地区的防洪安全发挥了蓄滞洪水和辅助排洪的重要作用。由于蓄滞洪区运用补偿办法的实施，蓄洪后群众财产损失总体得到合理补偿，启用频繁的低标准蓄滞洪区的群众对蓄滞洪区运用基本无意见。

8.2.3.3 海河流域蓄滞洪区运用补偿案例

海河流域共有 28 处国家蓄滞洪区，总面积 10693.4km²，蓄滞洪总容积 197.9 亿 m³，分布在北三河水系 4 处，永定河水系 2 处，大清河水系 7 处，子牙河水系 4 处，漳卫河水系 11 处。其中，永定河泛区、小清河分洪区、贾口洼、文安洼、东淀、白洋淀、宁晋泊、大陆泽、献县泛区、恩县洼 10 处为重要蓄滞洪区；盛庄洼、大黄堡洼、黄庄洼、青甸洼、兰沟洼、永年洼、良相坡、长虹渠、白寺坡、共渠西、柳围坡、崔家桥、广润坡、大名泛区 14 处为一般蓄滞洪区；三角淀、团泊洼、小滩坡、任固坡 4 处为蓄滞洪保留区。

海河流域特殊的自然地理条件及洪水特点决定了蓄滞洪区在流域防洪体系中具有不可替代的作用。特别是迎风坡河流汇流条件差，支流分散，处于暴雨多发地带，洪水陡涨陡落，洪峰高、洪量集中，利用水库控制洪水难度大，漳卫河系卫河、子牙河系滏阳河及大清河系上游山区水库控制面积仅占本河系产流面积的 14%～30%，不具备利用平原干流河道直接将设计标准洪峰输送入海的条件，利用蓄滞洪区缓洪、滞洪是流域防洪布局中的经济有效措施，不仅保障重要防洪目标防洪安全，而且可避免大规模工程建设而又长期闲置的矛盾。蓄滞洪区是海河流域防洪体系的重要组成部分，是实现流域"上蓄、中疏、下排、适当地滞"的防洪治理方针、是实现"分流入海、分区防守"防洪格局的重要保障。蓄滞洪区在海河流域 70 多年来发生的历次大洪水中均发挥了重要作用，有效地起到了削峰缓洪、延长下泄、减轻下游灾害的作用。

据统计，自新中国成立至 2020 年，海河流域蓄滞洪区共启用 136 次，运用情况详见表 8.5。1964 年以前，海河流域处于丰水期，启用蓄滞洪区蓄水和滞洪的概率较高。1950—1964 年的 15 年中共启用 98 次，几乎每年都有蓄滞洪区启用，其中 1954 年启用了 9 次，1955 年启用了 9 次，1956 年启用了 19 次，1963 年启用了 23 次。1964 年以后，海河流域进入枯水期或偏丰水期，启用滞洪区的次数相对较少，1965—2000 年 36 年中共启用 33 次。2000 年后总共启用 5 次，其中 2016 年启用了宁晋泊、大陆泽、永年洼、崔家桥和广润坡。

表 8.5   海河流域国家蓄滞洪区运用情况调查表（1950—2020 年）

河系	序号	蓄滞洪区名称	运用次数	蓄洪历时/d
北三河	1	大黄堡洼	6	
	2	黄庄洼	13	
	3	盛庄洼	1	60
	4	青甸洼	5	30
	小计		25	
永定河	1	永定河泛区	3	
	2	三角淀	0	
	小计		3	
大清河	1	白洋淀	10	65
	2	东淀	5	52
	3	兰沟洼	2	10
	4	文安洼	4	50
	5	贾口洼	4	48
	6	团泊洼	1	
	7	小清河分洪区	2	
	小计		28	
子牙河	1	大陆泽	5	57
	2	宁晋泊	5	60
	3	永年洼	10	
	4	献县泛区	5	
	小计		25	
漳卫河	1	良相坡	10	15
	2	长虹渠	6	48
	3	柳围坡	2	20
	4	白寺坡	2	
	5	共渠西	12	
	6	小滩坡	2	30
	7	任固坡	3	25
	8	崔家桥	5	9
	9	广润坡	4	25

续表

河系	序号	蓄滞洪区名称	运用次数	蓄洪历时/d
漳卫河	10	大名泛区	6	53
	11	恩县洼	3	次年3月退完
		小　计	55	
	总　　计		136	

1996 年海河南系发生了 1963 年以来的最大洪水，大清河系、子牙河系和漳卫河系共启用了 8 处蓄滞洪区。通过蓄滞洪区滞洪蓄水，有效利用了洪水资源，宁晋泊、大陆泽及周边邻近地区的地下水位抬高了 6m 左右，对改善当地生态环境起到了良好的作用。蓄滞洪区不仅是人类适应自然和自我保护的一种行之有效的防洪减灾措施，也是人与自然和谐相处，给洪水以出路的体现。

2016 年漳卫河系、子牙河系发生了"96·8"以来最大洪水，大清河系及北三河系也发生了洪水，先后启用宁晋泊、大陆泽、永年洼、崔家桥、广润坡 5 处蓄滞洪区。其中，崔家桥运用补偿资金共有 8008 万元，含省级配套 2403 万元，占比 30%；宁晋泊、大陆泽、永年洼运用补偿资金共有 16373 万元，含省级配套 4912 万元，占比 30%。

8.2.4　存在问题

（1）蓄滞洪区补偿制度已不适应新形势，亟须修订。《蓄滞洪区运用补偿暂行办法》已出台 20 余年，该办法在保障蓄滞洪区居民基本生活、促进蓄滞洪区恢复农业生产、确保蓄滞洪区及时有效运用等方面发挥了重要作用。基于实践经验总结，结合流域区域防洪减灾面临的新形势和防洪保安的新需求，该办法中部分条款已不适应当前蓄滞洪区运用补偿工作需要。例如，在补偿对象方面，该办法规定"以区内常住居民户口"作为唯一的补偿对象，仅对划定区内造成的损失进行补偿，对延伸连带地区不予补偿，造成蓄洪后仍有大量遗留问题：①企业参与行蓄洪区土地流转，进行种植、养殖现象越来越普遍，在遭受损失后不能得到适当补偿；②对区内水毁的公共设施如机关、学校、医院，以及道路、桥梁、泵站、供电等基础设施缺乏相应的补偿规定，亟须建立全面、系统的救助补偿机制和社会保障体系；③蓄滞洪区启用对生态环境造成一定破坏，而办法中也缺乏相关的损失补偿条目。在补偿范围和补偿标准方面，该办法规定的补偿范围和项目较为繁杂，不便于快速开展补偿工作，较多不常见的专业养殖相关补偿标准测算存在困难。在补偿程序方面，存在财产登记和核灾定损环节多、工作量大等弊端，不能保障补偿经费及时发放。

（2）蓄滞洪区发展与蓄洪运用目标和补偿机制存在不协调之处。我国蓄滞洪区大多建于 20 世纪五六十年代，受自然灾害影响、功能定位的限制，淮河流域蓄滞洪区经济发展缓慢，是自然地理和经济发展的"双洼"地区。产业发展方面，传统农业在经济发展中仍具主导地位，中低产田多，平均粮食单产低，适应性农业发展起步晚、起点低，区内土地流转不畅。加之蓄滞洪区内基础设施建设受限制，水、电、路等基础设施薄弱，卫生、教育、文化等社会事业发展滞后，已直接影响到地区的社会稳定和发展。近年来，随着大江大河防洪减灾体系不断完善，部分蓄滞洪区功能和启用条件发生变化。此外，蓄滞洪区内的土地利用变化、人口和经济增长给蓄滞洪区启用增加了难度。据统计，2000—2018 年间，蓄滞洪区内建设面积增加约 35.1％，建设用地面积占国家蓄滞洪区总面积的比例由 7.99％增至 10.79％。蓄滞洪区总人口由 1989 年的 1100 万增加到 2019 年的 1904.31 万，年均增长率 1.84％，是全国人口年均增长率的 2.53 倍。2004—2019 年，蓄滞洪区内 GDP 年均增长约 7.39％，比全国年均增长率高 0.74％，其中，长江、松花江流域蓄滞洪区 GDP 增长最为显著，年均增长速度分别达到 12.35％和 11.17％。蓄滞洪区防洪启用与区内经济社会发展的矛盾日益凸显。因此，迫切需要与时俱进地改革蓄滞洪区补偿制度，运用和发挥好蓄滞洪区在流域、区域防洪减灾体系中的作用，切实保障区内人民生命财产安全以及区内社会稳定。

（3）蓄滞洪区生态保护补偿相关政策研究相对滞后。自然状态的蓄滞洪区具有多方面的生态功能，主要表现为蓄滞洪水、回补地下水、维持生物多样性及净化水质等方面[56]。蓄滞洪区建设运用直接对生态环境产生了影响，然而目前还没有针对性的生态补偿政策和补偿资金，蓄滞洪区生态保护补偿工作尚未启动，蓄滞洪区生态保护补偿运作模式等方面的政策研究还很欠缺。

8.3　补偿框架

8.3.1　补偿范围

目前，列入 2010 年《国家蓄滞洪区名录》的蓄滞洪区共计 98 处，其中：重要蓄滞洪区 33 处，一般蓄滞洪区 45 处，蓄滞洪保留区 20 处。考虑到国家法规政策对蓄滞洪保留区经济社会发展的限制较少，建议可不对 20 处蓄滞洪保留区进行生态保护补偿，国家重点补偿 78 处重要蓄滞洪区和一般蓄滞洪区。蓄滞洪区生态保护补偿范围未来随着国家蓄滞洪区调整而变化（表 8.6）。

表 8.6　　　　分流域国家重要蓄滞洪区和一般蓄滞洪区名录

流域	数量	名　　　　称
长江	29	围堤湖、九垸、西官垸、澧南垸、民主垸、共双茶、城西垸、屈原农场、钱粮湖、建设垸、建新农场、大通湖东、江南陆城、荆江分洪区、洪湖分洪区（东分块、中分块）、杜家台、西凉湖、武湖、张渡湖、白潭湖、康山圩、珠湖圩、黄湖圩、方洲斜塘、华阳河、荒草二圩、荒草三圩、汪波东荡圩、蒿子圩
黄河	1	东平湖
淮河	21	蒙洼、城西湖、城东湖、瓦埠湖、老汪湖、泥河洼、老王坡、蛟停湖、黄墩湖、南润段、邱家湖、姜唐湖、寿西湖、董峰湖、汤渔湖、荆山湖、花园湖、杨庄、洪泽湖周边（含鲍集圩）、南四湖湖东、大逍遥
海河	24	永定河泛区、小清河分洪区、东淀、文安洼、贾口洼、兰沟洼、宁晋泊、大陆泽、良相坡、长虹渠、柳围坡、白寺坡、大名泛区、恩县洼、盛庄洼、青甸洼、黄庄洼、大黄铺洼、白洋淀、共渠西、广润坡、永年洼、献县泛区、崔家桥
松花江	2	月亮泡、胖头泡
珠江	1	潖江

8.3.2　补偿主体与补偿对象

蓄滞洪区作为调蓄洪水和保障防洪安全而限制开发的区域，应对发展机会受到限制的群体进行生态保护补偿。对于使用频率较高、分洪受益范围广的国家蓄滞洪区中的重要蓄滞洪区和一般蓄滞洪区，可由中央和下游受益省级人民政府共同作为补偿主体。对于各省划定的省级蓄滞洪区，可由省级人民政府比照执行。

蓄滞洪区生态补偿对象包括：①蓄滞洪区所在地县（市）人民政府，蓄滞洪区在全国主体功能区中被定为限制开发区，地方县（市）人民政府由于蓄滞洪区被限制开发，区域经济活动会受到一定限制，相应会减少本地的财政收入，国家应对减少的这部分收入给予补偿；②蓄滞洪区内的企事业单位和个人，按照流域区域防洪保安要求进行区内开发建设活动，其发展收益在一定程度上受到制约，国家也应对企事业单位及个人这部分损失给予一定补偿。

8.3.3　补偿标准

蓄滞洪区作为调蓄洪水和保障流域性防洪安全而限制开发的区域，应对发展机会受到限制的群体进行生态保护补偿。补偿标准主要考虑蓄滞洪区发展收益损失、财政承受能力等合理确定。我国各省经济社会发展不平衡，蓄滞洪区生态补偿标准重点参考其所在省份的人均财政收入，由国家和地方水利等相关部门会同蓄滞洪区所在省级行政区域财政主管部门联合研究制定。补偿标准原则上应以一段时间为 1 个周期，1 个周期结束后，结合蓄滞洪区所在省份地区生产总值、财政收入、物价指数、农民人均纯收入等变化因素，适当调整补偿标准。此外，补偿标准的制定还应统筹考虑蓄滞洪区启用标准，对于启用标准高的，补偿标准不宜过高，启用标准低的，补偿标准可适度提高。蓄滞洪区生态保护补偿应做好与蓄滞洪区运用补偿政策的衔接。

8.3.4　补偿方式

蓄滞洪区生态保护补偿采取政府主导的补偿方式，统筹协调蓄滞洪区和上下游有关地区之间的损益关系。对于使用频率较高、分洪受益范围广的大江大河重要蓄滞洪区，可由中央和上下游受益省级人民政府共同作为补偿主体；对于一般蓄滞洪区，可由省级人民政府比照建立。补偿方式具体可包括财政转移支付、税收优惠、贴息贷款、直接补贴等，根据我国的国情，以纵向财政转移支付为主：①对鼓励蓄滞洪区内企业、常住人口外迁的补偿，生态补偿资金可对外迁企业、居民给予一定补助；②加大对行蓄滞洪区内水利、交通等基础设施建设项目的支持，进一步改善安全区生产生活条件；③引导和扶持产业结构调整，支持形成小型节能环保的绿色产业发展模式；④税收优惠与贴息贷款，通过蓄滞洪区税收优惠和贴息贷款等政策工具，对蓄滞洪区建设和维护行为给予补偿；⑤推进实行对口协作、人才培养、共建园区等多元化补偿方式。

统筹协调蓄滞洪区生态保护补偿与蓄滞洪区安全建设和扶持、救助、保障机制建设，探索建立蓄滞洪区生态保护补偿与洪水保险的统筹机制。

8.4 相关建议

（1）加快修订《蓄滞洪区运用补偿暂行办法》，鼓励地方因地制宜开展蓄滞洪区运用补偿救助细则的制定。完善蓄滞洪区居民财产登记和运用补偿制度，核查、规范和优化蓄滞洪区运用补偿工作程序和补偿内容，调整和完善蓄滞洪区运用补偿对象、补偿范围、补偿标准、补偿方式等规定。对于补偿范围和补偿对象的界定，应适当扩大，增加从事农业生产活动的居民，并将交通、水利、供电、通信等公共设施水毁损失纳入补偿范围。对于补偿标准的制定，应统筹考虑生存成本和经济发展机会成本。在测算生存成本时，不仅要考虑区内群众为了保障蓄滞洪区正常运行而损失生存机会，还应充分考虑经济社会发展和人民生活水平提升对于基本生计成本的需求变化，以及相关行业平均水平；在计算经济发展机会成本时还应充分考虑当地资源潜力、区位条件和保护区重要程度等因素。对于补偿方式的确定，应根据补偿主体和补偿对象的性质，遵循适用性和可行性等原则，采取政府、市场、社会扶持分别主导或相互结合等多种形式，包括财政转移支付、税收优惠、贴息贷款、直接补贴等方式。对承担较重防洪任务的重要蓄滞洪地区增加税收返还力度，对一般蓄滞洪区可实行税收减免，对为蓄滞洪区建设与维护作出贡献的企业给予一定的税收减免。制定财政补贴政策，加大对蓄滞洪区群众损失的生存成本进行财政补贴的力度，提高群众建设和维护蓄滞洪区的积极性。另外，建议进一步完善定值补偿办法，制定种植、林业、渔业等方面的亩均补偿标准，提高补偿工作效率。对于有条件地区、蓄滞洪风险较高地区，鼓励因地制宜研究制定蓄滞洪区运用补偿救助细则，提高蓄滞洪区运用补偿救助办法的针对性和区域适用性。

（2）研究制定蓄滞洪区常态化长效补偿机制。蓄滞洪区承担着重要的调蓄洪水任务，为保障全局防洪安全，牺牲了一定的发展机会，建议研究制定长效补偿机制，对已划定但长期未启用的蓄滞洪区，因防洪安全需求导致区内经济社会发展长期受到制约的，有必要研究制定常态化补偿机制，支持区域走高质量可持续发展道路。研究制定长效补偿机制，建立系统的社会化保障体系和洪涝灾害损失保险体系，研究蓄滞洪区与受益区结对子、定向帮扶的政策，加大对区内居民就业创业与社会救助保障。落实蓄滞洪区应用补偿、扶贫救助等方面政策，建立系统的社会化扶持与救助机制和保障体系。强化蓄滞洪区内居民救助扶持，加强职业技能培训和职业介绍服务，落实创业担保贷款及贴息政策。通过政府购买服务等方式，优先向区内居民定向安排公益岗位。对人均收入低于当地最低生活保障标准且家庭财产符合当地规定的，按规定纳入最低生活保障范围；对无劳动能力、无生活来源、无法定赡养扶养义务人或者其法定义务人无履行义务能力的老年、残疾居民，按规定纳入特困人员救助供养范围；符合医疗救助条件的，可按规定纳入医疗救助范围。开展建立常态化蓄滞洪区生态补偿长效机制试点。在开展试点研究的基础上，从国家层面逐步建立蓄滞洪区的生态补偿长效机制，计算损失应包括 GDP 损失、发展机遇损失、环境影响损失等，扶持政策应包括财政转移支付、税收优惠、贴息贷款及直接补贴等政策支持，加大对蓄滞洪区群众损失的生存成本进行财政补贴的力度，逐步弥补与周边地区发展的落差，提高区内群众生活水平、改善人居环境，提高群众建设和维护蓄滞洪区的积极性。

（3）创新完善蓄滞洪保险制度。2011 年修正的《中华人民共和国防汛条例》第四十一条明确："对蓄滞洪区，逐步推行洪水保险制度，具体办法另行制定。"在过去的实践探索中，一些地方制定的法规，规范了本地区蓄滞洪区管理，其中洪水保险、防洪基金、税费减免和资金倾斜等扶持政策，在一段时间一定程度上改善了区内基础条件，促进了经济社会有序发展，但大部分扶持政策实施效果不理想，没有得到全面推广。例如，1986—1988 年在安徽省淮河干流南润段行洪区试点实施"漫堤行洪保险"，由于试点期未发生任何赔偿，保险资金分别返还群众和保险公司。该政策实施一方面缺乏完善的法律法规配套，保护区和分洪区、投保人和受益人的权利与义务不够明确；另一方面由于行蓄洪区本底条件相对贫困，保险金额和赔付情况之间的矛盾加剧群众生活压力。1988—1992 年，安徽省从淮北大堤和城市圈堤保护范围内征集防洪基金，用于扶持蓄滞洪区产业结构调整，试点结束后未能继续实施[57]。建议研究建立洪水灾害损失保险体系，化解洪水灾害损失风险，实现利益共享，风险共担，提高社会和群众对灾害的承受能力。参照农村医保、社保模式，依靠国家财政补贴，全面鼓励区内群众积极参加国家蓄滞洪区内居民财产保险，最终建立社会化保障体系和洪涝灾害损失保险体系，使区内居民财产安全得到保障，解决后顾之忧，同时减轻基层干部工作负担，节省各级财政资金。完善有关蓄滞洪区的农业保险政策。蓄滞洪区专业养殖风险较大，建议修改完善有关蓄滞洪区的农业保险政策，并参照民政部门实施的农村住房保险全免保费政策，有关保费国家能够给予补贴。进一步创新完善蓄滞洪保险制度，积极探索国家、社会、企业共同支持的蓄滞洪救助、保障机制。

（4）落实蓄滞洪区经济社会发展相关配套政策，协调防洪保安与经济发展的关系。建议促进蓄滞洪区产业结构调整，开展适水种养农业，探索防洪与经济发展、水资源、生态环境、文化建设等多目标相协调可持续发展模式。加大对农业、牧渔业补偿，促进产业结构调整，减少蓄滞洪损失。加强蓄滞洪区内产业布局引导，结合新型城镇化建设，为蓄滞洪区建设提供新动能。建议开展蓄滞洪区河湖洪水资源利用和生态保护建设。目前，绝大多数蓄滞洪区仅发挥了其单一的防洪功能，忽视了改善居民生产、生活，以及洪水资源利用和生态保护等方面的综合功能。因此，建议加强蓄滞洪区河湖洪水资源利用和生态保护建设方面的创新性研究，尽可能地保留河流、湖泊的自然形态和水生生物生存空间，促进蓄滞洪区湿地资源保护与合理利用，加强蓄滞洪区河湖与外部水系的连通建设，促进蓄滞洪区生态环境恢复，在防洪保安的前提下，充分发挥蓄滞洪区的生态功能及综合效益。

（5）开展蓄滞洪区生态补偿试点。加强与国家发展改革委、财政部沟通，争取资金支持，开展典型蓄滞洪区生态补偿试点工作。在深入开展水流生态保护补偿机制研究、蓄滞洪区生态补偿调研工作的基础上，选取典型蓄滞洪区，研究制定生态补偿试点工作方案，明确补偿范围、补偿标准、补偿资金来源、补偿方式、保障措施等内容。水利部指导协调试点蓄滞洪区生态补偿实施，同时，加强对蓄滞洪区生态补偿试点的监督管理，建立蓄滞洪区生态补偿评估制度，对生态补偿的实施效果进行跟踪评价。总结实施过程出现的问题，推广经验，评价实施的可持续性，为建立健全蓄滞洪区生态补偿机制提供借鉴。

第 9 章

受损河湖及其他水流生态保护补偿

9.1　基本情况

河湖是重要的国土资源和自然资源，作为大自然不可分割的组成部分，是水、泥沙和其他物质在流域内的运输通道，它不仅是一系列互相关联的生态过程的驱动因素，也是这些生态过程作用的结果。我国江河、湖泊众多，根据第一次全国水利普查成果，流域面积在 $50km^2$ 及以上的河流共 45203 条，总长度达 150.85 万 km；常年水面积在 $1km^2$ 及以上的湖泊 2865 个，湖泊水面总面积 7.80 万 km^2。

自古以来，人类择水而居、因水而兴。河湖与人类的生存、繁衍、发展息息相关，是自然界最富生物多样性的生态景观和人类最重要的生存环境之一，不仅为人类的生产、生活提供多种资源，而且具有巨大的环境功能和效益，在抵御洪水、调节径流、控制污染、调节气候、美化环境等方面起着重要作用。河湖生态系统的服务功能主要包括[58]：

（1）提供水资源。河湖是人类发展工农业生产用水和城市生活用水的主要来源。

（2）提供丰富的动植物产品。河湖除了提供鱼、虾、贝、藻类等食用农产品，还提供可以入药的动植物产品，有些动植物还是发展轻工业的重要原材料，如芦苇就是重要的造纸原料。

（3）保护生物和遗传多样性。河湖为水生动物、水生植物、珍稀濒危野生动物提供了必要的栖息、迁徙、越冬和繁殖场所，对物种保存和保护物种多样性均发挥着重要作用。

（4）调蓄径流洪水，补充地下水。河湖在控制洪水、调节河川径流、补给地下水和维持区域水平衡等方面的功能十分显著，河湖是陆地上的天然蓄水库，还可以为地下含水层补充水源。

（5）降解污染和净化水质。许多自然河湖生长的植物、微生物通过物理过滤、生物吸收和化学合成与分解等方式把人类排入湖泊、河流的有毒有害物质降解和转化为无毒无害甚至有益的物质。

（6）为人类提供社会文化服务。河湖水域岸线为人类提供了聚集场所、娱乐场所、科研和教育场所，具有旅游、娱乐等美学功能和景观价值。

（7）提供水运和水力发电等。河湖通过提供航运为人类文明和进步作出了巨大贡献，水力发电量大致相当于全球发电量的16％。

我国丰富多样的河湖资源为经济社会发展作出了巨大贡献的同时，也正在承受来自经济社会系统的巨大压力。随着经济社会快速发展和全球气候变化影响加剧，我国河湖管理和保护仍然面临诸多严峻挑战。不少河湖开发已经接近或超出水资源和水环境承载能力，水体污染、河道断流、湖泊萎缩、生态退化等问题依然存在，成为制约经济社会可持续发展的瓶颈。总体来看全国河湖生态状况退化的主要表征体现在以下几个方面[59]：

（1）水文水资源方面，生态流量不足、河川径流过程变异。北方流域，如海河、辽河流域水资源开发利用率高，生态用水被挤占严重，河流动力学功能退化，部分河流呈现"静滞河流"特征；南方流域水利水电工程开发程度高，生态调度考虑少，自然水文节律变异及生态水文功能退化问题仍然存在。

（2）河湖物理结构方面，湖泊面积萎缩及天然湿地退化问题突出、河湖岸带扰动强度过大、河湖连通性变差。

（3）水质方面，水污染问题和湖库富营养化等问题依然存在。

（4）水生生物方面，水生生物生境的完整性受到一定程度的破坏，重要敏感生物生存状况变差。

从一般意义上讲，我国一切资源环境问题的根源都在于人口的快速增长以及经济社会的高速发展，受损河湖也不例外。然而，更深层次的原因则在于：一方面是由于河湖生态效益外部性的存在，导致市场对河湖资源配置的无效或低效，经济社会对河湖资源过度利用，而河湖保护者得不到应有的补偿，即市场失灵；另一方面是由于河湖保护体制及制度的不健全，导致政府对纠正市场失灵的作用有限，进而无法实现对河湖生态系统的有效保护，即政府失灵。也正是在这一背景下，河湖生态保护补偿机制越来越受到关切，生态保护补偿作为国际社会普遍运用的经济和政策手段，被证明可以有效调节自然资源保护与利用之间的利益关系，纠正市场失灵。同时，这也是在满足我国生态文明战略和高质量发展需求的前提下，实现河湖资源可持续利用的必然选择。

9.2 补偿实践探索

我国高度重视河湖生态保护与修复，在建立健全生态保护补偿机制的相关政策文件中，多次强调要建立河湖生态补偿机制。

2016 年，国务院办公厅发布的《关于健全生态保护补偿机制的意见》（国办发〔2016〕31 号）明确规定：水流领域的重点任务是，在江河源头区、集中式饮用水重要水源地、重要河流敏感河段和水生态修复治理区、水产种质资源保护区、水土流失重点预防区和重点治理区、大江大河重要蓄滞洪区以及具有重要饮用水源或重要生态功能的湖泊，全面开展生态保护补偿。这里尚没有明确提出受损河湖的概念，强调的是重要河流敏感河段和水生态修复治理区、具有重要饮用水源或重要生态功能的湖泊。

2021 年，国家发展改革委牵头编制的《生态保护补偿条例（送审稿）》时，考虑到对于重要河流敏感河段和水生态修复治理区、具有重要饮用水源或重要生态功能的湖泊两种具体类型，补偿范围尚不明确且与重要生态功能区补偿存在重复，单纯考虑生态保护和修复治理任务不一定产生明确的损益关系，补偿主客体无法确定，因此将其调整为对由历史原因造成空间侵占或水量减少的受损河湖开展生态保护补偿，即水流生态保护补偿的重点区域包括江河源头区、重要水源地、重要河口、水土流失重点防治区、蓄滞洪区、受损河湖 6 类。随后，2021 年，中共中央办公厅、国务院办公厅印发《关于深化生态保护补偿制度改革的意见》（中办发〔2021〕50 号），2021 年，水利部印发《关于强化水利体制机制法治管理的指导意见》（水政法〔2021〕400 号），均采纳了这一说法，要求针对江河源头、重要水源地、重要河口水土流失重点防治区、蓄滞洪区、受损河湖等重点区域，探索开展水流生态保护补偿。

全国各省（自治区、直辖市）在开展生态保护补偿机制建设时，也将河湖生态保护补偿作为重要关切，对其建设进行了明确要求，如青海省人民政府办公厅《关于健全生态保护补偿机制的实施意见》（青政办〔2018

1号）要求："在三江源等江河源头区、黑泉水库等重要饮用水水源地、青海湖等水产种质资源保护区、湟水河等重要河流敏感河段和水生态修复治理区开展生态保护补偿工作。"湖南省人民政府办公厅《关于健全生态保护补偿机制的实施意见》（湘政办发〔2017〕40号）要求："持续推进湘江流域生态补偿，在资水、沅江、澧水等主要河流源头区、城区敏感河段以及洞庭湖、东江湖等重要湖库实施生态保护补偿，积极推进水域占用补偿制度，探索建立长效机制，改善和修复河湖生态系统。"江西省人民政府办公厅《关于健全生态保护补偿机制的实施意见》（赣府厅发〔2017〕30号）要求："建立健全湿地（水库）生态系统保护、恢复与补偿制度。建立鄱阳湖湿地监测评价预警机制和生态功能警戒线制度。"

虽然国家和地方已将受损河湖纳入水流生态保护补偿重点领域，但受管理权限、补偿范围、权责关系等因素影响，我国直接开展的受损河湖生态保护补偿实践相对较少，与之相关的大概可以分为4种情况：①纳入流域生态保护补偿中统筹考虑；②结合湿地生态效益补偿、自然保护区补助等开展河湖生态保护与修复；③1998年起国家出台实施的退田还湖政策；④结合河湖生态保护与修复相关规划推动河湖生态保护与修复。

9.2.1 纳入流域生态保护补偿中统筹考虑

9.2.1.1 国家层面

目前，国家层面主要针对洞庭湖、鄱阳湖、太湖等流域出台了一系列推进生态保护补偿机制建设政策文件，要求加快建立流域生态保护补偿机制。

2021年，国家发展改革委《关于加快推进洞庭湖、鄱阳湖生态保护补偿机制建设的指导意见》（发改振兴〔2021〕750号）要求加快推进"两湖"生态保护补偿机制建设，有力推动"两湖"流域可持续发展。到2030年，"两湖"流域生态保护补偿制度化水平明显提升，跨省流域生态保护协作关系初步建立，市场化、多元化生态保护补偿市场体系初步构建，生态保护主体和受益主体良性互动关系初步形成，为生态优先、绿色发展提供有力支撑。到2035年，"两湖"生态环境质量明显提升，生态保护补偿机制更加健全，区域间生态保护协作关系更加密切，市场化、多元化生态保护补偿市场体系建设基本完成，生态保护主体和受益主体良性互动关系全面形成。

2021年，国家发展改革委《关于加强长江经济带重要湖泊保护和治理的指导意见》（发改地区〔2021〕1617 号）中提出："探索建立生态补偿机制。鼓励重要湖泊所在地建立生态保护补偿机制，推动重要湖泊及重要湖泊出入湖河流所在地积极探索流域生态保护补偿的新方式，协商确定湖泊水生态环境改善目标，加快形成湖泊生态环境共保联治格局。进一步健全生态保护补偿机制，加大对森林、草原、湿地等重要生态系统的保护力度。发挥中央资金引导和地方政府主导作用，完善补偿资金渠道。"

2022 年，国家发展改革委、生态环境部、水利部印发的《关于推动建立太湖流域生态保护补偿机制的指导意见》（发改振兴〔2022〕101 号）要求："推动构建太湖流域生态保护补偿机制，为实现长三角更高质量一体化发展奠定坚实的生态基础。到 2023 年，建立健全太浦河生态保护补偿机制，太湖流域治理协同性、系统性、整体性显著提升，太湖流域水质得到持续改善，区域高质量发展的生态基础进一步夯实。到 2030 年，太湖全流域生态保护补偿机制基本建成，太湖全流域水质稳定向好，山清水美的自然风貌生动再现，为全国流域水环境综合协同治理打造示范样板。"

9.2.1.2　省级层面

江苏省、湖南省、湖北省等省份虽然没有直接出台受损河湖生态保护补偿方案，但在建立流域横向生态保护补偿时多有涉及相关内容，简要介绍如下：

1. 江苏省

早在 2007 年，江苏省发布的《省政府办公厅关于印发江苏省环境资源区域补偿办法（试行）和江苏省太湖流域环境资源区域补偿试点方案的通知》（苏政办发〔2007〕149 号），要求推行环境资源区域补偿制度，并在本省行政区域内太湖流域部分入湖河流断面试行。试点结束后，在太湖流域及其他流域推行。2010 年，江苏省出台相关文件要求在通榆河流域进行水环境质量区域补偿试点。2013 年，在太湖流域和通榆河补偿试点的基础上，江苏省人民政府办公厅印发的《省政府办公厅关于转发省财政厅、省环保厅江苏省水环境区域补偿实施办法（试行）的通知》（苏政办发〔2013〕195 号）将补偿范围扩展的江苏全域。2021 年，江苏省发布的《省生态环境厅、省财政厅关于印发〈江苏省水环境区域补偿工作方案（2020 年修订）〉的通知》（苏环办〔2021〕131 号），在江苏省全域推行水环境区域补偿，主要做法如下：

（1）补偿范围。补偿区域覆盖全省，包括全省主要河流上的国控断面，流域性、区域性骨干河道跨市界断面，南水北调东线、通榆河输水通道控制断面，主要入江支流控制断面及太湖、洪泽湖等湖泊主要入湖河流控制断面，主要入海河流控制断面，主要出省断面等。

（2）补偿断面。补偿断面分为两类：第一类为跨市河流交界断面；第二类为直接入海入湖入江断面、输水通道控制断面以及出省的重点监控断面。

（3）水质目标。补偿断面水质目标分为以下几种情况：①全省境内的陆域河流断面，全部按照Ⅲ类目标执行，入海河流按照严于现状水质一个类别执行。②考核因子中，太湖流域所有河流、洪泽湖主要入湖河流的总磷指标按 0.15mg/L 执行，其余补偿断面按照 0.2mg/L 执行。③太湖流域补偿断面水质目标增设总氮指标，补偿标准按照 3mg/L 执行。

（4）补偿方式。补偿方式根据分类分别如下：

1）第一类断面：当断面水质达标时，由下游地区对上游地区予以补偿；水质超标时，由上游地区对下游地区予以补偿；滞流时上、下游地区之间不补偿。

2）第二类断面：正常流向情况下，当断面水质达标时，由省财政对上游地区予以补偿；水质超标时，由上游地区补偿省财政；受闸坝控制等原因滞流时，若水质超标则由上游地区按顺流核算补偿资金的 30% 补偿省财政；逆流时不予补偿。

此外，江苏省财政依据重点国控断面水质考核评价结果、县级及以上集中式饮用水重要水源地水质监测结果以及地表水环境质量排名，适时进行奖励。

2. 湖南省

2014 年，湖南省发布的《湖南省财政厅、省环境保护厅、省水利厅印发〈湖南省湘江流域生态补偿（水质水量奖罚）暂行办法〉的通知》（湘财建〔2014〕133 号）要求：在对湘江流域上游重要水源地区给予重点生态功能区转移支付财力补偿的基础上，遵循"按绩效奖罚"的原则，对湘江流域跨市、县断面进行水质、水量目标考核奖罚。2019 年，湖南省财政厅、省生态环境厅、省发展改革委、省水利厅《关于印发〈湖南省流域生态保护补偿机制实施方案（试行）〉的通知》（湘财资环〔2019〕1 号），将补偿范围扩展至在湘江、资水、沅水、澧水（以下简称"四水"）干流和重要的一、二级支流，以及其他流域面积在 1800km² 以上的河流。湘江、资水、沅水、澧水均属于洞庭湖水系，其生态环境保护与洞庭湖息息相关。主要做法如下：

（1）湖南省财政建立水质水量奖罚机制。根据流域断面水质、水量监测考核结果，对市州、区县进行奖罚。根据河流等级、流经区县数量、是否为上游或贫困县确定各市州、区县的基本奖罚系数，对贫困及"四水"

上游县（市）予以适当倾斜（不重复），奖罚标准提高 20％。主要包括水质超标处罚、水质恶化处罚和最小流量保障。

1）水质奖励。主要包括水质达标奖励和水质改善奖励。水质达标奖励。出境考核断面水质的达标基准是Ⅲ类水质。当月出境断面考核达到Ⅱ类水质标准的，奖励系数为 1；达到Ⅰ类水质标准的，奖励系数为 2；水质改善奖励。出境断面水质比入境断面水质有改善，提高一个类别奖励系数为 1；提高两个类别奖励系数为 2。奖励每月计算一次，逐月累加。

2）水质处罚。主要包括水质超标处罚和水质恶化处罚。①水质超标处罚。出境断面考核低于Ⅲ类标准的，实施超标考核处罚。分以下 3 种情况：当出境断面为Ⅳ类水质时，扣缴系数为 1；当出境断面为Ⅴ类水质时，扣缴系数为 2；当出境断面为劣Ⅴ类水质时，扣缴系数为 3。如入境水质超标，出境断面水质未下降的，不执行水质超标处罚。②水质恶化处罚。出境断面水质比入境断面水质下降一个类别，扣缴系数为 1；下降两个类别，扣缴系数为 2；下降 3 个类别，扣缴系数为 3。处罚每月计算一次，逐月累加。已签订流域上下游横向生态保护补偿协议的上游市州、区县，不执行水质恶化处罚，根据协议向下游履行补偿义务。因不可抗力原因造成的阶段性水质超标或恶化，在一定期限内不执行水质超标或恶化惩罚。

3）最小流量保障。根据湖南省核准的市、县交界断面最小生态流量，某地所有出境考核断面水量必须全部满足最小流量，否则扣减考核奖励。

（2）市州间建立流域横向生态保护补偿机制。将流域跨界断面的水质作为补偿基准，跨界断面水质只能更好，不能更差。补偿金按月核算，按年结算。市州间按每月 80 万元、区县间按每月 20 万元的标准相互进行补偿。跨界断面水质达到Ⅰ类，或跨界断面水质较上年年度水质类别提升的月份，由断面下游市、县补偿上游市、县。跨界断面水质较上年年度水质类别下降，或因上游原因引发污染事件的月份，由断面上游市、县补偿下游市、县。跨界断面年度水质未达到水环境功能类别要求，且断面水质较上年年度水质类别未提升的，由断面上游市、县补偿下游市、县。同一市州、区县涉及多个流域的，分流域按照上述方法分别核算。

（3）建立生态保护补偿机制的激励与约束政策。主要包括机制建立奖励、机制运行奖励和约束政策。

1）机制建立奖励。在方案发布 1 年内建立流域横向生态保护补偿机制，且签订 3 年补偿协议的市州、区县，湖南省级财政给予奖励。

2）机制运行奖励。对流域上下游市州之间、区县之间形成协作会商、联防共治机制，补偿机制运行良好的，省级给予奖励。

3）约束政策。对未签订协议的市州和财政省直管县（市），除客观原因难以建立机制的外，收取流域横向生态保护补偿资金，直至建立机制后停止收取。

3. 湖北省

2020 年，湖北省咸宁市人民政府办公室分别发布《关于印发〈西凉湖水生态环境保护补偿机制实施方案（试行）〉的通知》（咸政办发〔2020〕35 号）和《关于印发〈斧头湖流域碧水入湖生态保护补偿机制实施方案（试行）〉的通知》（咸政办函〔2020〕17 号），推进西凉湖、斧头湖生态保护补偿机制建设，主要做法如下：

（1）西凉湖水生态环境保护补偿机制。按照"谁污染谁付费、谁破坏谁补偿"，建立西凉湖水生态环境保护补偿机制。在西凉湖区选取 6 个常规监测点位，涵盖了咸安区、嘉鱼县、赤壁市，每县（市、区）各 2 个，以高锰酸盐指数、氨氮、总磷为考核因子进行考核，水质下降点位缴纳生态保护补偿资金，水质改善点位进行奖补，水质不达标点位进行惩罚。各县（市、区）补偿资金由市级财政统一结算后统筹用于西凉湖水污染防治综合治理及奖补，如有资金不足的情况，由市级财政统一安排。

（2）斧头湖流域碧水入湖生态保护补偿机制。坚持"谁污染谁付费、谁破坏谁补偿"，建立斧头湖流域碧水入湖生态保护补偿机制。在斧头湖主要入湖河流入湖口、闸口断面设置水质监测断面，其中常规监测断面 16 个、抽查监测断面 6 个、参考断面 5 个，涵盖了斧头湖流域咸安区、嘉鱼县、咸宁高新区。根据水质监测结果确定各县（市、区）是否上缴生态保护补偿资金或获得生态保护补偿资金奖励。市级财政每年出资 300 万元用于奖励斧头湖流域水环境质量改善的县（市、区）。各县（市、区）补偿资金由市级财政统一结算后统筹用于斧头湖流域水污染防治综合治理项目和对在斧头湖流域污染防治工作表现突出、成绩显著的地方和单位予以奖励。

全国及各省关于受损河湖生态保护补偿相关政策要求见表 9.1。

9.2.2 与湿地、自然保护区等相关领域补偿结合

9.2.2.1 湿地生态保护补偿

湿地类型❶包括自然湿地和人工湿地两类，其中自然湿地包括近海与

---

❶ 湿地类型主要依据《湿地分类》（GB/T 24708—2009）。

表 9.1　受损河湖生态保护补偿相关政策法规文件

层面	颁布时间	颁布机关	政策法规名称	文件号	主　要　内　容
国家	2021	国家发展改革委	《关于加快推进洞庭湖、鄱阳湖生态保护补偿机制建设的指导意见》	发改振兴〔2021〕750号	加快推进"两湖"生态保护补偿机制建设，到2030年，"两湖"流域生态保护补偿制度初步建立，跨省流域生态保护协作关系初步形成，市场化、多元化生态保护补偿主体和受益发展提供有力支撑。到2035年，"两湖"生态环境质量明显提升，生态保护补偿机制更加健全，区域间生态保护协作关系更加密切，市场化、多元化生态保护补偿市场主体良性互动关系基本完成。生态保护补偿主体和受益主体良性互动关系全面形成
	2021	国家发展改革委	《关于加强长江经济带重要湖泊保护和治理的指导意见》	发改地区〔2021〕1617号	探索建立生态补偿机制。鼓励重要湖泊所在地建立生态保护补偿机制，推动重要湖泊及重要湖泊流入人湖河流所在地积极探索流域生态补偿的新方式，协商确定湖泊治水生态环境改善目标。加快形成湖泊生态保护补偿格局。进一步健全生态系统的保护办法。发挥中央资金引导和地湿地等重要生态系统的保护作用。完善补偿资金渠道
	2022	国家发展改革委、生态环境部、水利部	《关于推动建立太湖流域生态保护补偿机制的指导意见》	发改振兴〔2022〕101号	推动构建太湖流域生态保护补偿机制，为实现长三角更高质量一体化发展奠定坚实的生态基础。到2023年，建立健全太湖生态保护补偿机制，太湖流域治理持续改善，系统性、整体性高质量发展的生态基础进一步夯实。到2030年，大湖全流域生态保护补偿机制基础机制基本建成，大湖全流域水质稳定向好，山清水美的自然风貌生动再现，为全国流域水环境综合治理打造示范样板

236

续表

层面		颁布时间	颁布机关	政策法规名称	文件号	主　要　内　容
省（自治区、直辖市）	天津市	2017	天津市人民政府办公厅	《关于健全生态保护补偿机制的实施意见》	津政办发〔2017〕90号	重点在北三河水系的蓟运河、潮白新河、北运河、北京排污河，永定河水系的大沽排水河、海河干流水域，北塘排污河、大清排水立横向补偿关系。积极争取中央财政支持，持续推进团泊、大黄堡、北大港、永定河故道等湿地公园等生态保护与恢复工程。
	河北省	2016	河北省人民政府办公厅	《关于健全生态保护补偿机制的实施意见》	冀政办发〔2016〕25号	推进重要江河敏感河段、重要生态治理区和重要湖泊生态保护补偿。积极推进永定河、滦河、潮白河、北运河、南运河、大清河、潴泷河和白洋淀、衡水湖、南大港等重要河湖综合治理
	内蒙古自治区	2016	内蒙古自治区人民政府办公厅	《关于健全生态保护补偿机制的实施意见》	内政办发〔2016〕183号	稳步推进乌梁素海等退耕还湿试点，积极争取将内蒙古黄河流域湿地等纳入实施范围。稳步推进鄂尔多斯遗鸥呼伦湖自然保护区国家湿地生态效益补偿试点，争取将图牧吉、辉诺尔、达里诺尔、阿鲁科尔沁等国家级湿地自然保护区纳入国家湿地生态效益补偿试点
	吉林省	2016	吉林省人民政府办公厅	《关于健全生态保护补偿机制的实施意见》	吉政办发〔2016〕78号	继续做好雁鸣湖国家湿地生态效益补偿试点，推进通榆、镇赉等地耕还湿等湿地退耕还湿试点项目建设
	江苏省	2021	江苏省生态环境厅、省财政厅	《关于印发〈江苏省水环境区域补偿工作方案（2020年修订）〉的通知》	苏环办〔2021〕131号	以强化市县政府水污染防治责任，切实改善水环境质量为目标，以"谁达标、谁受益、谁超标、谁补偿"为原则，实行"双向补偿"。补偿区域覆盖全省，包括全省主要河流上的国控断面、流域性、区域性骨干河道跨市界断面，南水北调东线、通榆河输水通道断面，主要入江支流控制断面，主要入湖河及太湖、洪泽湖等湖泊主要控制断面，主要出省断面等

续表

层面		颁布时间	颁布机关	政策法规名称	文件号	主 要 内 容
省（自治区、直辖市）	江西省	2017	江西省人民政府办公厅	《关于健全生态保护补偿机制的实施意见》	赣府厅发〔2017〕30号	建立健全湿地（水库）生态系统保护、恢复与补偿制度。建立鄱阳湖湿地监测评价预警机制和生态功能警戒线制度
	湖北省	2020	咸宁市人民政府办公室	《关于印发〈斧头湖流域碧水入湖生态保护补偿机制实施方案（试行）〉的通知》	咸政办函〔2020〕17号	加快推进斧头湖流域水环境综合治理，持续提高治污水平，激励各相关县（区）不断提高治污水平，建立完善生态保护补偿机制，促进流域经济与环境保护协调发展
		2020	咸宁市人民政府办公室	《关于印发〈西凉湖水生态环境保护补偿机制实施办法（试行）〉的通知》	咸政办发〔2020〕35号	加快推进西凉湖水生态环境综合治理，持续改善西凉湖水环境质量，激励各相关县（市、区）不断提高治污水平，建立和完善生态保护补偿机制，促进流域经济与环境保护协调发展
	湖南省	2017	湖南省人民政府办公厅	《关于健全生态保护补偿机制的实施意见》	湘政办发〔2017〕40号	持续推进湘江流域生态补偿，在资水、沅江、澧水主要河流源头地区、城镇饮用水源地以及敏感河段以及洞庭湖、东江湖等重要湖库实施生态保护补偿机制，积极推进河湖生态长效机制，改善和修复河湖生态系统
		2019	湖南省财政厅、省生态环境厅、省发展改革委、省水利厅	《关于印发〈湖南省流域生态保护补偿机制实施方案（试行）〉的通知》	湘财资环〔2019〕1号	在湘江、资水、沅水、澧水干流和重要的一、二级支流，以及其他流域面积在1800km^{2}以上的河流建立水质水量奖罚机制
	广西壮族自治区	2017	广西壮族自治区人民政府办公厅	《关于健全生态保护补偿机制的实施意见》	桂政办发〔2017〕57号	科学划定湿地，研究启动退耕还湿工作，争取国家在我区扩大湿地生态效益补偿试点范围。建立健全桂林会仙喀斯特、北海滨海、横县西津、富川龟石、都安澄江、靖西龙潭、百色福禄河、凌云浩坤湖、平果芦仙湖、大新黑水河、龙州左江、东兰坡豪湖、荔浦荔江、梧州苍海、南宁大王滩国家湿地公园管理体系

续表

层面		颁布时间	颁布机关	政策法规名称	文件号	主　要　内　容
省（自治区、直辖市）	贵州省	2017	贵州省人民政府办公厅	《关于健全生态保护补偿机制的实施意见》	黔府办发〔2017〕6号	分流域制订省八大流域生态保护补偿办法，持续推进赤水河、清水江、红枫湖、乌江流域水污染防治生态保护补偿试点
	云南省	2017	云南省人民政府办公厅	《关于健全生态保护补偿机制的实施意见》	云政办发〔2017〕4号	以六大水系、九大高原湖泊、具有重要生态功能的大型水库以及集中式饮用水重要水源地为重点，全面开展生态保护补偿，加大水土保持生态效益补偿资金筹集力度
	西藏自治区	2017	西藏自治区人民政府办公厅	《关于健全生态保护补偿机制的实施意见》	藏政办发〔2017〕14号	水流生态保护补偿，加强重要江河源头湖泊水生态保护与修复，实施那曲那曲河、色尼河等河湖水系连通水生态保护工作
	甘肃省	2017	甘肃省人民政府办公厅	《甘肃省贯彻落实〈国务院办公厅关于健全生态保护补偿机制的意见〉实施意见》的通知	甘政办发〔2017〕127号	加大湿地保护投入力度，重点支持黄河首曲、黄河三峡、黑河流域中游、嘉峪关新城草湖、敦煌西湖、大小苏干湖、尕海则岔等湿地开展保护与恢复工程，建立全国自然保护区和湿地公园管理体系，省市县重要湿地、湿地自然保护区和国家湿地公园建设及推进甘南曼日玛大宗湖、兰州三江口、张掖黑河、文县黄林沟、康县梅园沟、西和晚霞、文县天池、武都东江等湿地公园建设及验收工作
	青海省	2018	青海省人民政府办公厅	《关于健全生态保护补偿机制的实施意见》	青政办〔2018〕1号	在三江源等江河源头区地、青海湖等水产种质资源保护区、黑泉水库等重要饮用水水源地、湟水河等重要河流敏感河段和水生态修复治理区开展水生态保护补偿工作

海岸湿地、河流湿地、湖泊湿地、沼泽湿地等，与水流领域的受损河湖有重叠的空间。依据《"十四五"林业草原保护发展规划纲要》，纳入国家、国家重要湿地名录的河湖共计 41 处，其中湖泊有湖北潜江返湾湖、湖南宜章莽山浪畔湖、宁夏盐池哈巴湖、宁夏中宁天湖等 27 处，河流有江西兴国潋江、山东青州弥河、湖北谷城汉江、湖北荆门漳河等 14 处，详见表 9.2。

表 9.2　　　　　　　纳入国家、国际重要湿地名录的河湖

序号	国家、国际重要湿地名录	级　别
1	江西兴国潋江	国家重要湿地
2	山东青州弥河	国家重要湿地
3	湖北谷城汉江	国家重要湿地
4	湖北荆门漳河	国家重要湿地
5	湖北麻城浮桥河	国家重要湿地
6	湖北潜江返湾湖	国家重要湿地
7	湖北远安沮河	国家重要湿地
8	湖南宜章莽山浪畔湖	国家重要湿地
9	海南海口美舍河	国家重要湿地
10	宁夏吴忠黄河	国家重要湿地
11	宁夏盐池哈巴湖	国家重要湿地
12	宁夏固原原州清水河	国家重要湿地
13	宁夏中宁天湖	国家重要湿地
14	江西鄱阳湖自然保护区	国际重要湿地
15	湖南东洞庭湖	国际重要湿地
16	青海青海湖鸟岛	国际重要湿地
17	内蒙古达赉湖国家级自然保护区	国际重要湿地
18	黑龙江洪河国家级自然保护区	国际重要湿地
19	湖南南洞庭湖湿地和水禽自然保护区	国际重要湿地
20	湖南西洞庭湖自然保护区	国际重要湿地
21	黑龙江兴凯湖国家级湿地自然保护区	国际重要湿地
22	云南碧塔海湿地	国际重要湿地
23	青海鄂陵湖	国际重要湿地
24	云南拉市海湿地	国际重要湿地

序号	国家、国际重要湿地名录	级　别
25	西藏玛旁雍错湿地	国际重要湿地
26	云南纳帕海湿地	国际重要湿地
27	青海扎陵湖湿地	国际重要湿地
28	湖北洪湖湿地	国际重要湿地
29	甘肃尕海湿地自然保护区	国际重要湿地
30	黑龙江南瓮河国家级自然保护区	国际重要湿地
31	黑龙江七星河国家级自然保护区	国际重要湿地
32	湖北沉湖湿地自然保护区	国际重要湿地
33	湖北大九湖湿地	国际重要湿地
34	甘肃张掖黑河湿地国家级自然保护区	国际重要湿地
35	安徽升金湖国家级自然保护区	国际重要湿地
36	山东济宁南四湖湿地	国际重要湿地
37	湖北网湖湿地	国际重要湿地
38	西藏色林错湿地	国际重要湿地
39	内蒙古毕拉河国际重要湿地	国际重要湿地
40	西藏扎日南木错国家重要湿地	国际重要湿地
41	江西鄱阳湖湖南叽国际重要湿地	国际重要湿地

1. 相关政策

目前，中央预算中安排有林业改革发展资金，用于林业改革发展方面的共同财政事权转移支付资金。根据财政部、国家林业和草原局最新修订的《林业改革发展资金管理办法》（财资环〔2021〕39号），林业改革发展资金用于森林资源管理、国土绿化、国家级自然保护区、湿地等生态保护方面。其中，湿地等生态保护支出用于湿地保护与恢复、退耕还湿、湿地生态效益补偿等湿地保护修复，森林防火、林业有害生物防治、林业生产救灾等林业防灾减灾，珍稀濒危野生动物和极小种群野生植物保护、野生动物疫源疫病监测和保护补偿等国家重点野生动植物保护（不含国家公园内国家重点野生动植物保护），以及林业科技推广示范等。

2. 鄱阳湖湿地生态补偿

2014年起中央启动实施湿地生态保护效益补偿试点工作，鄱阳湖纳入首批试点名单。2016年，财政部、国家林业局联合印发《林业改革发展资金管理办法》，明确湿地生态效益补偿补助用于对候鸟迁飞路线上的林业系统管理的重要湿地因鸟类等野生动物保护造成损失给予的补偿支出。试点开展以来，中央财政投入湿地生态效益补偿试点资金上亿元，支持鄱阳湖国际重要湿地开展湿地生态效益补偿试点。

为进一步规范和完善鄱阳湖国家重要湿地生态效益补偿试点资金管理，《江西省林业厅、江西省财政厅关于印发〈2014年鄱阳湖国际重要湿地生态补偿试点实施管理指导意见〉的通知》（赣林计字〔2014〕242号）、《江西省鄱阳湖国家重要湿地生态效益补偿资金管理办法》（赣林计字〔2018〕282号）、《江西省林业局关于印发〈江西省湿地生态效益补偿项目管理办法〉的通知》（赣林规〔2021〕7号）对湿地生态效益补偿项目进行了进一步明确。

（1）补偿范围。湿地生态效益补偿补助主要用于对候鸟迁飞路线上因候鸟保护造成湿地所有者或者使用者合法权益受到损害给予的支出。范围包括国际重要湿地、国家重要湿地和湿地类型国家级自然保护区以及鄱阳湖湿地周边的南昌县、进贤县、安义县、南昌市新建区、南昌市高新区、修水县、武宁县、都昌县、湖口县、彭泽县、永修县、德安县、共青城市、庐山市、九江市柴桑区、九江市濂溪区、万年县、余干县、鄱阳县、抚州市东乡区等20个县（市、区）的越冬候鸟重点栖息区域。

（2）补偿对象。

1）耕地承包经营权人受损补偿。用于鄱阳湖湿地周边越冬候鸟重点栖息区域因保护候鸟而遭受损失的基本农田及第二轮土地承包范围内的耕地承包经营权人。

2）社区生态修复和环境整治补偿。用于鄱阳湖湿地周边越冬候鸟重点栖息区域因保护湿地和候鸟而遭受损失或受到影响的社区。可开展候鸟栖息地生境恢复、乡村小微湿地修复以及社区绿化、垃圾无害化处理、改水、改厕、改路等环境改善项目。

3）对国际重要湿地、国家重要湿地和湿地类型国家级自然保护区以及越冬候鸟重点栖息地保护管理机构给予补助。用于开展社区共管共建、候鸟栖息地生境恢复以及必要的监测、巡护、宣教等工作。各县（市、区）要因地制宜、突出重点开展湿地生态效益补偿工作，应优先并充分安排耕地承包经营权人受损补偿。补偿对象需长期支持和配合湿地和候鸟保护工作，且无破坏湿地和非法捕猎候鸟的违法记录。

（3）补偿标准。耕地承包经营权人受损补偿，按照每亩80元的标准进行补偿，可根据耕地受损程度及当年获得资金补偿额度等因素适当调整，调整幅度不得超过 30％。对候鸟集中分布并造成农作物损失超过 80％以上的区域给予重点补偿。社区生态修复和环境整治补偿，以乡（镇）为单位，每个项目总投资控制在 50 万元以内。

9.2.2.2 国家级自然保护区生态保护资金

自然保护区类型包括森林生态、草原草甸、内陆湿地、荒漠生态、野生动物、野生植物、地质遗迹等多个类型，其中内陆湿地类型的自然保护区涉及河流、湖泊、水库、泉眼、湿地等，与水流领域的受损河湖有重叠的空间。

2019 年，中共中央办公厅、国务院办公厅印发《关于建立以国家公园为主体的自然保护地体系的指导意见》，将自然保护地按生态价值和保护强度高低依次分为 3 类，分别为国家公园、自然保护区、自然公园。根据《中共中央办公厅 国务院办公厅关于在国土空间规划中统筹划定落实三条控制线的指导意见》（2019 年）、《自然资源部、国家林业和草原局关于做好自然保护区范围及功能分区优化调整前期有关工作的函》（自然资函〔2020〕71 号），目前各省正在对自然保护区范围及功能分区进行优化调整，正式方案尚未公布。依据《全国国家级自然保护区名录（2017 年）》，纳入其中的河湖有 66 处，其中湖泊有衡水湖、呼伦湖、哈腾套海、波罗湖等 27 处，河流有滦河上游、黑里河、毕拉河、辉河等 39 处，详见表 9.3。

表 9.3　　　　　纳入国家级自然保护区名录的河湖（截至 2017 年）

序号	保护区名称	行政区域	面积/hm²	主要保护对象	始建年份
1	滦河上游	河北省：围场满族蒙古族自治县	50637.4	森林生态系统和野生动物	2002
2	衡水湖	河北省：衡水市	16365	湿地生态系统及鸟类	2000
3	黑里河	内蒙古自治区：宁城县	27638	森林生态系统	1996
4	毕拉河	内蒙古自治区：鄂伦春自治旗	56604	森林沼泽、湿地沼泽生态系统及珍稀野生动植物	2004
5	辉河	内蒙古自治区：鄂温克族自治旗、新巴尔虎左旗、陈巴尔虎旗	346848	湿地生态系统及珍禽、草原	1997
6	呼伦湖	内蒙古自治区：新巴尔虎右旗、新巴尔虎左旗、满洲里市	740000	湖泊湿地、草原及野生动物	1986
7	哈腾套海	内蒙古自治区：磴口县	123600	绵刺及荒漠草原、湿地生态系统	1995

续表

序号	保护区名称	行政区域	面积/hm²	主要保护对象	始建年份
8	青龙河	辽宁省：凌源市	12045	燕山东段暖温带北缘的天然侧柏林、核桃楸林、蒙古栎林等典型森林生态系统及珍稀野生动植物	2001
9	波罗湖	吉林省：农安县	24915	湿地生态系统及鹤、鹳类珍稀濒危鸟类	2004
10	松花江三湖	吉林省：蛟河市、桦甸市、抚松县、靖宇县	115253	松花江上游森林生态系统	1982
11	通化石湖	吉林省：通化县	15200	温带山地森林生态系统及东北红豆杉、朝鲜崖柏、对开蕨、紫貂、原麝等珍稀濒危野生动植物	1993
12	鸭绿江上游	吉林省：长白朝鲜族自治县	20306	珍稀冷水性鱼类及其生境	1996
13	查干湖	吉林省：前郭尔罗斯蒙古族自治县、乾安县、大安市	50684	湿地生态系统及珍稀鸟类	1986
14	向海	吉林省：通榆县	105467	丹顶鹤等珍稀水禽、蒙古黄榆等稀有动植物及湿地水域生态系统	1981
15	黄泥河	吉林省：敦化市	41583	北温带森林生态系统及多种珍稀濒危野生动植物	2000
16	雁鸣湖	吉林省：敦化市	55016	湿地生态系统	1991
17	乌裕尔河	黑龙江省：富裕县	55423	湿地生态系统及丹顶鹤、老鸹等珍稀水禽	1992
18	兴凯湖	黑龙江省：密山市	222488	湿地生态系统及丹顶鹤等珍稀鸟类	1986
19	宝清七星河	黑龙江省：宝清县	20000	湿地生态系统及珍稀水禽	1991
20	洪河	黑龙江省：同江市	21835	沼泽湿地生态系统及丹顶鹤、白鹤、白头	1984
21	挠力河	黑龙江省：富锦市、宝清县、饶河县	160595	沼泽湿地生态系统及水禽	1998
22	小北湖	黑龙江省：宁安市	20834	红松林生态系统及原麝、紫貂等珍稀动植物	2006

续表

序号	保护区名称	行政区域	面积/hm²	主要保护对象	始建年份
23	公别拉河	黑龙江省：黑河市爱辉区	47983	沼泽湿地生态系统及珍稀野生动植物	2005
24	大沾河湿地	黑龙江省：五大连池市	211618	小兴安岭林区森林湿地生态系统、白头鹤等	2001
25	绰纳河	黑龙江省：呼玛县	105580	寒温带针叶林与温带针阔叶混交林	2002
26	南瓮河	黑龙江省：大兴安岭地区松岭区	229523	森林、沼泽、草甸和水域生态系统以及珍稀动植物	1999
27	黑龙江双河	黑龙江省：塔河县	88849	寒温带森林生态系统、森林沼泽系统及濒危物种	2002
28	泗洪洪泽湖湿地	安徽省：泗洪县	49365	湿地生态系统、大鸨等鸟类、鱼类产卵场	1985
29	升金湖	安徽省：东至县、池州市贵池区	33400	白鹤等珍稀鸟类及湿地生态系统	1986
30	鄱阳湖南矶湿地	江西省：新建区	33300	天鹅、大雁等越冬珍禽和湿地生境	1997
31	新乡黄河湿地鸟类	河南省：封丘县、长垣市	22780	天鹅、鹤类等珍禽及湿地生态系统	1988
32	河南黄河湿地	河南省：三门峡市、洛阳市、焦作市、济源市	68000	湿地生态系统、珍稀鸟类	1995
33	丹江湿地	河南省：淅川县	64027	湿地生态系统	2001
34	五峰后河	湖北省：五峰土家族自治县	10340	森林生态系统及珙桐等珍稀动植物	1985
35	南河	湖北省：谷城县	14833.7	北亚热带森林生态系统、古老子遗珍稀濒危野生植物及豹、林麝等珍稀野生动物	2003
36	洪湖	湖北省：洪湖市、监利市	41412	湿地生态系统	1996
37	龙感湖	湖北省：黄梅县	22322	湿地生态系统及白头鹤等珍禽	1988
38	东洞庭湖	湖南省：岳阳市	190000	湿地生态系统及珍稀水禽	1982
39	西洞庭湖	湖南省：汉寿县	30044	湿地生态系统及黑鹳、白鹤等珍稀野生动植物	1998
40	六步溪	湖南省：安化县	14239	森林及野生动植物	1999

序号	保护区名称	行政区域	面积/hm²	主要保护对象	始建年份
41	借母溪	湖南省：沅陵县	13041	森林生态系统及银杏、榉木、楠木等珍稀植物	1998
42	小溪	湖南省：永顺县	24800	珙桐、南方红豆杉等珍稀植物	1982
43	白水河	四川省：彭州市	30150	森林生态系统、大熊猫、金丝猴等珍稀野生动植物	1996
44	画稿溪	四川省：叙永县	23827	桫椤等珍稀植物及地质遗迹	1998
45	唐家河	四川省：青川县	40000	大熊猫等珍稀野生动物及森林生态系统	1978
46	白河	四川省：九寨沟县	16204.3	川金丝猴、大熊猫等珍稀野生动物及其栖息地	1963
47	威宁草海	贵州省：威宁彝族回族苗族自治县	12000	高原湿地生态系统及黑颈鹤等	1985
48	麻阳河	云南省：沿河土家族自治县、务川仡佬族苗族自治县	31113	黑叶猴等珍稀动物及其生境	1987
49	元江	云南省：元江哈尼族彝族傣族自治县	22378.9	干热河谷稀树灌木草丛、亚热带森林及野生动物	2002
50	南滚河	云南省：沧源佤族自治县、耿马县	50887	亚洲象、孟加拉虎及森林生态系统	1980
51	纳板河流域	云南省：景洪市、勐海县	26600	热带季雨林及野生动植物	1991
52	苍山洱海	云南省：大理市、漾濞彝族自治县、洱源县	79700	断层湖泊、古代冰川遗迹、苍山冷杉、杜鹃林	1981
53	云龙天池	云南省：云龙县	14475	云南松林、高原湖泊及珍稀动物	1983
54	雅鲁藏布江中游河谷黑颈鹤	西藏自治区：林周县、达孜区、浪卡子县、拉孜县、日喀则市、南木林县	614350	黑颈鹤及其生境	1993
55	色林错	西藏自治区：那曲市、安多县、班戈县、申扎县、双湖县、尼玛县	2032380	黑颈鹤繁殖地、高原湿地生态系统	1993
56	玛旁雍错湿地	西藏自治区：普兰县	101190	玛旁雍错湿地生态系统	2008

序号	保护区名称	行政区域	面积/hm²	主要保护对象	始建年份
57	太白湑水河	陕西省：太白县	5343	大鲵、细鳞鲑、哲罗鲑等水生动物	1990
58	丹凤武关河	陕西省：丹凤县	9029	大鲵、水獭、多鳞铲颌鱼、东方薄鳅及其生境	2002
59	张掖黑河湿地	甘肃省：张掖市甘州区、高台县、临泽县	41164.6	湿地及珍稀鸟类	1992
60	敦煌西湖	甘肃省：敦煌市	660000	野生动物及荒漠湿地	1992
61	白水江	甘肃省：文县、陇南市武都区	183799	大熊猫、金丝猴、扭角羚等野生动物	1963
62	洮河	甘肃省：卓尼县、临潭县	287759	森林生态系统	2005
63	黄河首曲	甘肃省：玛曲县	203401	黄河首曲高原湿地生态系统	1995
64	青海湖	青海省：刚察县、共和县、海晏县	495200	黑颈鹤、斑头雁、棕头鸥等水禽及湿地生态系统	1975
65	哈巴湖	宁夏回族自治区：盐池县	84000	荒漠生态系统、湿地生态系统及珍稀野生动植物	1998
66	艾比湖湿地	新疆维吾尔自治区：精河县、博乐市、阿拉山口市	267085	湿地及珍稀野生动植物	2000

根据财政部、国家林业和草原局最新修订的《林业改革发展资金管理办法》（财资环〔2021〕39 号），林业改革发展资金在国家级自然保护区方面支出用于国家级自然保护区（不含湿地类型）的生态保护补偿与修复，特种救护、保护设施设备购置维护与相关治理，专项调查和监测，宣传教育等。国家级自然保护区生态保护资金具体可详见 6.2.1 节。

9.2.3 "退田还湖"政策

受 1998 年长江中游夏季大洪灾影响，党中央、国务院决定开展长江流域平垸行洪、退田还湖，经过多年实施，有效增加了湖泊面积，改善了长江流域的生态环境。此后，退田还湖作为河湖生态保护与修复的重要举措之一，多次列入国家生态保护修复相关政策文件和保护规划中。

9.2.3.1 长江平垸行洪、退田还湖

长江是中国的第一大河,长江流域也是我国最重要的湿地生态系统之一,它由众多类型的湿地,包括湖泊、河流、沼泽、冲积平原组成,我国最大的两个淡水湖泊——鄱阳湖和洞庭湖,均位于长江中游地区,其所提供的巨大的经济效益、生态效益和社会效益显而易见。然而,人们一度错误地认为河湖湿地的利用方向就是疏干并开垦为农田,以生产更多的粮食,来满足我国日益增长人口的吃饭需要。在这种宏观背景下,自新中国成立至1998年,长江中下游地区有1/3以上的湖泊被围垦,围垦总面积达1.3万 km² 以上,这一数字大约相当于鄱阳湖、洞庭湖、太湖、洪泽湖和巢湖五大淡水湖泊面积总和的1.3倍。因围垦而消失的湖泊达1000多个,蓄水容积减少了500亿 m³。在湖泊面积减少中,"蓄洪垦殖"影响深远。1949年以前大通站以上共有通江湖泊30多个,面积约17200km²,由于20世纪50年代中期开始的"蓄洪垦殖"工程,现在洞庭湖只剩下 2691km²,鄱阳湖面积减少了1059km²,减少了61.4%,江湖关系被扭曲,围垦恶化了湖区的水质,直接减少了江河洪水调蓄的容积,使洪水出现频率升高,而广大地区的涝滞水还要向河湖排放,又加大了江湖调蓄压力,更增加了洪涝灾害风险,已成为制约湖区经济发展的心腹之患[60-62]。

20世纪90年代,长江洪水屡成洪灾,1998年长江中游出现夏季大洪灾,给长江中下游的人民生命财产造成了巨大的损失,使国家财政背上沉重的负担,长江经济带的发展一次次受到重创。1998年国务院总理朱镕基讲话强调"今年的严重水灾对全国人民进行了一场深刻的生态环境教育,……从这次水灾情况来看,长江洪水的流量并未达到历史最大纪录,但水位却最高,其中,重要的原因是江河泥沙淤积。……这次水灾教训了我们,必须退田还湖。现在,我国粮食供应充足,我们有条件退田还湖。"

1998年,中共中央、国务院印发《关于灾后重建整治江湖、兴修水利的若干意见》(中发〔1998〕15号)指出,我国水患频繁的一个重要原因,是国土生态资源遭到严重破坏,并提出"封山育林、退耕还林、退田还湖、平垸行洪、以工代赈、移民建镇、加固干堤、疏浚河道"的32字方针。标志着我国"退田还湖"政策的正式提出。随后国家发展计划委员会牵头,制定了长江中下游地区"平垸行洪、退田还湖、移民建镇"的规划。根据党中央国务院的要求,水利部组织编制了《长江平垸行洪、退田还湖规划报告》,国家发展计划委员会会同水利部等六部委联合向国务院报送了《关于进一步做好湖北、湖南、江西、安徽 4 省平垸行洪、退田还

湖、移民建镇工作的报告》。党中央国务院要求，在 3～5 年内，对湖北、湖南、江西、安徽 4 省溃决淹没的民垸，结合灾民安置、灾后重建，有计划、有步骤地开展平垸行洪、退田还湖、移民建镇工作。至此，"退田还湖"政策开始全面实施。

根据规划报告和 4 省上报的方案，湖北、湖南、江西、安徽 4 省退田还湖工作涉及 63 万多户约 245 万人，1996—1999 年溃垸的圩堤分 4 期进行"平退"，从 1998 年开始每年汛后实施一期。工程实施后，可恢复水面 2900km²，增加蓄洪容积 130 亿 m³。其中长江干流恢复水面 1420km²，增加蓄洪容积约 53 亿 m³；鄱阳湖还湖面积 880km²，增加蓄洪容积约 50.5 亿 m³；洞庭湖还湖面积 600km²，增加蓄洪容积约 26.5 亿 m³。1998 年《中共湖南省委、湖南省人民政府关于平垸行洪、退田还湖、移民建镇的若干意见》（湘发〔1998〕17 号）明确，"因平垸行洪、退田还湖而移民的，国家按每户平均 1.5 万元的标准补助到地方，专项用于移民安置工作。各地要在严格评估测算、听取群众意见的基础上，确定合理的补贴档次。对农村五保户要给予重点扶助，建房补助资金可由安置乡村集中用于建敬老院。各市、县（区）、乡（镇）可按实际需要给予一定的配套支持。资金补助政策要有利于鼓励移民户投亲靠友、自行联系安置地。"

根据新华网北京 2002 年一篇题为《中国主要江湖面积增长》的报道，过去的几十年间，中国主要淡水湖都因为湖造田而面积缩小。但近 5 年的"退田还湖"，已使第一大淡水湖鄱阳湖面积由 3950km²"长"到了 5100km²，第二大淡水湖洞庭湖面积增长了 35%，恢复到 60 年前的 4350km²。5 年来，我国共投入 103 亿元用于长江及两湖地区"退田还湖"。其中，用于鄱阳湖区的资金达 36.7 亿元，用于洞庭湖的资金达 25.0 亿元。两大湖区为此搬迁的移民相当于三峡移民的 1.4 倍。两大湖泊的扩容，改善了长江流域的生态。目前，长江干流水面恢复了 1400km² 以上，增加蓄洪容积 130 亿 m³。据此可见，我国长江中游"退田还湖"政策执行较好，总体上项目进展顺利，基本上完成了预期规划的目标。

9.2.3.2 水利部退田还湖试点方案

2015 年，中共中央、国务院印发《生态文明体制改革总体方案》，明确要求：建立耕地草原河湖休养生息制度。开展退田还湖还湿试点，推进长株潭地区土壤重金属污染修复试点、华北地区地下水超采综合治理试点。2016 年，国家发展改革委、财政部、国土资源部、环境保护部、水利部、农业部、国家林业和草原局、国家粮食局联合印发《耕地草原河湖休养生息规划（2016—2030 年）》（发改农经〔2016〕2438 号），要求积极推进退田还湖、退养还滩、退耕还湿，归还被挤占的河湖生态空间，逐步减少"人水争地"的现象，构建健康的河湖生态系统。

2016 年，水利部根据《生态文明体制改革总体方案》有关要求，出台了《水利部关于印发〈退田还湖试点方案〉的通知》（水规计〔2016〕418 号），要求实施河湖休养生息，开展退田还湖试点工作。试点方案根据项目工作部署和地方报送情况，选取湖北省鄂州市曹家湖、峃网湖、咸宁市大洲湖和江苏省兴化市得胜湖、高淳区固城湖开展退田还湖实施试点。明确退田还湖试点的主要任务包括退田还湖范围确定、湖泊功能区划定、湖泊综合治理、湖泊岸线治理保护、河湖水力联系、湖泊综合管理等。

9.2.3.3　退田还湖成为河湖生态保护与修复的重要举措之一

退田还湖多次被列入国家生态保护修复相关政策文件和保护规划中，成为河湖生态保护与修复的重要举措之一，简要介绍如下：

2014 年，《环境保护部、国家发展改革委、财政部关于印发〈水质较好湖泊生态环境保护总体规划（2013—2020 年）〉的通知》（环发〔2014〕138 号）中，东部湖区生态环境保护主要策略包括退耕（退圩）、退塘还湖还湿，增强湖泊自然修复能力。

2016 年，中共中央办公厅、国务院办公厅印发《关于全面推行河长制的意见》（厅字〔2016〕42 号）要求，在规划的基础上稳步实施退田还湖还湿、退渔还湖，恢复河湖水系的自然连通，加强水生生物资源养护，提高水生生物多样性。

2017 年，《环境保护部、国家发展改革委、水利部关于印发〈长江经济带生态环境保护规划〉的通知》（环规财〔2017〕88 号），强调继续实施天然林资源保护、退耕还林还草、退牧还草、退田还湖还湿、湿地保护、沙化土地修复和自然保护区建设等工程，提升水源涵养和水土保持功能。

2018 年，中共中央办公厅、国务院办公厅印发《关于在湖泊实施湖长制的指导意见》（厅字〔2017〕51 号），要求积极有序推进生态恶化湖泊的治理与修复，加快实施退田还湖还湿、退渔还湖，逐步恢复河湖水系的自然连通。

2018 年，《生态环境部、国家发展改革委关于印发〈长江保护修复攻坚战行动计划〉的通知》（环水体〔2018〕181 号），强调开展退耕还林还草还湿、天然林资源保护、河湖与湿地保护恢复、矿山生态修复、水土流失和石漠化综合治理、森林质量精准提升、长江防护林体系建设、野生动植物保护及自然保护区建设、生物多样性保护等生态保护修复工程。

2020年，国家发展改革委、自然资源部《关于印发〈全国重要生态系统保护和修复重大工程总体规划（2021—2035年）〉的通知》（发改农经〔2020〕837号），长江重点生态区（含川滇生态屏障）主攻方向之一为：继续实施天然林保护、退耕退牧还林还草、退田（圩）还湖还湿、矿山生态修复、土地综合整治，大力开展森林质量精准提升、河湖和湿地修复、石漠化综合治理等。

2021年，《国家发展改革委关于加强长江经济带重要湖泊保护和治理的指导意见》（发改地区〔2021〕1617号）提出，禁止围湖造地，有序实施退地退圩还湖。

2021年，国家发展改革委、水利部印发《"十四五"水安全保障规划》，提出推进退田还湖。

9.2.4 河湖生态保护与修复相关规划

为加强河湖保护，国家层面还编制了一些与河湖生态保护与修复相关的规划，如《耕地草原河湖休养生息规划（2016—2030年）》《全国重要生态系统保护和修复重大工程总体规划（2021—2035年）》《"十四五"水安全保障规划》等，系统谋划河湖生态保护与修复项目，推动河湖生态保护与修复。

9.2.4.1 耕地草原河湖休养生息规划

2016年，国家发展改革委、财政部、国土资源部、环境保护部、水利部、农业部、国家林业局、国家粮食局联合发布了《关于〈印发耕地草原河湖休养生息规划（2016—2030年）〉的通知》（发改农经〔2016〕2438号）。

规划明确以开发利用强度大、水环境恶化、生态脆弱的河湖为重点，通过"治""保""还""减""护"等综合措施，加快推进过载和污染河湖治理与修复，加大水源涵养保护力度，确保河湖水源安全；合理控制河流开发利用强度，切实保障河湖生态用水，保护和逐步恢复河湖合理生态空间，加强地下水超采区治理，保护和合理利用河湖水生生物资源；不断完善体制机制，建立健全河湖休养生息的长效机制。

规划明确到2020年，河湖生态环境水量有所增加，生态基流基本得以保障；排污口排污总量减少，全国地表水质量达到或好于Ⅲ类水体比例超过 70％，全国江河湖泊水功能区的水质有明显改善，重要江河湖泊水功能区水质达标率达到 80％以上；河湖水域岸线空间用途管制制度基本建立，河湖生态空间得到有效保护，河湖水域面积不减少；地下水超采得到严格控制，严重超采区超采量得到有效退减；水生生物资源逐步恢复；初步建立河湖休养生息保障制度。到 2030 年，河湖生态环境用水需求基本保障，河湖生态空间得到有效恢复；水环境质量全面改善，全国地表水质量达到或好于Ⅲ类水体比例超过 75％，重要江河湖泊水功能区水质达标率提高到 95％以上；地下水基本实现采补平衡；水生生物多样性逐步稳定；河湖休养生息制度体系全面建立，河湖资源实现可持续利用。

规划明确实施重点治理与修复的河湖范围详见表9.4。

表 9.4　　　　　　　　　纳入耕地草原河湖休养生息规划的河湖

类型	范　　围	主　要　措　施
河流	永定河、滦河、北运河、大清河、潮白河、南运河、西流松花江、西辽河、辽河干流、大凌河、淮河干流、泾河、渭河、汾河、黑河、塔里木河、石羊河、汉江、岷江、七星河、洪河、三江、挠力河、珠江三角洲河网等	合理确定水土资源开发规模，优化调整产业结构，强化节水治污，利用再生水增加生态水源和适度引调水
湖泊	白洋淀、衡水湖、七里海、南大港、北大港、洪泽湖、南四湖、乌梁素海、红碱淖、东居延海、青土湖、敦煌西湖、艾比湖、岱海、草海、艾丁湖、滇池、洱海、太湖、异龙湖、杞麓湖等	科学核定湖泊保护范围，强化节水治污，优化产业结构，规范饮用水水源地建设，构建流域健康生态系统，加强流域环境监测；在有条件的地区改善湖泊水力联系和水文水动力特征等

9.2.4.2　全国重要生态系统保护和修复重大工程总体规划

2020 年，国家发展改革委、自然资源部联合印发了《全国重要生态系统保护和修复重大工程总体规划（2021—2035 年）》，规划坚持新发展理念，统筹山水林田湖草一体化保护和修复，在全面分析全国自然生态系统状况及主要问题、以"两屏三带"及大江大河重要水系为骨架的国家生态安全战略格局为基础，突出对国家重大战略的生态支撑，统筹考虑生态系统的完整性、地理单元的连续性和经济社会发展的可持续性，研究提出了到 2035 年推进森林、草原、荒漠、河流、湖泊、湿地、海洋等自然生态系统保护和修复工作的主要目标，以及统筹山水林田湖草一体化保护和修复的总体布局、重点任务、重大工程和政策举措。

规划统筹山水林田湖草一体化保护和修复的思路，按照青藏高原生态屏障区、黄河重点生态区、长江重点生态区、东北森林带、北方防沙带、南方丘陵山地带、海岸带等重点区域布局重要生态系统保护和修复重大工程，其中涉及河湖生态保护与修复的主要工程如下：

（1）青藏高原生态屏障区。在雅鲁藏布江、怒江及拉萨河、年楚河、雅砻河、狮泉河等"两江四河"地区，坚持乔灌草相结合，构建以水土保持林、水源涵养林、护岸林等为主体的防护林体系。开展沙化土地综合整治，实施宽浅沙化河段生态治理。加强水土流失治理，恢复退化草场、退化湿地生态功能。

（2）黄河重点生态区。根据黄河下游滩区用途管制政策，因地制宜退还水域岸线空间，开展滩区土地综合整治，保护和修复滩区生态环境。加强黄河下游湿地特别是黄河三角洲生态保护和修复，促进生物多样性保护和恢复，推进防护林、廊道绿化、农田林网等工程建设。

（3）长江重点生态区（含川滇生态屏障）。洞庭湖、鄱阳湖等河湖、湿地保护和恢复。加强河道整治，优化水资源配置，提高江河湖泊连通性，恢复水生生物通道及候鸟迁徙通道。开展退垸还湖（河）、退耕还湖（湿）和植被恢复，加强生态湖滨带和水源涵养林等生态隔离带的建设与保护，优化防风防浪林树种结构。实施长江干流及重要支流、湖泊生态保护修复，加强岸线资源修复治理。

（4）北方防沙带。实施白洋淀等湖泊和湿地综合治理，加强永定河、滦河、潮白河、北运河、南运河、大清河等"六河"绿色生态治理，实施地下水超采综合治理。实施水生态修复治理，逐步恢复呼伦湖、乌梁素海、岱海等重要河湖生态健康。开展黑河、石羊河等河湖湿地生态保护修复，保障河湖尾闾。开展塔里木河流域生态修复。

9.2.4.3 "十四五"水安全保障规划

2022年，国家发展改革委、水利部印发《"十四五"水安全保障规划》，规划明确要求，加强重点河湖生态治理修复，推进退田还湖。以重大国家战略区域生态受损河流湖泊和重要生态廊道为重点，推进大运河、永定河、渭河、汾河、洞庭湖、鄱阳湖、太湖、巢湖、滇池、草海等河湖生态治理修复，推动建设淮河、汉江、湘江、赣江等河流生态廊道。统筹防洪安全、水资源安全和水生态安全，开展河湖综合整治，因势利导整治河湖，维护深潭、浅滩、跌水、洲滩等河湖水系自然形态，满足亲水游憩等需求。开展河湖滨岸带生态治理修复，按照防冲不防淹的原则，通过植被绿化、生态护坡（岸）等措施，提升河湖综合功能，改善河湖生态环境。加强重要河湖水生生物栖息地治理修复，科学营造适宜生境。继续推进三峡、丹江口等库区生态治理修复。

9.2.5　存在问题

总体来看，与受损河湖直接相关的生态保护补偿实践相对较少，多通过流域综合生态保护补偿、湿地生态保护补偿或规划项目开展河湖生态保护修复等方式进行，在补偿实施过程中，尚存在诸多问题。

（1）江河湖关系错综复杂增大补偿机制建立难度。受损河湖生态补偿包含河流和湖泊，而河流和湖泊在生态补偿方面所采取的措施是不同的，这源于两种自然状况有着自己的特征。一般来说，河流的上下游分界线比较明显，而且河流的流动性比较强，而湖泊，特别是大型湖泊江湖关系十分复杂。以洞庭湖为例，洞庭湖水系由洞庭湖和湘、资、沅、澧四水及其他中小河流组成，涉及湖南、贵州、湖北、重庆、广西、江西等省（自治区、直辖市），各省之间并非简单的上下游关系。就整个长江流域而言，位于上游的洞庭湖水量、水质变化间接影响下游鄱阳湖的生态水文过程，因此，相对于河流而言，湖泊特别是大型湖泊，江河湖关系错综复杂，使得生态保护补偿范围的确定、损益关系分析和生态保护标准测算变得更加复杂，增加了建立水流生态保护补偿机制的难度。

（2）对水源涵养、取用水等水流要素关注较少。水流作为河湖生态保护的核心要素，发挥着水源涵养、水资源供给、水土保持、生态系统和生物多样性维系等重要作用。现行受损河湖生态保护补偿多与退田还湖、湿地生态补偿、自然保护地补偿等相结合，但湿地生态保护补偿关注点主要在于对候鸟迁飞路线上的林业系统管理的重要湿地因鸟类等野生动物保护造成损失给予的补偿支出；退田还湖的关注点主要在于耕地对水域岸线空间占用的补偿。此外，江苏省、湖南省虽以流域为单元探索开展太湖水系、洞庭湖水系生态补偿，但关注点多在于流域水环境质量的改善和维系；对受损河湖自身或者上游水系的水源涵养与水土保持、退减取用水等行为补偿较少，缺乏对水流的量、质、域、流、生等核心要素的统筹考虑。

（3）部门行政管理的分割性与生态环境整体性的矛盾。生态系统是一个有机生命的整体，应该统筹治水和治山、治水和治林、治水和治田、治山和治林等。目前，湿地、自然保护区生态保护补偿由林业部门主导，水环境补偿由生态环境部门主导，不同部门、不同工程、不同资金项目在同一地块相关交叉、相互重叠，难以形成合力。理想的做法是对流域内的各类生态资源开展系统性的综合补偿，但如何将不同类型的生态资源和生态服务单位归一化，用一个统一的量纲估算出相应的经济价值以确立补偿标准？如何推进不同渠道生态保护补偿资金统筹使用，以灵活有效的方式一体化推进生态保护补偿？如何建立跨地区跨部门合作机制，加强不同行业不同部门之间的沟通协调？这些都是建立受损河湖生态保护补偿的困难所在。

9.3 补偿框架

9.3.1 补偿范围

在 1988 年《中华人民共和国河道管理条例》出台前，历史上人类的生产生活活动致使河流湖泊岸线被侵占、水域面积减少，河流断流，河湖的水生态系统遭到破坏，无法追溯相关方责任，对于这种受损河湖，为推进河湖休养生息，恢复良好的生态系统服务功能，结合国家生态保护要求和地方意愿开展退减用水、退还水域岸线空间等治理修复的行为，应予以生态保护补偿。

对于气候变化造成的河湖断流萎缩，水体本底原因造成的河湖水质超标和富营养化，以及近期人类不合理开发利用活动、管理不善造成的河湖受损等，暂不纳入补偿范围。对于非法取水、侵占河湖生态空间等行为不予补偿。

基于上述原则，综合考虑河湖规模、受损程度、生态功能重要等因素，结合《耕地草原河湖休养生息规划（2016—2030 年）》《全国重要生态系统保护和修复重大工程总体规划（2021—2035 年）》《"十四五"水安全保障规划》等相关规划成果，初步筛选出生态受损河流 28 条、生态受损湖泊 23 条（表 9.5）。

表 9.5   生 态 受 损 河 湖 名 录

流域	生态受损河流	生态受损湖泊
松花江区	西流松花江、七星河、挠力河	
辽河区	辽河干流、西辽河	
海河区	永定河、滦河、潮白河、北运河、南运河、大清河	白洋淀、衡水湖、七里海、南大港、北大港

续表

流域	生态受损河流	生态受损湖泊
黄河区	泾河、渭河、汾河、湟水	乌梁素海、红碱淖
淮河区	淮河干流、洪河	洪泽湖、南四湖
长江区	汉江、岷江、湘江、赣江	洞庭湖、鄱阳湖、草海、滇池、太湖
珠江区	珠江三角洲河网	异龙湖、杞麓湖
西南诸河区	拉萨河、年楚河、大凌河	洱海
西北诸河区	黑河、石羊河、塔里木河	东居延海、青土湖、敦煌西湖、艾比湖、艾丁湖、岱海

9.3.2　补偿主体与补偿对象

重要河湖生态修复区的生态环境问题是过去长期的、历史的原因造成的，已无法追溯到具体企业、单位或个人；改善重要河湖生态环境、提高河湖水生态系统服务功能的相关受益者十分广泛，也无法具体到某些企业或个人。由于水生态系统服务功能具有准公共物品特性，在受益者范围难以确定时，由政府作为补偿主体承担相应的补偿，因此重要河湖生态修复区的补偿主体，由中央政府和地方政府共同承担。另外，造成河湖生态环境破坏的或者因河湖生态环境改善而获益的团体和个人也可作为补偿主体。

重要河湖生态修复区内的地方政府承担水生态治理修复任务，其行为以保护和改善水资源及其生态系统服务功能为目标，对其他相关的利益群体产生的是有利影响，因此，重要河湖生态修复区的生态补偿对象是修复治理区所在地的地方人民政府。另外，为河湖水生态治理修复作出贡献的企业团体和个人也可作为补偿对象。

9.3.3　补偿标准

补偿标准旨在解决受损河湖生态补偿机制"补偿多少"的问题，它的确定是生态补偿机制建设中的难点与重点。目前，尚缺乏具有公认度和可操作性的补偿标准测算方法。对于河湖生态修复实际投入的补偿，补偿标准的确定方法有恢复成本法、替代费用法与经济损失法。重要河湖水生态修复治理区域以项目补偿为主，补偿标准按照成本费用法确定，包括恢复（或维护）成本法、替代费用法与经济损失法。

（1）恢复（或维护）成本法是通过一定措施修复水生态系统和恢复水生态系统功能投入的费用，发生的费用通常与水生态系统的状态，以及人类需求的目标、技术水平、经济水平等因素有关。

（2）替代费用法是通过其他措施（如海水淡化、中水替代、节水与异地调水）满足供水需求所投入的费用，以此间接表征水生态系统免遭破坏的价值变化量所发生的费用。

（3）经济损失法是经济活动受限、压缩生产规模、结构调整、减少用水维持生态平衡所遭受的损失和代价。

因为生态补偿政策旨在令生态保护的受益者向因实施保护行为而受到经济损失的生态保护实施者进行补偿，其实质是在生态保护受益者与实施者之间重新分配因生态保护产生的社会净效益，这种分配改变了旧有的利益分配格局，将导致不同利益群体之间的矛盾。每一个利益群体都想实现自身利益的最大化，必然在"博弈规则"框架下选择对己最有利的行动策略，开展与其他利益群体的博弈。同时，尽管生态环境价值核算与机会成本核算都有很多方法，但不同的方法得出的结果却差异很大，很难得到各利益相关者的一致认同。因此，在实践中，河湖生态补偿标准可通过测算或协议的方法进行确定，即通过中立的权威部门测算补偿量，经过补偿主体和补偿对象协商或上级部门协商后，达成"协议补偿量"并执行。

9.3.4　补偿方式

河湖补偿不仅包括由国家通过直接财政补贴、财政援助、税收减免，以税收返还的形式进行资金、实物补偿，还包括国家和地方建设项目、技术交流、人员培训等方面的扶持与援助，即技术补偿和智力补偿，可概括为以政府为主导、运用市场机制以及两者结合的补偿方式。

（1）以政府为主导的补偿方式。政府补偿是指通过政府的财政转移支付和政策扶植等方式，实施流域水资源和环境保护的补偿机制，主要有资金补偿、实物补偿、政策补偿、智力补偿等方式。

1）资金补偿常见的方式有财政转移支付、补偿金、减免税收、退税、信用担保的贷款、贴息、加速折旧等。

2）实物补偿是指补偿者运用物质、劳力和土地等进行补偿，提供受偿者部分的生产要素和生活要素等，改善受补偿者的生活状况，增加生产能力，有利于提供物质使用效率，如退耕还林（草）政策中运用大量粮食进行补偿的方式。

3) 政策补偿主要是针对生态保护任务重而发展机会受到限制的地区的补偿,在生态保护任务重的地区大力发展生态经济和补偿经济,如对不同类型的区域采取不同的政绩评价标准、建立资源开发的押金退款制度、项目支持、生态标志制度及各种经济合作政策。

4) 智力补偿指通过提供无偿技术咨询和指导,培训受补偿地区或群体的技术人才和管理人才,输送各类专业人才,提高受补偿地区的生产技能和组织管理水平。

(2) 运用市场机制的补偿方式。按照资源环境有偿使用和"保护者受益、开发者修复、损害者赔偿、受益者补偿、破坏者受罚"的原则,在生态补偿中引入市场机制,使生态补偿从政府单一主体向社会多元主体转变,从财政单一渠道向市场多元渠道转变,这样不仅可以拓宽生态补偿之间的资金渠道,更重要的是通过这种机制增强社会公众的生态环境成本概念和保护生态环境的意识,统筹促进流域间区域间合作与协调发展。如水资源使用权有偿转让,排污权有偿转让,对不法排污和破坏生态环境加以处罚或责令赔偿、开发生态标识产品、发展生态旅游等。

河湖生态修复补偿需要结合以上补偿方式,首先需要发挥政府的主导作用,建立和完善各区域严格的总量控制和取水许可、污染物排放的总量控制和排污许可制度,确定河湖重要控制断面的水量或水质的考核标准。对于历史遗留问题,宜采取上级政府主导和地方政府配套支持的方式,进行生态补水或水污染治理。在总量控制的基础上,对治理修复达标的区域给予补偿或奖励,对不达标区域给予惩罚。同时,还可以实施基于市场的水权交易、排污权交易、生态产品标识、生态旅游等。

当受损河湖补偿区域范围为小尺度时,可由省级政府统筹安排,宜采取一对一的直接补贴方式。当受损河湖规模较大、补偿范围为大尺度时,还应根据江湖关系,探索建立流域上下游横向生态保护补偿模式,推动受损湖泊及其出入湖河流所在地积极探索生态保护补偿的新方式。

9.4　相关建议

9.4.1　统筹做好流域大尺度生态保护补偿和湖区小尺度生态保护补偿

河湖作为流域的重要组成,应当纳入流域统筹考虑,但湖泊局部水域面积大，涉及区域、要素多，因此对于湖泊的生态保护补偿，应统筹做好流域大尺度和湖区小尺度补偿。

（1）当以流域大尺度来开展受损河湖生态保护补偿时，在确定补偿范围时，按照"谁开发、谁保护""谁受益、谁补偿"的原则，应将对河湖生态环境造成影响的区域及生态保护与修复的受益区域均划入河湖生态保护补偿研究范围，但这样会使得生态补偿的关系分析和测算十分复杂，不利于生态保护补偿的实施。考虑到现阶段实施的可能性，应将受损河湖生态保护补偿重点放在湖体以及入湖水量贡献较大、流向相对稳定、上下游损益关系相对明晰的重要河流，待生态保护补偿机制成熟后，可逐步推广到湖泊水系全流域。在确定补偿标准和资金筹集分配权重时，考虑到江河湖关系复杂，所涉及各行政区非简单上下游关系，宜综合考虑流域面积占比、各行政区湖泊水生态保护修复成本、水资源使用量、资源性收益、水污染贡献等因素，科学分析各区域生态环境贡献与收益，合理确定补偿标准、补偿资金筹集权重、补偿资金分配权重。各区域间在水生态环境保护与治理等方面加强沟通与协作，共同构建跨区域协同治理新机制。

（2）当以湖体及其周边小尺度开展生态保护补偿时，除考虑对河湖周边土地占用的补偿，禁止水产养殖的补偿，以及因保护珍稀水生动植物、栖息鸟类保护而经济受损的补偿外，应将退减取用水、减少排污等行为也统筹纳入补偿范畴内。规范合理使用湿地、自然保护区等各类补偿资金，充分借鉴生态保护补偿工作部际联席会议机制的经验，整体考虑、统筹推进，落实各行业部门的工作职责，将各项工作任务进行分解，明确责任主体，切实落实好生态保护补偿的各项政策。

9.4.2 做好受损河湖生态保护补偿的基础支撑工作

受损河湖生态保护补偿中江湖关系错综复杂、涉及生态要素多、辐射地域广，具有很强的特殊性和复杂性，应从以下方面做好基础支撑工作[63]。

（1）合理界定河湖资源开发边界和总量。尽快落实跨省、跨市县江河水量分配工作，做到应分尽分。建立和完善各区域各行业严格的用水总量控制和取水许可、污染物排放的总量控制和排污许可制度，据此确定河湖生态保护补偿重要控制断面的水量或水质的考核标准。

（2）加强监测体系建设和基础数据库建设。健全调查体系和长效监测机制，加快推进水资源、水环境、水生态资源和环境本底调查，加强水生态保护补偿监测支撑能力建设，鼓励湖区和出入湖河流所在地建立监测数据共享平台。进行长期的科学观测和科学研究，为湖泊生态保护补偿机制的考核评估、优化调整提供依据。

（3）研究建立水生态状况评价体系。因地制宜选取能够反映区域自然地理属性、水文及水资源属性、经济社会发展水平、河湖健康状况等的指标，揭示突出的水生态问题，反映水生态演变情况（即水生态保护与治理修复成效），提高水生态状况评价体系的可操作性。

（4）建立健全受损河湖生态保护补偿相关机制。从组织管理、沟通协调、考核评估、公众宣传等方面，建立一系列生态保护补偿配套机制，保障生态保护补偿机制的顺利实施。

9.4.3　探索建立市场化多元化的生态保护补偿机制

河湖生态环境治理的资金筹措，除发挥政府财政的保障机制外，也要重视和善于把河湖环境资源作为资本来运营，"捆绑"实施河湖环境具有商机的盈利项目和公益性非盈利性项目，做优河湖文章，筹集河湖环境治理保障资金。

（1）构建环境权益交易市场。规范明晰河湖沿岸各县（市、区）区域用水权，严格取水许可管理，科学核定取用水户许可水量，明晰取用水户用水权，鼓励用水户加强节水，将节余的水量进行水权交易。探索建立河湖排污权交易制度，在满足水生态环境质量改善目标任务的前提下，企业产生的污染物排放削减量可按规定在市场交易。积极开展排污权回购，激发企业减排的积极性。

（2）引导发展绿色消费。完善绿色水产品标准、认证和监管等体系，建立健全绿色标识产品清单制度。扶持绿色有机农产品生产，提高绿色优质农产品认证比例，完善农产品生产、加工、包装、储运标准和技术规范。有序引导社会力量参与绿色采购供给。

（3）发展绿色水生态产业。支持河湖沿岸市县结合实际加强品牌培育，努力打造一批特色农产品知名品牌。继续推进畜禽、水产养殖标准化示范场建设，促进生态农业发展。发挥河湖生态资源优势，引导河湖沿岸市县深化区域旅游合作，推进特色旅游发展。建立符合绿色项目融资特点的绿色金融服务体系，引导更多金融资源配置到绿色领域。

（4）健全资源开发补偿制度。鼓励水电开发企业与项目所在地地方人民政府、农村集体经济组织探索建立水能资源开发生态保护补偿机制，积极开展生态保护与修复。探索建立河湖生态环境损害赔偿制度，体现环境资源生态功能价值，促使赔偿义务人对受损的生态环境进行修复和经济赔偿。

9.4.4　选取典型河湖作为试点先行先试

由于我国受损河湖生态保护补偿机制尚未正式开展，建议按照"先易后难、重点突破、试点先行、稳妥推进"的要求，优先选择生态功能重要和生态保护补偿工作基础较好的河湖开展试点工作，探索建立生态补偿制度体系，明确生态补偿的资金来源、补偿渠道、补偿方式和保障体系，建立受损河湖生态补偿评估制度，对水流生态保护补偿试点实施效果进行评价。积累形成一批可复制、可推广的经验，待时机成熟时，再视情在全国范围内推广受损河湖生态保护补偿工作。

第 10 章

流域生态保护补偿

10.1 基本情况

    流域生态保护补偿是一种将流域生态破坏的外部成本内部化的环境经济政策工具，符合"谁开发谁保护、谁受益谁补偿"的原则。流域生态保护补偿为流域生态系统服务与产品的提供者和受益者之间提供有效激励，促使利益相关方在流域治理投入成本和经济补偿之间进行权衡，实现流域生态治理措施的有效执行。流域生态保护补偿是实现可持续发展、健康流域、和谐流域、幸福河的有效制度政策安排[64]。流域生态保护补偿制度的建立可以促进流域生态环境保护的受益主体对生态环境保护主体所投入的成本按照受益比例进行分担，激活上游进行水生态环境治理的积极性，从而保证不同受益主体公平共享流域水资源的权利[65]。流域生态保护补偿的特点如下。

    （1）损益双方在空间上的不一致性。水流具有流动性、随机性、多功能性和利害双重性。受自然水文循环演变和气候变化等影响，水流具有很大不确定性；水在江河湖库间流动，水陆间、上下游、干支流、左右岸相互影响，造成水量水质影响因素复杂多样；水流既能满足供水、灌溉、发电、航运等功能，也能因多成涝、因少成旱、因沙成浑、因脏成污，人类在兴水利同时，又不得不防水害。在水循环这一根本作用下，水以流域为单元不断循环演化，并在循环过程中不断发生相互作用，引起水土资源和生态环境要素的不断变化；在人类活动干预和影响下，单个区域对于水生态的影响通过水循环发生传递、迁移、转化，流域生态保护补偿的实施主体和受益主体在空间上往往存在不一致，受益主体可能涉及全流域，并非简单的一一对应的关系。例如，上游地区天然植被破坏，可能导致水土流失和产水条件发生变化，对中下游水沙关系和洪涝风险变化带来显著影响；上中游地区过度开发利用水资源，可能会导致下游河道断流、湖泊湿地萎缩、生物多样性遭到破坏等。这种由水循环带来的实施主体和受益主体在空间上的不一致性，是流域生态保护补偿需要面对的首要问题。

（2）损益关系的多样性和关联性[66]。根据联合国千年生态系统评估有关成果，生态系统服务功能包括支持功能（生态系统的基础功能）、供给功能（从生态系统中获得产品）、调节功能（从生态系统的调节过程获得效益）和文化功能（从生态系统中获得非物质的享受和效益）4 类。流域作为以水为核心形成一定空间单元的生态系统，也相应具有这 4 类生态系统服务功能。根据水的自然资源、经济社会和生态环境等属性，流域生态系统的支持功能主要指为各种水流生态系统的存续和发展提供支撑的功能，调节功能主要为水文循环过程中产生的调蓄洪水、气候调节、稀释净化等功能，供给功能和文化功能主要为向人类提供物质和产品支持以及美学享受等社会服务功能。流域生态系统服务功能的特点，为界定流域生态保护补偿的损益关系提出具体要求。

1）损益关系的多样化。由于生态系统服务功能的多样性，各种行为主体影响生态系统而导致的生态效益变化结果也呈现出多样化特点，由此带来的损益关系也呈现出多样化的特点。例如，主体对水资源的过度开发，导致客体在受用水资源供给功能方面发生了变化；主体对植被的破坏，导致客体在受用调节功能方面发生了变化。

2）不同损益关系的关联性。尽管存在多种多样的损益关系，但由于不同的生态系统服务功能之间相互关联，使得这些损益关系也存在关联性，例如，对水资源量的改变，既影响了供给功能，又影响了支持和调节功能，同时也给文化功能带来变化。关联性为确定不同的损益关系的主客体和度量方式带来一定的便利。这种由于生态系统服务功能多样化带来的流域生态保护补偿损益关系的多样性与关联性，是流域生态保护补偿需要面对的重要问题。

10.2 补偿开展情况

10.2.1 国家层面

10.2.1.1 政策研究

20 世纪 70—80 年代以来，随着流域环境污染加剧，环境治理任务加重，国家政府和有关部门陆续出台了一系列法律法规和政策文件，要求加强流域生态保护，增加流域生态保护投入，近年来，越来越多的法律法规和政策文件中明确提出流域生态保护补偿机制。

2007 年，国务院印发的《节能减排综合性工作方案》提出："健全矿产资源有偿使用制度，改建和完善资源开发生态补偿制度。开展跨流域生态补偿试点工作。"

2007 年，国务院印发的《国家环境保护"十一五"规划》提出："落实流域治理目标责任制和省界断面水质考核制度，加快建立生态补偿机制。多渠道增加投入，加快治理工程建设。"

2007 年，国家环境保护总局印发了《关于开展生态补偿试点工作的指导意见》（环发〔2007〕130 号），提出在自然保护区、重要生态功能区、矿产资源开发和流域水环境保护等四个领域建立生态环境补偿机制，流域生态补偿成为生态环境保护补偿的重点领域之一。

2008 年，国务院办公厅转发《发展改革委关于 2008 年深化经济体制改革工作意见的通知》（国办发〔2008〕103 号），要求"财政部、环境保护部和国家发展改革委牵头负责，推进建立跨省流域的生态补偿机制试点工作"。

2011 年，《国民经济和社会发展第十二个五年规划纲要》要求："鼓励、引导和探索实施下游地区对上游地区、开发地区对保护地区、生态受益地区对生态保护地区的生态补偿。"

2015 年，国务院政府工作报告提出扩大流域上下游横向生态补偿机制试点；同年，中共中央、国务院发布的《关于加快推进生态文明建设的意见》（中发〔2015〕12 号）提出，"建立地区间横向生态保护补偿机制，引导生态受益地区与保护地区之间、流域上游与下游之间，通过资金补助、产业转移、人才培训、共建园区等方式实施补偿。"同年印发的《生态文明体制改革总体方案》（中发〔2015〕25 号）明确提出，"鼓励各地区开展生态补偿试点，继续推进新安江水环境补偿试点，推动在京津冀水源涵养区、广西广东九洲江、福建广东汀江-韩江等开展跨地区生态补偿试点，在长江流域水环境敏感地区探索开展流域生态补偿试点。"

2016 年，中央全面深化改革领导小组第二十二次会议审议通过的《关于健全生态保护补偿机制的意见》（国办发〔2016〕31 号）将"跨地区、跨流域补偿试点示范取得明显进展"作为我国健全生态保护补偿机制的目标任务之一。同年，财政部、环境保护部、国家发展改革委、水利部印发

《关于加快建立流域上下游横向生态保护补偿机制的指导意见》（财建〔2016〕928号），意味着我国推进流域上下游横向生态保护补偿机制迈出了里程碑式的一步。

2019年，国家发展改革委印发《生态综合补偿试点方案》（发改振兴〔2019〕1793号），明确提出"推进流域上下游横向生态保护补偿，加强省内流域横向生态保护补偿试点工作"。

2021年，国家发展改革委牵头编制的《生态保护补偿条例（送审稿）》要求"国家推动建立重要流域生态保护补偿机制。"同年，中共中央办公厅、国务院办公厅印发《关于深化生态保护补偿制度改革的意见》（中办发〔2021〕50号），明确指出"巩固跨省流域横向生态保护补偿机制试点成果，总结推广成熟经验。鼓励地方加快重点流域跨省上下游横向生态保护补偿机制建设，开展跨区域联防联治。推动建立长江、黄河全流域横向生态保护补偿机制，支持沿线省（自治区、直辖市）在干流及重要支流自主建立省际和省内横向生态保护补偿机制。对生态功能特别重要的跨省和跨地市重点流域横向生态保护补偿，中央财政和省级财政分别给予引导支持。"

梳理统计近年国家层面和省级层面流域生态保护补偿政策法规文件和开展流域生态补偿实践案例，结果见表10.1。

10.2.1.2　实践进展

国家层面，主要通过实施奖励政策，设立引导和奖励资金、统筹专项财政转移支付分配权重等方式，推动引导重要流域相关省份建立横向生态保护补偿机制，目前已明确出台相关政策的主要有长江流域、黄河流域以及洞庭湖、鄱阳湖、太湖流域。

1. 长江流域

2018年，财政部、环境保护部、国家发展改革委、水利部联合印发《中央财政促进长江经济带生态保护修复奖励政策实施方案》（财建〔2018〕6号）。同年，《财政部关于建立健全长江经济带生态补偿与保护长效机制的指导意见》（财预〔2018〕19号），对长江流域生态补偿的建立提出了明确要求。中央财政通过统筹增加均衡性转移支付分配的生态权重、加大重点生态功能区转移支付对长江经济带的直接补偿、实施长江经济带生态保护修复奖励政策、加大专项对长江经济带的支持力度等，建立激励引导机制，明显加大财政资金投入力度。鼓励相关省（市）建立省内流域上下游之间、不同主体功能区之间的生态补偿机制，在有条件的地区推动开展省（市）际间流域上下游生态补偿试点，推动上中下游协同发展、东

表 10.1　流域生态保护补偿政策法规文件和案例

层面	年份	颁布机关	政策法规名称	文件号	主要内容	补偿资金		实施期限	类型	备注
						来源	分配			
国家	2016	财政部、环境保护部、国家发展改革委、水利部	《关于加快建立流域上下游横向生态保护补偿机制的指导意见》	财建〔2016〕928 号	加快建立流域上下游横向生态保护补偿机制，加快形成共建共享、合作共治的流域保护和治理长效机制	地方为主，中央财政给予奖励	根据水质水量考核结果	2025 年	水质水量	
	2018	财政部、环境保护部、国家发展改革委、水利部	《中央财政促进长江经济带生态保护修复奖励实施方案》	财建〔2018〕6 号	以改善生态环境质量为导向，加大政策激励力度，积极推动长江经济带 11 个省（市）内横向生态保护补偿机制建设	中央财政：水污染防治专项资金 180 亿元	• 跨省流域横向生态保护补偿机制建立情况 • 省（市）内流域横向生态保护补偿机制建立情况 • 水生态环境保护和修复治理任务完成情况	2018—2020 年	综合	
	2018	财政部	《关于建立健全长江经济带生态补偿与保护长效机制的指导意见》	财预〔2018〕19 号	中央财政加强长江流域生态补偿与保护制度设计，完善转移支付办法，加大支持力度，建立健全激励引导机制。地方政府要采取有效措施，积极推动建立相邻省份及省内长江流域生态补偿与保护长效机制	中央财政加大政策支持，增加均衡性转移支付分配的生态权重；加大重点生态功能区转移支付的直接补偿；实施长江经济带生态保护修复奖励政策	地方财政抓好工作落实		综合	

266

续表

层面	年份	颁布机关	政策法规名称	文件号	主要内容	补偿资金来源	分配	实施期限	类型	备注
国家	2021	财政部、生态环境部、水利部、国家林业和草原局	《关于印发〈支持长江全流域建立横向生态保护补偿机制的实施方案〉的通知》	财资环〔2021〕25号	建立长江全流域横向生态保护补偿机制，实施范围涉及长江流域19个省	•中央财政安排引导和奖励资金：水污染防治资金 •以地方为主体	引导资金采用因素法分配，先预拨后根据清算进度进行清算；奖励资金采取定额奖补的方式，奖励在干流和重要支流建立起跨省流域横向生态保护补偿机制的省	2025年	综合	
	2020	财政部、生态环境部、水利部、国家林业和草原局	《关于印发〈支持引导黄河全流域建立横向生态补偿机制试点实施方案〉的通知》	财资环〔2020〕20号	中央财政安排引导资金，鼓励9个流域省份加快建立多元化横向生态补偿机制	中央财政：水污染防治专项资金	采用因素法分配，主要因素及权重分别为：水源涵养指标30%，水资源贡献指标25%，水污染源贡献25%，水质改善指标20%	2020—2022年开展试点	综合	
	2021	国家发展改革委	《关于加快推进洞庭湖、鄱阳湖生态保护补偿机制建设的指导意见》	发改振兴〔2021〕750号	加快推进"两湖"生态保护补偿机制建设，提升流域综合管理能力，为实现"两湖"流域的高质量发展奠定扎实的生态基础	•国家安排相关领域中央预算内投资时适当向"两湖"流域倾斜 •江西省、湖北省和湖南省加快推进洞庭湖、鄱阳湖流域生态保护补偿机制建设	•湖泊水生态保护修复成本 •水污染源贡献 •水资源使用量 •资源性收益	2035年	综合	

续表

层面	年份	颁布机关	政策法规名称	文件号	主要内容	补偿资金		实施期限	类型	备注
						来源	分配			
跨省（自治区、直辖市）	2021	贵州省人民代表大会常务委员会	《贵州省赤水河流域保护条例》	贵州省人民代表大会常务委员会公告（2021第14号）	省内：省人民政府应当建立赤水河流域以财政转移支付、项目倾斜等为主要方式的生态保护补偿机制。省外：省人民政府与邻省省人民政府完善赤水河流域横向生态保护补偿长效机制	政府财政转移支付。赤水河应当对上游受益地区予以补偿，积极推进资金补偿、对口协作、产业转移、人才培训、共建园区等补偿方式	对赤水河源头和上游水源涵养地等生态功能重要区域补偿	2021年		
	2021	四川省人民代表大会常务委员会	《四川省赤水河流域保护条例》	四川省第十三届人民代表大会常务委员会公告第78号	省内：赤水河流域县级以上地方人民政府探索开展赤水河流域横向生态保护补偿。省外：省人民政府应当与邻省同级人民政府建立赤水河流域生态保护补偿长效机制	省人民政府与邻省同级省人民政府建立赤水河生态保护补偿资金。鼓励社会资本运作的建立赤水河流域生态保护补偿基金	对赤水河源头和上游地区的补偿	2021年		

续表

层面	年份	颁布机关	政策法规名称	文件号	主要内容	补偿资金		实施期限	类型	备注
						来源	分配			
跨省(自治区、直辖市)	2021	云南省人民代表大会常务委员会	《云南省赤水河流域保护条例》	云南省人民代表大会常务委员会公告〔十三届〕第五十一号	省内：县级以上人民政府应当探索开展赤水河流域横向生态保护补偿。省外：省人民政府应当与邻省同级人民政府建立赤水河流域横向生态保护补偿长效机制，确定补偿标准，扩大补偿资金规模	省人民政府与邻省同级人民政府建立赤水河流域横向生态保护补偿资金。鼓励社会化运作的赤水河流域生态保护补偿基金	对赤水河源头和上游水源涵养地等生态功能重要区域生态补偿	2021年		
	2018—2021	云南省人民政府、贵州省人民政府、四川省人民政府	《赤水河流域横向生态保护补偿协议》		云南省、贵州省、四川省在长江流域建立首个跨省生态补偿机制	三省每年共同出资2亿元	根据水质考核结果	2018—2021年	水质	

续表

层面	年份	颁布机关	政策法规名称	文件号	主要内容	补偿资金		实施期限	类型	备注
						来源	分配			
跨省（自治区、直辖市）	2012—2020	浙江省人民政府、安徽省人民政府	《新安江流域上下游横向生态补偿的协议》		安徽、浙江两省共同设立新安江流域上下游横向生态补偿资金，积极采取工程、经济、科技等措施，共同推进全流域生态环境保护与经济社会协调可持续发展	第一轮：中央补助资金 3 亿元，浙江、安徽两省每年各出 1 亿元。第二轮：中央财政资金支持，浙江、安徽两省每年各出 2 亿元。第三轮：浙江、安徽两省每年各出资 2 亿元	断面水质考核结果	第一轮：2012—2014 年；第二轮：2015—2017 年；第三轮：2018—2020 年	水质	
	2019	安徽省人民政府办公厅	《安徽省人民政府办公厅关于进一步推深做实新安江流域生态补偿机制的实施意见》	皖政办秘〔2019〕82 号	明确提出安徽新安江流域生态补偿机制的目标要求、重点任务，保障措施，进一步推深做实新安江流域生态补偿机制	拓展资金生态补偿来源。加快完善生态补偿机制，逐步加大重点生态功能区转移支付力度，探索实施自然资源产权制度改革，建立市场化、多元化生态补偿机制行动计划	重点任务规定十大工程	2021 年	综合	

续表

层面	年份	颁布机关	政策法规名称	文件号	主要内容	补偿资金		实施期限	类型	备注
						来源	分配			
跨省（自治区、直辖市）	2015—2022	广东省人民政府、广西壮族自治区人民政府	《九洲江流域上下游横向生态补偿的协议》		《协议》明确，2021—2023年，以跨省界山角断面水质为考核标准。进一步明确考核范围和考核内容	第三轮：广西（自治区）、广东两省每年各出资1亿元，共同设立九洲江流域上下游补偿资金	支持玉林市用于生态保护经济社会发展。中央奖励资金（广西）专项用于九洲江流域水污染防治工作。断面水质考核	第一轮：2015—2017年；第二轮：2018—2020年；第三轮：2021—2023年	水质、生态流量	
	2016—2021	福建省人民政府、广东省人民政府	《关于汀江-韩江上下游横向生态补偿协议（2019—2021年）》		福建、广东两省共同设立汀江-韩江流域水环境补偿资金，统筹用于生态环境保护、水源涵养、污染防治，统一监测、强化监管等	两省每年各安排1亿元补偿资金，中央财政拨付上游省份	断面水质考核结果、补偿奖"双向"惩罚机制	第一轮：2016—2018年；第二轮：2019—2021年	水质	

续表

层面	年份	颁布机关	政策法规名称	文件号	主要内容	补偿资金		实施期限	类型	备注
						来源	分配			
跨省（自治区、直辖市）	2016—2021	江西省人民政府、广东省人民政府	《东江流域上下游横向生态补偿协议》		江西、广东两省共同设立补偿资金，以流域跨省界断面的水质考核为依据，建立东江流域上下游横向水环境补偿机制	第二轮：江西省赣州市将继续获得中央和赣粤两省东江流域生态补助资金 15 亿元	江西省东江流域县实施废弃矿山综合治理、污染治理、水土流失、农村环境综合整治，绿化造林等一系列工程项目。断面水质考核结果	第一轮：2016—2019 年 第二轮：2019—2021 年	水质	
	2021—2023	四川省人民政府、重庆市人民政府	《长江流域川渝横向生态保护补偿实施方案》		设立川渝流域保护治理资金、专项用于相关流域的污染综合治理、生态环境保护、环保能力建设，以及产业结构调整等工作	两省（直辖市）每年共同出资 3 亿元	川渝长江干流保护治理资金 2 亿；川渝长江重要支流（濑溪河）保护治理资金 1 亿元	2021—2023 年	综合	长江干流首个
	2021—2022	甘肃省人民政府、四川省人民政府	《黄河流域（四川—甘肃段）横向生态补偿协议》		甘肃、四川共同出资，设立黄河流域川甘甘肃段生态补偿资金，专项用于流域内污染综合治理、生态环境保护、环保能力建设等工作	两省共同出资 1 亿元	断面水质考核结果	2021—2022 年	水质	黄河干流首批

续表

层面	年份	颁布机关	政策法规名称	文件号	主要内容	补偿资金		实施期限	类型	备注
						来源	分配			
跨省（自治区、直辖市）	2021—2022	山东省人民政府、河南省人民政府	《黄河流域（豫鲁段）横向生态保护补偿协议》		河南省、山东省协议开展黄河干流流域（豫鲁段）横向生态保护补偿，其中河南省为上游区域、山东省为下游区域	山东省、河南省出资	对河南省与山东省黄河跨省界断面（刘庄河干流入国控断面）的水质年均污染物的年均浓度值进行考核，以及关键浓度值进行考核，确定（双向）补偿额度	2021—2022年	水质	黄河干流首批
	2016—2021	河北省人民政府、天津市人民政府	《关于引滦入津上下游生态补偿的协议》		冀津两地将继续设立引滦入津上下游横向生态补偿资金，推进生态环境综合治理，确保水质基本稳定并持续改善	天津市、河北省共同出资，中央财政补助资金按政策申请，拨付上游	断面水质考核结果	第一轮：2016—2019年；第二轮：2019—2021年	水质	也算重要水源地生态保护补偿
	2018	安徽省人民政府、江苏省人民政府	《关于建立长江流域横向生态保护补偿机制的合作协议（滁河）》		就长江一级支流滁河陈浅断面建立跨省长江流域横向生态补偿机制	江苏省、安徽省出资	断面水质考核结果，开展生态补偿（双向）	2018年	水质	

续表

层面	年份	颁布机关	政策法规名称	文件号	主要内容	补偿资金		实施期限	类型	备注
						来源	分配			
跨省（自治区、直辖市）	2018—2025	北京市、河北省	《密云水库上游潮白河流域水源涵养区横向生态保护补偿协议》		两地将按照"成本共担、效益共享、合作共治"的原则，建立协作机制，促进流域水资源与水生态环境整体改善	北京市：3亿元。河北省：1亿元。中央财政资金：按照政策申请	·水量 ·水质 ·上游行为管控	第一轮：2018—2020年第二轮：2021—2025年	水质、水量、生态保护补偿	也算重要水源地生态保护补偿
省（自治区、直辖市） 北京市	2022	北京市人民政府办公厅	《关于印发〈北京市水生态区域补偿暂行办法〉的通知》	京政办发〔2022〕31号	按照"保护者受益、使用者付费、损害者赔偿"的利益导向机制，用经济手段督促流域各区政府落实水生态保护修复主体责任	区县横向	水流、水环境、水生态三类考核指标和十三项核算指标确定。（其中水环境为双向补偿）	2023年	水质	
天津市	2018	天津市人民政府办公厅	《关于印发〈天津市水环境区域补偿办法〉的通知》	津政办发〔2018〕3号	按照水环境损害补偿的原则，对本市地表水环境质量改善情况的跨区域横向补偿	区县横向	断面水质考核结果	2018年	水质	

续表

层面		年份	颁布机关	政策法规名称	文件号	主要内容	补偿资金		实施期限	类型	备注
							来源	分配			
省（自治区、直辖市）	河北省	2020	河北省人民政府办公厅	《关于进一步加强河流跨断面水质跨界生态补偿的通知》	冀政办字〔2020〕212号	对河北省河流跨界断面水质跨界生态补偿制度再次进行修订完善，进一步改善全省水环境质量，优化河流跨界断面水质扣缴生态补偿金机制	全省主要河流跨界断面水质扣缴生态补偿金	断面水质考核结果	2021年	水质	
	山西省	2019	山西省财政厅、省生态环境厅、省发展改革委、省水利厅	《关于建立省内流域上下游横向生态保护补偿机制的实施意见》	晋财建二〔2019〕195号	明确了山西省内流域上下游生态保护补偿机制编制实施的时间表和路线图，对省直有关部门的工作职责，组织实施以及完善绩效考核等工作提出具体要求		在省市两级之间，按照水质改善程度以及水量同比增减情况，核算各市生态补偿金扣缴和奖励情况，并由省财政统一结算	2019年	综合	
		2020	山西省财政厅、省生态环境厅、省水利厅	《关于印发〈汾河流域上下游横向生态补偿机制试点方案〉的通知》	晋财建二〔2020〕162号	力争到2025年，基本建立起汾河流域上下游相邻两市水污染防治和水生态双向补偿机制	沿汾6市：根据水质目标完成情况和生态流量保障情况计算出资额度。省级财政：水污染防治专项和汾河生态供水费，争取中央财政	因素法分配： • 水质指标 • 生态流量指标	2021—2025年	综合	

续表

层面	年份	颁布机关	政策法规名称	文件号	主要内容	补偿资金 来源	补偿资金 分配	实施期限	类型	备注
省（自治区、直辖市）	2022	内蒙古自治区生态环境厅、自治区财政厅	《内蒙古自治区重点流域跨国考断面水质补偿办法（试行）》		明确了各级人民政府对辖区水生态环境质量负责，涉及左右岸关系断面盟市间责任权重，规定了适用范围、缴纳和分配补偿金的形式、补偿金缴纳和分配的具体计算方法，补偿金用途，补偿规定执行规则等	未达标盟市缴纳：对重点流域地表水断面水质不达标的要扣减相应资金的金额	补偿金核算结果按季度下达各盟市，由内蒙古自治区财政厅通过年终结算统一收缴和分配	2022年	水质	替代2019
	2017	辽宁省人民政府办公厅	《关于印发〈辽宁省河流断面水质污染补偿办法〉的通知》	辽政办发〔2017〕45号	开展省区内辽河、浑河、大辽河、大凌河、鸭绿江的干流及其支流和入海诸河等河流断面水质污染补偿	市州县横向	断面水质考核结果	2017年	水质	

续表

层面		年份	颁布机关	政策法规名称	文件号	主要内容	补偿资金		实施期限	类型	备注
							来源	分配			
省（自治区、直辖市）	吉林省	2020	吉林省财政厅、省生态环境厅	《吉林省水环境区域补偿办法》以及《吉林省水环境区域补偿实施细则》的通知	吉财资环〔2020〕342号	根据断面水环境治理达标和改善情况，实行横向补偿、纵向资金奖励机制	市级横向补偿为主、省级纵向补偿为辅	断面水质考核结果	2020年	水质	
	黑龙江省	2021	黑龙江省财政厅、省生态环境厅	《关于印发〈黑龙江生态环境补偿办法（试行）〉的通知》	黑财资环〔2021〕43号	黑龙江省内13个市（地）级行政区水环境补偿管理工作相关规定	省政府对使水环境造成恶化的市（地）政府（行署）扣缴其下一年度财力，并将扣缴资金作为生态补偿资金	据断面水质考核结果，生态补偿资金通过奖励和专项补助的方式下达有关市（地）	2021年	水质	
	江苏省	2013	江苏省人民政府办公厅	《关于转发省环境厅省财政厅〈江苏省水环境区域补偿实施办法（试行）〉的通知》	苏政办发〔2013〕195号	根据"谁达标、谁受益，谁超标、谁补偿"的原则，对水质未达标的市、县子以处罚，对水质受上游影响的市、县子以补偿，对水质达标的市、县子以奖补	市州间横向	断面水质考核结果	2014—2016年	水质	

续表

层面		年份	颁布机关	政策法规名称	文件号	主要内容	补偿资金		实施期限	类型	备注
							来源	分配			
省（自治区、直辖市）	江苏省	2021	江苏省生态环境厅、省财政厅	《关于印发〈江苏省水环境区域补偿工作方案（2020年修订）〉的通知》	苏环办〔2021〕131号	以强化市县政府水污染治防责任、切实改善水环境质量为目标，以"谁达标、谁受益、谁超标、谁补偿"为原则，实行"双向补偿"	市州横向	断面水质考核结果	2021年	水质	对2016版修订
	浙江省	2017	浙江省财政厅、省生态环境厅、省发展改革委、省水利厅	《关于建立省内流域上下游横向生态保护补偿机制的实施意见》	浙财建〔2017〕184号	从2018年起，在省内流域县（市、区）探索实施自主协商横向生态保护补偿机制，到2020年基本建成。率先在钱塘江干流、浦阳江流域实施上下游生态保护补偿	市州横向	交接断面水质；上游县用水总量和利用水效率	2018—2021年	水质、水量	
	浙江省	2022	浙江省财政厅、省生态环境厅、省发展改革委、省水利厅	《关于深化省内流域横向生态保护补偿机制的实施意见》	浙财资环〔2022〕55号	以省内跨行政区域河流交接断面为基础，以行规定，实施进一步健全流域横向生态保护补偿机制	上下游流域所在地政府每年在800万～2000万元范围内协商确定补偿资金	据水质状况，双向补偿	2022年	水质	可因地制宜增加用水总量、用水效率等指标

续表

层面	年份	颁布机关	政策法规名称	文件号	主要内容	补偿资金		实施期限	类型	备注
						来源	分配			
省（自治区、直辖市）安徽省	2017	安徽省人民政府办公厅	《关于印发〈安徽省地表水断面生态补偿暂行办法〉的通知》	皖政办秘〔2017〕343号	按照"谁超标、谁赔付，谁受益、谁补偿"的原则，在全省建立以市级横向补偿为主、省级纵向补偿为辅的地表水断面生态补偿机制	市级横向补偿为主、省级纵向补偿为辅	断面水质考核结果	2018—2021年	水质	
	2019	安徽省生态环境厅、省财政厅	《关于印发〈沱湖流域上下游横向生态补偿实施方案〉的通知》	皖环发〔2019〕88号	安徽省淮北、宿州、蚌埠市等沱湖上下游各市开展沱湖流域横向生态保护补偿	上下游市之间双向赔偿	断面水质考核结果	2020年	水质	
	2022	安徽省生态环境厅、省财政厅	《关于印发〈安徽省地表水断面生态补偿办法〉的通知》	皖环发〔2022〕19号	按照"谁超标、谁赔付，谁保护、谁受益"的原则，在全省建立以市级横向补偿为主、省级纵向补偿为辅的地表水断面生态补偿机制	省财政按年度通过结算、直接收缴的污染赔偿金	断面水质考核结果，支付生态补偿金；省财政进行结算清算	2022年	水质	取代2017文

续表

层面	年份	颁布机关	政策法规名称	文件号	主要内容	补偿资金 来源	补偿资金 分配	实施期限	类型	备注
省（自治区、直辖市）	福建省 2017	福建省人民政府	《关于印发〈福建省重点流域生态补偿办法（2017 年修订）〉的通知》	闽政〔2017〕30 号	进一步加大流域生态保护补偿力度，推进福建省流域生态保护补偿机制全覆盖	主要由流域范围内市、县政府及平潭综合试验区管委会集中，省级政府增加投入	重点流域生态保护补偿金，按照水环境质量、森林生态和用水总量控制三类因素统筹分配至流域范围内的市、县	2017 年	综合	取代 2015 文件
	江西省 2018	江西省人民政府	《关于印发〈江西省流域生态补偿办法〉的通知》	赣府发〔2018〕9 号	以鄱阳湖流域为主体，包括九江长江段和东江流域，推进流域全省生态补偿的实施，并对补偿实施范围、资金分配、基本原则、资金筹集、资金使用等方面进行了明确规定	整合国家重点生态功能区转移支付资金和省级专项资金。各级政府共同出资。社会、市场募集资金	保持国家重点生态功能区各县转移支付资金分配基数不变。水环境质量因素占 40% 权重；森林生态因素占 20% 权重；水资源管理和水资源综合治理因素占 40% 权重	2018 年	综合	
	2019	江西省生态环境厅、省财政厅、省发展改革委、省水利厅	《江西省建立省内流域上下游横向生态保护补偿机制实施方案》	赣环财字〔2019〕3 号	推动涉长江流域的所有干（支）流县（市、区）建立流域上下游横向生态保护补偿机制	省财统筹安排奖补资金，区市县自主协商	水质量为主，兼顾水量	2018—2020 年	水质、水量	

续表

层面	年份	颁布机关	政策法规名称	文件号	主要内容	补偿资金来源	补偿资金分配	实施期限	类型	备注
省（自治区、直辖市）	江西省 2020	江西省生态环境厅、省财政厅、省发展改革委、省水利厅	《江西省省内流域上下游横向生态保护补偿定额奖励实施办法》		直接汇入长江和鄱阳湖的县（市、区）流域生态环境保护工作评估成效，并根据评估结果，由省级财政予以省内流域上下游生态保护横向补偿定额奖补	省财政统筹安排奖补资金	环境保护成效、水质状况	2019—2021年	水质	
	山东省 2021	山东省生态环境厅、省财政厅	《关于建立流域横向生态补偿机制的指导意见》	鲁环发〔2021〕3号	建立流域横向生态补偿机制，黄河干流（以氨氮浓度为主要补偿基准）、南四湖和东平湖流域率先完成	市州横向、省级适当奖励	断面水质考核结果	2021年	水质	
	河南省 2020	河南省财政厅、省生态环境厅、省水利厅、省林业局	《河南省建立黄河流域横向生态补偿机制实施方案》		统筹省级相关资金，支持引导河南沿黄市县有序建立横向生态补偿机制	市级横向补偿为主，省级纵向奖补	水质改善突出。良好生态产品贡献大。节水效率高。资金使用绩效好。补偿机制建设全面系统	2021—2023年	综合	

281

续表

层面	年份	颁布机关	政策法规名称	文件号	主要内容	补偿资金		实施期限	类型	备注
						来源	分配			
湖北省	2018	湖北省财政厅、省环保厅、省发展改革委、省水利厅	《关于建立省内流域横向生态补偿机制的实施意见》	鄂财建发〔2018〕85号	加快建立省内流域横向生态补偿机制，优先推进通顺河流域、黄柏河流域、天门河流域、陆水河流域、梁子湖流域等试点工作	市横向、省级奖补	断面水质水量考核结果	2018年	水质、水量	
	2023	湖南省生态环境厅、省财政厅	《关于印发〈关于深化流域上下游生态保护补偿机制建设的指导意见〉的通知》	鄂环发〔2023〕1号	对加快建立跨省流域生态补偿机制、全面推进跨流域生态补偿机制建设提出指导意见	省级奖补、市、县财政	流域跨界出境水质为类别、双向补偿	2023年	水质、水量	缺水地区可增加用水总量等指标
湖南省	2014	湖南省财政厅、省环境保护厅、省水利厅	《关于印发〈湖南省湘江流域生态补偿（水质水量奖罚）暂行办法〉的通知》	湘财建〔2014〕133号	遵循"按绩效奖罚"的原则，对湘江流域跨市、县断面进行水质、水量目标考核奖罚	各市补偿奖罚由省财政厅根据资金规模和相关断面水质监测结果奖罚。各县补偿标准由各市确定	跨市县断面水质水量考核结果：水质目标考核奖罚、水质动态考核、最小流量限制	2014年	水质、水量	

省（自治区、直辖市）

续表

层面		年份	颁布机关	政策法规名称	文件号	主要内容	补偿资金		实施期限	类型	备注
							来源	分配			
省（自治区、直辖市）	湖南省	2019	湖南省财政厅、省生态环境厅、省发展改革委、省水利厅	《关于印发〈湖南省流域生态保护补偿机制实施方案（试行）〉的通知》	湘财资环〔2019〕1号	在湘江、资水、沅水、澧水（以下简称"四水"）干流支流、以及其他重要流域面积在1800km²以上的河流建立水质水量奖罚机制	市州横向、省级奖补	水质奖惩。最小流量保障。向上游或贫困县倾斜	2019年	水质、水量	
	广西壮族自治区	2020	广西壮族自治区发展改革委、自治区财政厅、自治区生态环境厅、自治区水利厅	《关于建立广西区内右江、漓江流域上下游生态保护补偿试点机制的通知》	桂发改振兴〔2020〕1048号	自治区出资引导右江流域的南宁市和百色市、漓江流域的桂林市和叠彩、秀峰、阳朔、灵川等9个县（区），建立流域横向补偿机制	相关区县出资，自治区出资4000万元引导	断面水质、水量考核结果	2020—2022年		
	海南省	2020	海南省人民政府办公厅	《关于印发〈海南省流域上下游横向生态保护补偿实施方案〉的通知》	琼府办函〔2020〕383号	针对全省流域面积500km²及以上跨市县河流湖库和重要集中式饮用水水源，建立健全流域生态环境保护补偿制度	市县横向补偿与省级奖补相结合	断面水质、水量考核结果	2021年	水质、水量	取代2018文

283

续表

层面		年份	颁布机关	政策法规名称	文件号	主要内容	补偿资金		实施期限	类型	备注
							来源	分配			
省（自治区、直辖市）	重庆市	重庆市 2018	重庆市政府办公厅	《重庆市建立流域横向生态保护补偿机制实施方案（试行）》	渝府办发〔2018〕53 号	积极推进建立大溪河等 19 条重点流域横向生态保护补偿机制，通过经济手段进一步压实区县水环境保护主体责任	市财政、上下游区县	以河流区县交界断面的水质监测结果为依据，若水质超标或变差，上游补下游；若水质达标且向好，下游补上游	2018 年	水质	
	四川省	2019	四川省财政厅、省生态环境厅、省发展改革委、省水利厅	《四川省流域横向生态保护补偿奖励政策实施方案》	川财建〔2019〕74 号	充分发挥资金引领作用，通过资金奖励，引导激励市（州）共建流域横向生态保护补偿机制，形成竞相提升生态环境质量的局面	统筹整合中央和省级相关领域专项资金，对市（州）生态保护补偿横向机制予以奖励	断面水质水量考核结果	2018—2020 年	水质、水量	
		2018—2020	四川省沱江流域各市州人民政府	《沱江流域横向生态保护补偿协议》		四川省各市州开展沱江流域横向生态保护补偿	沱江流域各市州每年共同出资 5 亿元。由各市按照流域 GDP 占比、水资源开发利用程度和地表水环境质量和系数等确定各市的出资比例	当年，由各市依据沱江流域面积占比、用水效率和水环境质量改善程度等进行资金分配。次年，综合考虑各市跨市断面水环境质量改善和水功能区水质达标情况，进行资金清算	2018—2020 年	水质、水量	

续表

层面		年份	颁布机关	政策法规名称	文件号	主要内容	补偿资金		实施期限	类型	备注
							来源	分配结果			
省（自治区、直辖市）	贵州省	2020	贵州省人民政府办公厅	《关于印发〈贵州省赤水河等流域生态保护办法〉的通知》	黔府办发〔2020〕32号	在贵州省省内流域，主要包括乌江、赤水河暨赤水江、柳江、沅江、红水河、北盘江、南盘江、牛栏江横江等水系干流，采取横向补偿与省级奖补相结合的方式开展流域生态补偿	横向补偿与省级奖补相结合	断面水质考核结果	2021年	水质	
	云南省	2018	云南省财政厅、省生态环境厅、省发展和改革委、省水利厅	《建立赤水河云南省流域生态补偿机制实施方案》	云财建〔2018〕342号	细化落实赤水河流域生态补偿省内工作方面，落实云贵川赤水河流域省内生态补偿协议，建立流域省内补偿机制的操作方案	云贵川赤水河生态补偿资金	明确赤水河流域所辖镇雄县和威信县污染治理的优先序；根据比例、流域辖区内人口数量投入比例、环境治理需求比例，重点设置资源权重明确资金分配金额	2018—2020年	水质	
		2019	云南省财政厅、省生态环境厅、省发展和改革委、省水利厅	《云南省建立健全流域生态保护补偿机制的实施意见（试行）》	云财资环〔2019〕73号	云南省开展流域上下游生态补偿工作的纲领性文件，签订流域横向生态补偿协议，推动省内流域横向生态补偿机制体制建立	通过统筹等生态功能区转移支付等资金，建立激励引导机制，加大对重点流域生态补偿和保护的财政资金投入力度	生态补偿机制建立及运行情况	2019年	水质	

285

续表

层面	年份	颁布机关	政策法规名称	文件号	主要内容	补偿资金		实施期限	类型	备注
						来源	分配			
省（自治区、直辖市）	云南省 2019	云南省财政厅、省生态环境厅、省发展改革委、省水利厅	《云南省促进长江经济带生态保护修复奖补实施政策实施方案（试行）的通知》	云财资环〔2019〕74号	云南省内长江流域财政奖励机制的操作性方案。通过建立财政激励机制，重点支持长江流域（云南部分）涉及的7个市（州）49个县	市州横向、省财政奖补	• 生态补偿机制建立及运行情况不好的 • 生态环境质量变差 • 发生重大环境污染事件 • 主要污染物排放超标的地区	2018—2020 年	水质	
	宁夏回族自治区 2017	宁夏回族自治区财政厅、自治区环境保护厅、自治区发展改革委、自治区水利厅	《印发〈关于建立流域上下游横向生态保护补偿机制的实施方案〉的通知》		以五市为单元，流域上下游政府自主协商确定补偿标准、方式，联防共治机制。建立流域上下游横向生态保护补偿机制，先行开展黄河宁夏过境段补偿试点，2020年全区流域基本建立	市州横向、省级奖补	断面水质水量核结果	2017 年	水质、水量	

续表

层面	年份	颁布机关	政策法规名称	文件号	主要内容	补偿资金		实施期限	类型	备注
						来源	分配			
省（自治区、直辖市）层面	甘肃省 2021	甘肃省财政厅、省生态环境厅、省水利厅、省林业和草原局	《关于印发〈推进黄河流域横向生态补偿甘肃段建立补偿机制试点工作方案〉的通知》	甘财资环〔2021〕20号	积极建立以水量、水质为补偿依据的黄河干流和主要支流横向生态保护补偿机制，进一步完善补偿机制，规范补偿行为，优化补偿方式，提升补偿效能	市州财政、省财政安排激励引导资金	断面水质水量考核结果	2021—2022年	水质、水量	
	新疆维吾尔自治区 2018	新疆维吾尔自治区财政厅、自治区环境保护厅、自治区发展改革委、自治区水利厅	《关于印发〈自治区建立流域上下游横向生态保护补偿机制的实施意见〉的通知》	新财建〔2018〕361号	推动建立流域上下游横向保护补偿长效机制，2019年以白杨河和布克河流作为试点推进，2020年基本建立	市县横向、自治区奖补	断面水质水量考核结果、双向补偿	2019年	水质、水量	

注
1. 上海市、广东省、陕西省基本情况简要说明如下：
2. 上海市：《上海市流域横向生态补偿实施方案（试行）》（沪环水〔2019〕251号）。
3. 广东省：与广西、福建、江西分别建立九洲江、汀江—韩江、东江流域上下游横向补偿机制，推动跨省流域水质改善；省内，2020年8月广东省出台《广东省东江流域省内生态保护补偿试点实施方案》。陕西省：2011年，甘肃省定西市、天水市和陕西省宝鸡市、杨凌示范区、西安市、咸阳市、渭南市等渭河沿岸的6市1区签订了《渭河流域环境保护城市联盟框架协议》，决定共同建立渭河渭南出省断面水质水量、区域联防联控、流域生态补偿、区域联席会商和信息共享等多项机制，携手保护好渭河水环境，努力共建千里渭河生态长廊。

中西部互动合作。2021 年，《财政部、生态环境部、水利部、国家林业和草原局关于印发〈支持长江全流域建立横向生态保护补偿机制的实施方案〉的通知》将补偿范围进一步扩大到长江全流域，明确要求，中央财政每年从水污染防治资金中安排一部分资金作为引导和奖励资金，支持长江 19 省（自治区、直辖市）进一步健全完善流域横向生态保护补偿机制，各省（自治区、直辖市）要积极与邻近省份沟通协调，建立横向生态保护补偿机制。

2018 年，安徽省人民政府和江苏省人民政府共同签署《关于建立长江流域横向生态保护补偿机制的合作协议》，就长江一级支流滁河陈浅断面水质保护，建立跨省长江流域横向生态补偿机制，截至目前，滁河水质持续稳定改善。2020 年，四川省人民政府和重庆市人民政府签订了《长江流域川渝横向生态保护补偿实施方案》，该方案明确，选取长江干流和濑溪河流域作为首轮试点河流，初步建立"1＋1"（长江干流＋重要支流）的川渝跨省（直辖市）流域横向生态保护补偿格局，并探索成熟可复制经验，根据试点情况再推广到其他跨省市流域。实施年限暂定 2021—2023 年。到期后，根据流域生态环境保护及生态保护补偿实际情况，经两省（直辖市）协商一致可延长补偿年限。

2. 黄河流域

2020 年，《财政部、生态环境部、水利部、国家林草局关于印发〈支持引导黄河全流域建立横向生态补偿机制试点实施方案〉的通知》要求中央财政专门安排黄河全流域横向生态补偿激励政策，每年从水污染防治资金中安排一部分资金，支持引导各地区加快建立横向生态补偿机制，奖励资金将对水质改善突出、良好生态产品贡献大、节水效率高、资金使用绩效好、补偿机制建设全面系统和进展快的省（自治区）给予资金激励，体现生态产品价值导向。

为落实响应国家部署，2021 年，河南与山东两省政府正式签署《山东省人民政府、河南省人民政府黄河流域（豫鲁段）横向生态保护补偿协议》，协议期限为 2021—2022 年，这是黄河流域第一份省际横向生态补偿协议，对于黄河全流域健全完善"保护责任共担、流域环境共治、生态效益共享"的横向生态补偿机制，探索开展生态产品价值计量，加快探索"绿水青山就是金山银山"的现实转化路径具有示范意义。同年，甘肃省人民政府、四川省人民政府联合签订《黄河流域（四川—甘肃段）横向生态补偿协议》，协议确定由两省共同出资，设立黄河流域川甘横向生态补偿资金，联合开展流域内污染综合治理、生态环境保护、环保能力建设等工作,协议期限为 2021 年 1 月至 2022 年 12 月。

3. 洞庭湖、鄱阳湖

2021 年,国家发展改革委印发《关于加快推进洞庭湖、鄱阳湖生态保护补偿机制建设的指导意见》(发改振兴〔2021〕750 号),要求推动建立健全"两湖"流域湿地生态保护补偿机制,支持"两湖"流域国际重要湿地、国家级湿地自然保护地生态系统保护和修复。

洞庭湖、鄱阳湖及出入湖河流所在地应积极探索流域生态保护补偿的新方式,科学规划"两湖"流域综合治理与生态修复,加快研究签订湖泊生态保护补偿协议。

国务院有关部门应加强统筹指导、协调和支持,加快建立区域联动、分工协作、成果共享的"两湖"流域生态保护补偿机制。

4. 太湖流域

2022 年,国家发展改革委、生态环境部、水利部印发《关于推动建立太湖流域生态保护补偿机制的指导意见》(发改振兴〔2022〕101 号),要求推动构建太湖流域生态保护补偿机制,为实现长三角更高质量一体化发展奠定坚实的生态基础。提出到 2023 年,建立健全太浦河生态保护补偿机制,太湖流域治理协同性、系统性、整体性显著提升,太湖流域水质得到持续改善,区域高质量发展的生态基础进一步夯实。到 2030 年,太湖全流域生态保护补偿机制基本建成,太湖全流域水质稳定向好,山清水美的自然风貌生动再现,为全国流域水环境综合协同治理打造示范样板。

10.2.2 跨省(自治区、直辖市)层面

省(自治区、直辖市)层面主要指流域上下游所在地方人民政府通过协商谈判等方式建立生态保护补偿机制,根据目前已开展的实践案例所采取的资金分配、评估考虑要素,主要可以分为水质型和综合型。

10.2.2.1 水质型

水质型流域横向生态保护补偿是开展最早、分布最广的跨省流域横向生态保护补偿。

(1)新安江流域生态补偿机制。2012 年,财政部、环保部等有关部委在新安江流域启动中国首个跨省流域生态补偿机制首轮试点,设置补偿基金每年 5 亿元,其中中央财政 3 亿元、皖浙两省各出资 1 亿元。年度水质达到考核标准,浙江拨付给安徽 1 亿元,否则相反。"亿元对赌水质"的制度设计,开启了中国跨省流域上下游横向补偿的"新安江模式"。2015 年

起，皖浙两省又启动为期三年的第二轮试点，在中央财政资金支持外，皖浙两省出资均提高到 2 亿元。2018 年，皖浙两省又启动为期三年的第三轮试点。新安江流域经过两轮生态补偿的实施，实现了环境效益、经济效益、社会效益多赢。

（2）九洲江流域上下游横向生态补偿。2015 年，广西、广东以跨界断面水质标准为考核目标，推动开展九洲江流域上下游横向生态补偿，实施期限为 2015—2017 年，由广西、广东两省（自治区）共同设立九洲江流域上下游横向生态补偿资金，中央财政依据考核目标完成情况确定奖励资金，中央奖励资金拨付给流域上游省份，专项用于九洲江流域水污染防治工作。2019 年，在第一轮生态保护补偿工作取得良好成效的基础上，广西壮族自治区政府和广东省政府签订了九洲江流域上下游横向生态补偿协议（2018—2020 年）。

（3）汀江-韩江上下游横向生态补偿。2016 年，福建、广东两省签订《福建省人民政府、广东省人民政府关于汀江-韩江流域上下游横向生态补偿的协议（2016—2018 年)》，以水质考核为依据，对流域水环境进行保护，两省每年各安排 1 亿元补偿资金，财政部给予奖补，统筹用于生态环境保护、水源涵养、污染防治、统一监测、强化监管等。2019 年，在第一轮流域横向生态保护补偿实践取得良好进展的情况下，福建、广东两省再次签订《福建省人民政府、广东省人民政府关于汀江-韩江流域上下游横向生态补偿的协议（2019—2021 年)》。

（4）引滦入津上下游横向生态补偿。2016 年，为保护于桥水库水质，河北省人民政府、天津市人民政府联合开展引滦入津上下游横向生态补偿，引滦入津上下游横向生态补偿工作第一期补偿协议至 2018 年 12 月到期，河北省圆满完成各项治理任务，与 2015 年底相比，滦河上游流域水质明显改善。2020 年，河北省政府与天津市政府又签署了《关于引滦入津上下游横向生态补偿的协议（第二期）》，继续深化跨界流域横向生态补偿机制。

（5）东江流域上游横向生态补偿。2016 年，江西省人民政府、广东省人民政府为共同推进东江上游生态环境保护，联合签订《东江流域上游横向生态补偿协议（2016—2019 年)》，由两省、中央财政共同出资，推进东江流域上游生态保护，项目实施 3 年多来，源区生态环境问题得到明显改善，东江流域出境水质保持 100％达标，保障了东江清水向南流。2020 年，江西、广东两省人民政府签署了新一轮《东江流域上下游横向生态补偿协议（2019—2021 年）》。

10.2.2.2　综合型

相较于水质型，综合型跨省流域生态保护补偿实践较少，较为典型的为北京市、河北省联合开展的密云水库上游潮白河流域水源涵养区横向生态保护补偿。

密云水库上游潮白河流域水源涵养区是京冀水源涵养功能区的重要组成部分，是北京人民的主要饮用水水源地，为保护密云水库供水安全，河北省与北京市共同签署了《密云水库上游潮白河流域水源涵养区横向生态保护补偿协议》，两地将按照"成本共担、效益共享、合作共治"的原则，建立协作机制，共同推进，协调一致，促进流域水资源与水生态环境整体改善。协议商定，协议实施年限暂定为 2018—2020 年，考核依据为水量、水质、上游行为管控 3 个方面。水质考核在国家规定的高锰酸盐指数、氨氮、总磷 3 项指标外，增加了总氮指标，对总氮下降幅度给予奖励。水量考核在 2000 年以来多年平均入境水量的基础上，实行多来水、多奖励的机制。相对以跨境考核断面水质情况作为考核依据的以往做法，该协议拓展了水源地生态保护补偿的内涵。

10.2.3　省内层面

10.2.3.1　政策研究

在省内层面，一些省市一级有关部门也相继开展了跨界流域生态保护补偿工作的研究和实践进展，有效推动了上下游共同开展流域生态环境保护工作。目前，北京市、天津市、河北省、山西省、内蒙古自治区、辽宁省等绝大多数省（自治区、直辖市）出台了流域生态保护补偿相关政策文件及地方法规，详见表 10.1。

10.2.3.2　实践进展

省内层面已开展的流域横向生态保护补偿实践相对较多，大致可以分为水质型、水质-水量型、综合型。

1. 水质型

目前，省（自治区、直辖市）内层面已开展的流域生态保护补偿实践以水质型居多，如 2007 年，江苏省在太湖流域和通榆河试点的基础上推行的水资源区域补偿；2008 年，河北省在子牙河水系生态保护补偿的基础上推行的河流跨界断面水质生态补偿；2012 年，贵州省推行的红枫湖、赤水河等流域生态保护补偿；2014 年，北京市推行的水环境区域补偿，安徽省在大别山区水环境生态补偿试点的基础上推行的地表水断面生态补偿；2017 年，辽宁省推行的河流断面水质补偿；2016 年，黑龙江推行的穆棱河和呼兰河流域跨行政区界水环境生态补偿，2018 年，天津市推行的水环境区域补偿，2020 年，吉林省推行的水环境区域补偿，2021 年，山东省推行的流域横向生态补偿等。总体而言，水质型流域生态保护补偿是目前各省（自治区、直辖市）开展最早、实施范围最广的一种类型，选取部分介绍如下。

（1）江苏省。早在 2007 年，江苏省以流域生态保护补偿为切入点，启动水环境资源区域补偿，规定按照"谁超标、谁补偿，谁达标、谁受益"的原则，当补偿断面水质劣于水质目标时，由上游地区补偿下游地区；当补偿断面水质达到水质目标时，由下游地区补偿上游地区。并要求以太湖流域为试点，率先启动，积累经验后逐步推行。2010 年，又将通榆河纳入试点范围，要求以断面水质为考核目标，在通榆河干流及对其水质有较大影响且易于区分污染责任的 4 条主要汇水河流开展水环境质量区域补偿。随后，2013 年，在太湖、通榆河试点经验的基础上，江苏省人民政府正式出台《省政府办公厅关于转发省财政厅 省环保厅江苏省水环境区域补偿实施办法（试行）的通知》（苏政办发〔2013〕195 号），将这一制度实现全省覆盖、水质考核、双向补偿。2016 年、2021 年，按照国家"水十条"和生态保护补偿机制建设要求，结合江苏实际，江苏省财政厅会同省生态环境厅对政策作了进一步调整完善。

（2）河北省。2008 年，河北省人民政府针对子牙河水系流经的各市区，开展流域横向生态保护补偿，对子牙河水系主要河流的跨行政区断面进行水质考核，并对造成水体污染物超标的市区实行生态补偿扣缴政策，自实施以来，子牙河水系环境质量明显改善。2016 年，河北省发布《河北省人民政府办公厅关于进一步加强河流跨界断面水质生态补偿的通知》（冀政办字〔2016〕169 号）将流域生态保护补偿范围扩展到全省七大水系主要河流。2021 年，河北省人民政府办公厅印发《关于进一步加强河流跨界断面水质生态补偿的通知》（冀政办字〔2020〕212 号），从考核因子、考核断面、数据采集、扣缴基准、奖惩措施等方面对河北省河流跨界断面水质生态补偿制度再次进行了修订完善。

（3）贵州省。2012 年，贵州省人民政府办公厅出台《贵州省红枫湖流域水污染防治生态保护补偿办法（试行）》（黔府办发〔2012〕37 号）规定，在贵阳市和安顺市之间实施红枫湖流域水污染防治生态补偿。生态补偿以红枫湖主要入库河流羊昌河的焦家桥断面，以及桃花园河的骆家桥断面水质监测结果为考核依据。补偿办法实施后，红枫湖流域（安顺市片区）污染治理工作取得显著进展，红枫湖流域县级以上饮用水水源地水质稳定，国省控水质断面水质优良率达到100%。2020年，贵州省印发了《贵州省赤水河等流域生态保护补偿办法》，要求在乌江、赤水河、綦江、柳江、沅江、红水河、北盘江、南盘江、牛栏江、横江等水系干流，以跨界断面水质为主要考核目标，通过采取横向补偿与省级奖补相结合的方式开展流域生态补偿[67-68]。

（4）黑龙江省。2016年，《黑龙江省财政厅、黑龙江省环境保护厅关于印发〈黑龙江省穆棱河和呼兰河流域跨行政区界水环境生态补偿办法〉的通知》（黑财规审〔2016〕38号），探索建立穆棱河、呼兰河流域跨行政区界水环境生态补偿，省政府对使水环境造成恶化的市县人民政府扣缴其下一年度财力，并将扣缴资金作为生态补偿资金，对主动改善水环境的市县人民政府给予横向补偿，政策实施以来，各市县均不同程度地加强了水污染治理，水体总体呈现改善趋势。

2. 水质-水量型

随着对流域生态保护认识的加深，山西省、内蒙古自治区、浙江省、湖南省、海南省、四川省等部分省（自治区）开始探索以跨界断面水质、水量为考核指标，建立流域横向生态保护补偿机制。选取部分省区介绍如下。

（1）湖南省。湖南省有湘、资、沅、澧四大水系，其中又以湘江流域面积最广，流经市县最多，是湖南的"母亲河"。2014年，湖南省财政厅、省环保厅、省水利厅联合印发《湖南省湘江流域生态补偿（水质水量奖罚）暂行办法》规定：在对湘江流域上游重要水源地区给予重点生态功能区转移支付财力补偿的基础上，遵循"按绩效奖罚"的原则，对湘江流域跨市、县断面进行水质、水量目标考核奖罚。这里水量是指湖南省核准的市、县交界断面最小流量，适用范围为湘江干流及主要一级支流（春陵水、渌水、耒水、洣水、涟水等）流经的符合条件的市和县（市），该办法的出台对湖南省两型社会建设及生态环境保护等工作具有重大意义。2019年，湖南省财政厅、省生态环境厅、省发展改革委、省水利厅印发《湖南省流域生态保护补偿机制实施方案（试行）》（湘财资环〔2019〕1号），进一步将补偿范围扩展至在湘江、资水、沅水、澧水干流和重要的一、二级支流，以及其他流域面积在1800km² 以上的河流。要求根据流域断面水质、水量监测考核结果，对市州、区县进行奖罚。

（2）浙江省。2017 年，浙江省财政厅等 4 部门出台《关于建立省内流域上下游横向生态保护补偿机制的实施意见》（浙财建〔2017〕184 号），提出从 2018 年起，在省内流域上下游县（市、区）探索实施自主协商横向生态保护补偿机制，到 2020 年基本建成，率先在钱塘江干流、浦阳江流域实施上下游横向生态保护补偿。提出要以权责对等、合理补偿为原则，着力推进流域上下游之间的开展相互补偿，不再单一依靠中央、省级财政给予的纵向补偿资金。流域上下游地区根据生态环境现状、保护治理和节约用水成本投入、水质改善的收益、下游支付能力、下泄水量保障等因素，每年在 500 万～1000 万元范围内协商确定。

（3）四川省。2018 年，为了保护沱江水环境，成都、自贡、泸州、德阳、内江、眉山、资阳 7 个沱江流域市签署了《沱江流域横向生态保护补偿协议》，按照"保护者得偿、受益者补偿、损害者赔偿"的原则，从 2018—2020 年，7 市每年共同出资 5 亿元，设立沱江流域横向生态补偿资金。每年，各市依据对沱江的资源环境压力，由各市按照流域 GDP 占比、水资源开发利用程度和地表水环境质量系数等确定各市的出资比例；当年，依据各市的环境工作绩效，由各市依据沱江流域面积占比、用水效率和水环境质量改善程度等进行资金分配；次年，综合考虑各市跨市断面水环境功能水质达标和水质改善情况，进行资金清算。

（4）山西省。汾河是山西省的母亲河，为保障"母亲河"长治久清，2020 年，山西省财政厅、省生态环境厅、省水利厅印发《汾河流域上下游横向生态补偿机制试点方案》，要求力争到 2025 年，基本建立起汾河流域上下游相邻两市水生态双向补偿机制，实施范围为上中下游沿汾 6 个设区市，补偿资金来源包括 3 部分：①积极争取中央财政黄河流域生态补偿机制建设引导资金支持；②省级财政每年通过水污染防治专项和汾河生态供水水费中安排；③由沿汾 6 市水质目标完成情况和生态流量保障情况计算出资额度。生态保护补偿金按照因素法进行测算分配，突出体现对良好生态产品贡献大、节水效率高、水质改善突出的地区加大资金补偿的原则，主要因素有水质指标和生态流量指标。

3. 综合型

福建省、江西省等省综合考虑经济社会发展水平、水生态环境状况、水资源节约利用情况、森林生态环境等因素，开展流域综合型生态保护补偿。

（1）福建省。2015 年，福建省人民政府以闽政〔2015〕4 号印发《福建省重点流域生态补偿办法》，要求在跨设区市的闽江、九龙江、敖江开展流域生态补偿。补偿资金的筹集方式主要包括：①按地方财政收入的一定比例筹集；②按用水量的一定标准筹集；③省财政整合重点流域水环境综合整治专项、水口库区可持续发展专项资金、大中型水库库区基金、省级新调整征收的水资源费等。资金按照水环境综合评分、森林生态和用水总量控制三类因素统筹分配至流域范围内的市、县。同时，为鼓励上游地区更好地保护生态和治理环境，为下游地区提供优质的水资源，因素分配时设置的地区补偿系数上游高于下游。

（2）江西省。2015 年，江西省人民政府印发《江西省流域生态补偿办法（试行）》（赣府发〔2015〕53 号），适用范围主要包括鄱阳湖和赣江、抚河、信江、饶河、修河五大河流，以及九江长江段和东江流域等。实行各级政府共同出资，社会、市场募集资金等方式，并视财力情况逐步增加，努力探索建立科学合理的资金筹集机制。在保持国家重点生态功能区各县转移支付资金分配基数不变的前提下，采用因素法结合补偿系数对流域生态补偿资金进行分配，主要分配因素为水环境质量、森林生态质量、水环境管理因素，"五河一湖"及东江源头保护区补偿系数，主体功能区补偿系数。2018 年，江西省人民政府又对此办法进行更新，正式印发《江西省流域生态补偿办法》（赣府发〔2018〕9 号），在保持原补偿资金分配因素不变的基础上，增加了贫困地区补偿系数。

10.2.4 实践案例

10.2.4.1 长江流域生态保护补偿

长江是我国的第一大河，发源于青藏高原的唐古拉山主峰格拉丹冬雪山西南侧，干流全长超过 6300km，自西而东流经青海、四川、西藏、云南、重庆、湖北、湖南、江西、安徽、江苏、上海 11 个省（自治区、直辖市）注入东海。支流展延至贵州、甘肃、陕西、河南、浙江、广西、广东、福建 8 个省（自治区）。流域面积约 180 万 km^2，占我国国土面积约 18.8%。2019 年，流域总人口 4.64 亿人，占全国的 33.1%，城镇化率 60.8%；地区生产总值 35.78 亿元，占全国的 36.1%，人均地区生产总值 77112 元。为加快推动长江流域形成共抓大保护工作格局，国家推动实施长江流域生态保护补偿制度，主要做法如下：

1. 国家出台长江经济带生态保护修复奖励政策

2018 年，财政部、环境保护部、国家发展改革委、水利部联合印发《中央财政促进长江经济带生态保护修复奖励政策实施方案》（财建〔2018〕6 号）。同年，《财政部关于建立健全长江经济带生态补偿与保护长效机制的指导意见》（财预〔2018〕19 号），对长江流域生态补偿的建立提出了明确要求。

（1）资金来源。中央财政通过水污染防治专项资金安排，2017—2020 年计划安排 180 亿元，其中 2017 年 30 亿元，2018—2020 年共计安排 150 亿元。

（2）资金分配。资金分配采取先预拨后清算的方式。

1）预拨资金。①对流域内上下游邻近省级政府间协商建立签订补偿协议，根据流域生态功能重要性、保护治理难度、补偿力度等因素，分年确定中央财政奖励额度；②对于本行政区内长江流域相关市（县）已建立横向生态保护补偿机制，且机制运行良好的省（市），适当安排奖励资金；③对完成生态保护修复目标任务的，按照保护性支出和治理性支出，给予奖励。考虑到青海省、西藏自治区是长江源头，在长江经济带生态环境保护中担负着重要责任，对其实行适当的定额补助。

预拨某省（市）资金＝保护性支出＋治理性支出

其中，保护性支出＝［某省（市）下游用水量之和/各省（市）下游省份用水量之和＋某省（市）本地水资源总量/各省本地水资源总量之和］×0.5×0.4×支持落实相关规划任务资金总额度

治理性支出＝（主要污染物入河消减量系数＋主要污染物减排量系数）×0.5×0.6×支持落实相关规划任务资金总额度

2）清算资金。根据机制建设、机制运行、生态保护修复目标的考核，确定清算资金。

（3）实际资金下达。根据 2017 年以来财政部关于年度水污染防治资金预算的通知，除 2020 年第二批水污染防治资金未分解外，长江经济带保护和修复奖励资金累计下达 165 亿元。可以看出，对于上游的青海、西藏，国家逐步加大资金奖励力度；对于长江经济带 11 省（直辖市），除第一年 2017 年基本采用平均分配奖励资金外，其他年份逐渐拉开差距，四川获得累计奖励资金最多（23.52 亿元），贵州其次（17.31 亿元），上海最少（4.19 亿元）（图 10.1）。

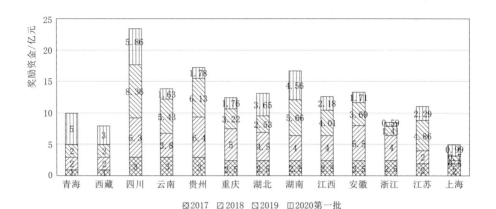

图 10.1　长江经济带保护和修复奖励资金下达情况

2. 国家支持长江全流域建立横向生态保护补偿机制

2021 年，财政部、生态环境部、水利部、国家林业和草原局印发《支持长江全流域建立横向生态保护补偿机制的实施方案》要求，2022 年长江干流初步建立流域横向生态保护补偿机制。2024 年主要一级支流初步建立流域横向生态保护补偿机制。2025 年长江全流域建立起流域横向生态保护补偿机制体系。

（1）实施范围。实施范围为涉及长江流域的 19 个省（自治区、直辖市）。具体为干流流经的青海、西藏、四川、云南、重庆、湖北、湖南、江西、安徽、江苏、上海 11 省（自治区、直辖市）；支流流经的［除上述 11 省（自治区、直辖市）外］贵州、广西、广东、甘肃、陕西、河南、福建、浙江 8 省（自治区）。

（2）主要政策措施。包括以下两个方面：

1）央财政安排引导和奖励资金。每年从水污染防治资金中安排一部分资金作为引导和奖励资金，支持长江 19 省（自治区、直辖市）进一步健全完善流域横向生态保护补偿机制，加大生态系统保护修复和环境治理力度。奖励资金重点支持干流跨省流域横向生态保护补偿机制建设，兼顾对重要支流跨省流域横向生态保护补偿机制建设的支持。

2）以地方为主体建立横向生态保护补偿机制。跨省流域横向生态保护补偿机制以地方补偿为主，各省要积极与邻近省份沟通协调，尽快就各方权责、考核目标、补偿措施、保障机制等达成一致意见并签署补偿协议。

3. 部分省（直辖市）探索推进长江流域横向生态保护补偿机制建设

（1）安徽省人民政府、江苏省人民政府关于建立长江流域横向生态保护补偿机制的合作协议。2018 年，安徽省人民政府、江苏省人民政府共同签署《关于建立长江流域横向生态保护补偿机制的合作协议》，要求按照权责对等、双向补偿，协同保护、联防联治，多元合作、互利共赢的原则，就长江一级支流滁河流域建立跨省横向生态补偿机制。

苏皖长江流域生态补偿机制以滁河陈浅断面（苏皖两省在滁河流域唯一的跨省断面）作为考核断面，以生态环境部与两省政府签订的水污染防治目标责任书确定的年度水质类别目标作为补偿参考指标，以生态环境部对滁河陈浅断面的月度监测数据和年度考核结果作为补偿依据。年度水质达到Ⅱ类或以上时，江苏省补偿安徽省 4000 万元，补偿资金全部拨付至滁州市。年度水质达到Ⅲ类时，江苏省补偿安徽省 2000 万元，补偿资金全部拨付至滁州市。年度水质为Ⅳ类时，安徽省补偿江苏省 2000 万元，补偿资金全部拨付至南京市。年度水质为Ⅴ类及以下时，安徽省补偿江苏省 3000 万元，补偿资金全部拨付至南京市。同时，月度水质达到Ⅲ类及以上时，安徽省按月补助 300 万元给滁州市。苏皖两省协议约定，补偿资金专项用于滁河流域环境综合治理、生态保护建设、经济结构调整和产业优化升级等。

自两省人民政府于2018 年共同签署协议，就长江一级支流滁河陈浅断面建立跨省长江流域横向生态补偿机制以来，滁河水质稳定向好。根据国家监测数据，2019 年陈浅断面年度水质达到Ⅲ类，江苏省按照协议约定已拨付安徽省补偿资金 2000 万元。

（2）四川省人民政府、重庆市人民政府签订了《长江流域川渝横向生态保护补偿实施方案》。2020 年，四川省财政厅、重庆市财政局签订了《长江流域川渝横向生态保护补偿实施方案》（以下简称《方案》），提出选取长江干流和濑溪河流域作为首轮试点河流，初步建立"1＋1"（长江干流＋重要支流）的川渝跨省（直辖市）流域横向生态保护补偿格局，并探索成熟可复制经验，根据试点情况再推广到其他跨省（直辖市）流域。实施年限暂定 2021—2023 年。到期后，根据流域生态环境保护及生态保护补偿实际情况，经两省（直辖市）协商一致可延长补偿年限。《方案》明确，两省（直辖市）每年共同出资 3 亿元设立川渝流域保护治理资金，专项用于相关流域的污染综合治理、生态环境保护、环保能力建设，以及产业结构调整等工作。其中，川渝长江干流保护治理资金 2 亿元，由川渝分别出资 1 亿元设立；川渝长江重要支流（濑溪河）保护治理资金 1 亿元，由川渝分别出资 0.5 亿元设立。

10.2.4.2　江西省流域生态补偿

为加快推进江西省国家生态文明试验区建设，建立合理的生态补偿机制，加强全省流域水环境治理和生态保护力度，不断提升水环境质量，保障长江中下游水生态安全，2018 年，江西省人民政府印发《江西省流域生态补偿办法》（赣府发〔2018〕9 号），《江西省人民政府关于印发〈江西省流域生态补偿办法（试行）〉的通知》（赣府发〔2015〕53 号）同时废止。主要做法如下：

（1）补偿范围覆盖全省。该办法适用于江西省境内流域生态补偿，主要包括鄱阳湖和赣江、抚河、信江、饶河、修河五大河流，以及九江长江段和东江流域等，以省对县（市、区）行政区划单位为计算、考核和分配转移支付资金的对象，涉及全省范围内的 100 个县（市、区）。

（2）采用各级政府、社会、市场共同出资方式筹集资金。主要采取整合国家重点生态功能区转移支付资金和省级专项资金，设立全省流域生态补偿专项资金。实行各级政府共同出资，社会、市场募集资金等方式，并视财力情况逐步增加，努力探索建立科学合理的资金筹集机制。2020 年，江西省印发《江西省省内流域上下游横向生态保护补偿定额奖补实施办法》，要求突出结果导向、搭建平台、共抓保护、责任共担、区别对待、规范运作等基本原则，全面客观评价省内河流直接汇入长江和鄱阳湖的县（市、区）流域生态环境保护工作成效，并根据评估结果，由省级财政予以省内流域上下游横向生态保护补偿定额奖补。

（3）采用因素法结合补偿系数对流域补偿资金进行分配。在保持国家重点生态功能区各县转移支付资金分配基数不变的前提下，采用因素法结合补偿系数对流域生态补偿资金进行两次分配，选取水环境质量、森林生态质量、水环境管理因素，并引入"五河一湖"及东江源头保护区、主体功能区、贫困地区补偿系数，通过对比国家重点生态功能区转移支付结果，采取"就高不就低，模型统一，两次分配"的方式，计算各县（市、区）生态补偿资金。

1）分配因素指标及权重设定。①水环境质量因素占 40% 权重，重点考核交界断面、流域干支流、饮用水源水质和生态红线保护区划分和保护情况；②森林生态质量因素占 20% 权重，重点考核各县（市、区）森林覆盖率和森林蓄积量等森林生态建设与保护成效；③水资源管理和水资源综合治理因素占 40％权重，其中水资源管理重点考核各县（市、区）用水总量控制成效，占 10％权重；水环境综合治理重点考核各县（市、区）水环境综合治理、"河长制"推进执行、美丽中国"江西样板"打造等政策及任务执行和完成情况，占 30％权重。

2）综合补偿系数设定。"五河一湖"及东江源头保护区补偿系数、主体功能区补偿系数、贫困县补偿系数。

10.2.4.3　浙江省金华江流域生态补偿（东阳-义乌水权交易）

浙江中部的东阳和义乌地处金华江上下游，同饮一江水，水资源丰歉却大相径庭。在金华江流域内，东阳市的水资源最为丰富，人均水资源量达到 2126m³，除了满足自身正常用水外，每年还流入金华江 3000 多立方米水。而仅处下游的义乌，人均水资源量却只及东阳的一半。义乌是著名的中国小商品城所在地，万商云集，工厂遍地，20 世纪 90 年代中后期就出现了工业用水和生活用水双双告急的状态。

2000 年，东阳、义乌两市政府经过多轮协商签署用水权转让协议，义乌市一次性出资 2 亿元购买东阳横锦水库每年 4999.9 万 m³ 水的使用权；转让用水权后水库原所有权不变，水库运行、工程维护仍由东阳负责，义乌根据当年实际供水量按每立方米 0.1 元标准支付综合管理费。

10.2.5　存在问题

我国各地区的流域生态保护补偿具体形势不尽相同，总体来说仍处于探索阶段，不可避免地存在着一些需要不断改进和完善的方面：

（1）地方补偿为主的跨省流域补偿开展较少。已有的流域生态保护补偿实践主要集中在省（自治区、直辖市）行政辖区内中小流域上下游之间的生态保护补偿，省际生态保护补偿刚刚起步。在生态补偿中，上游通常是被补偿的对象，而下游是补偿实施的主体，因此在补偿机制建立的过程中，往往出现上游积极性高，四处奔走呼吁，而下游则被动、回避的现象。目前已开展跨省流域生态保护补偿中，多存在补偿考核指标单一，以水质为主；补偿方式单一，以政府财政转移支付为主等问题。

（2）缺少与江河源头区、重要水源地等 6 类重点区域补偿的结合。流域生态保护补偿是综合型生态保护补偿，是将流域所在区域行政区基本覆盖，多涉及江河源头区、重要水源地、重要河口、水土流失重点防治区、蓄滞洪区、受损河湖 6 类重点区域生态补偿的几种或者全部。目前，无论是补偿标准的确定、资金的筹集与分配，都缺乏对 6 类重点区域补偿的考虑，补偿资金的分配考核多以水质或者水质、水量为主，除江西省考虑设置源头保护区补偿系数、主体功能区补偿系数外，在其他省（自治区、直辖市）流域生态保护实践中较为少见。

（3）已有的流域生态保护补偿以政府主导型为主。目前，已开展的生态保护补偿主要以政府财政的纵向、横向转移支付为主，包括 3 种类型：①水质型（北京市、天津市、河北省、江苏省等）；②水质-水量型（山西省、浙江省、湖南省等）；③综合型（福建省、江西省），除部分地区开展了较为简单的准市场型的水资源使用权交易外，如浙江金华上下游的东阳市和义乌市开展跨市水资源使用权交易，基本上没有形成市场机制，在实践应用中所占份额较少，其他的政策补偿、产业扶持、人才支撑、就业培训、实物补偿、技术补偿等补偿方式等目前较少采用，也造成了政府财政资金压力增大。

（4）基础理论和技术方法研究不足。理论依据不足是各地流域生态保护补偿实践存在的一个突出问题，补偿标准主要由政府主导，补偿标准的确定是通过部门协商甚至领导直接确定的，而并非基于科学方法合理测算。受各地区对生态保护补偿探索推进程度与各级政府对生态保护补偿政策的认识程度以及经济社会发展程度等不同影响，不同地区补偿标准设计差异较大。补偿资金的考核以水质考核居多，考核指标主要考虑化学需氧量、氨氮、总磷等，对当地流域的特征性污染物考虑不足；部分考虑水量考核的地区，水量指标的确定上多以交接断面的生态基流为主，缺乏对丰、枯变化以及特殊敏感地区对生态用水需求的考虑，对用水总量、用水效率等达到"三条红线"控制目标的情况等考虑不足。

（5）流域生态保护补偿相关配套政策缺失。在缺少全流域统筹和跨行政区协调机制的情况下，各地的流域生态保护补偿政策实践在补偿标准、补偿资金使用、补偿资金监管等方面存在不少难点甚至困境，政策宣传教育力度不够，部分基层政府还不能完全理解生态保护补偿的真正要义，一些企业和群众为"开展生态保护补偿工作"作贡献的意识也较薄弱，而对政策实施结果缺乏绩效评价导致政策实施的效果和效率难以保障。

10.3 补偿框架

流域生态保护补偿是指在流域生态系统服务和提供过程中，由流域生态系统服务的受益者，根据一定的补偿标准，对流域生态系统服务的提供者给予的补偿[69-70]。

10.3.1　补偿主体与补偿对象

10.3.1.1　补偿主体

补偿主体主要包括以下 3 个方面。

（1）一切从利用流域水资源和水环境保护中受益的群体。这些群体的用水活动包括：工业生产用水、农牧业生产用水、城镇居民生活用水、水力发电用水、利用水资源开发的旅游项目、水产养殖等。这些群体是流域生态产品和服务的受益者，是流域生态保护补偿金的主要征缴对象。

（2）一切生活或生产过程中向外界排放污染物，影响流域水量和流域水质的个人、企业或单位。其用水活动主要是存在污染排放的工业企业用水、商业家庭市政用水、水上娱乐及旅游用水等。这些主体对流域生态产品和服务造成了损害，也是流域生态保护补偿金的主要征缴对象。

（3）在流域生态补偿保护实践中，流域生态环境产品和服务的供给方和受益方关系不是很明确的情况下，代表上下游地区的政府可以成为流域生态保护补偿的主体，这是我国目前实践中，应用最广泛的一种形式。

1）对于长江、黄河等重要江河，由国家根据国家区域发展重大战略、流域经济社会发展和生态环境保护状况、中央财政承受能力等，加强对其建立生态保护补偿机制的统筹指导、协调和支持，推进全流域生态保护补偿机制建设。长江、黄河等重要江河沿线相邻省、自治区、直辖市人民政府应当按照承担的生态保护职责和任务，加快签订行政区域间生态保护补偿协议。

2）对于其他重要的跨省江河，由沿河相邻省、自治区、直辖市人民政府协商签订行政区域间生态保护补偿协议，开展流域生态保护补偿，可根据情况申请国家支持。

3）对于其他河流，地方各级人民政府可以比照建立所辖行政区域内重要江河流域生态保护补偿机制。

10.3.1.2　补偿对象

流域生态保护补偿的对象可以分为 3 类：

（1）流域生态的保护者，他们是流域生态产品和生态服务的供给方，理应成为流域生态保护补偿对象，予以合理补偿。流域生态保护者主要包括上游流域的生态建设及管理者以及其他生态建设及管理者，其可以是当地居民、村集体，也可以是当地政府。

（2）减少生态破坏者，指保护区内为维持良好的流域上游生态环境而丧失发展权的主体，为了减少生态环境破坏问题，这部分利益相关者作出了牺牲，许多合乎当前政策法规要求的发展需求受到限制和约束，由于流域的健康发展，这些利益相关者的受益产生了额外的损失，理应成为生态保护补偿的对象。

（3）作为流域上下游行政管理的"委托代理人"的政府部门。

10.3.1.3 补偿主体与补偿对象的相互转换

如上所述，在中国当前制度背景下，流域生态保护补偿多以流域上下游地区间公共行政管理"代理人"的政府作为生态保护补偿的主体。在当前流域生态环境保护成为重点关注的情况下，跨界流域生态保护补偿根据协议来进行，基于协议的上下游区域之间负有对等的权利义务，补偿主体和补偿对象在上下游政府之间视约定条件进行转换。当上游地区政府按照协议规定履行义务的情况，下游地区政府作为补偿主体，而上游地区则成为补偿对象。而当上游地区未按照协议履行特点义务的情况下，上游区域政府则作为补偿主体，而下游地区地方政府则成为补偿对象。

10.3.2 合理设计补偿标准

制定流域生态保护补偿的标准是流域生态保护补偿机制实施的重要环节，同时也是最困难的环节。其重要之处在于，它是对流域生态系统服务提供者（或者破坏者）提供补偿（或收取补偿金）的重要依据；其困难之处在于，人类的生产、生活活动对于生态环境产生的有害影响是多方面的，且环境收益也很难衡量。

10.3.2.1 补偿资金的测算

主要考虑 3 个方面：①上游地区达到水生态环境改善的目标所付出的努力（即直接投入），主要包括上游地区涵养水源与水土保持、水资源节约集约利用、城乡水污染综合防治、修建水利设施等项目的投资；②上游地区为改善水生态环境所丧失的发展机会损失，包括限制产业发展的损失、移民安置的投入等；③应充分考虑上下游补偿双方的支付或受偿意愿。

10.3.2.2 补偿资金的筹集与分配

主要分为两种模式：

（1）由国家和省级政府统一组织实施的补偿。对于跨行政区的流域区域综合补偿，补偿资金由上级财政统一组织筹集，可采取上级政府和流域涉及行政区共同出资的方式。由上级政府主导，采取设立专项资金等形式，承担部分补偿资金。涉及行政区承担的补偿资金，可根据流域区域涉及的各行政区流域水生态保护修复成本、水污染贡献、水资源使用量、资源性收益等，分析各行政区从流域区域水生态系统服务功能中的获益程度和对流域生态安全胁迫程度，确定出资权重。可综合考虑各地方所涉及的重点区域生态保护补偿的情况，本地水资源量、水资源节约集约利用水平、水功能区水质达标率、经济社会发展水平，以及在流域中所处的地理位置等，表征各行政区对于流域区域水生态系统服务功能中的贡献程度，并作为分配权重分配补偿资金。具体的资金筹资和分配方式，可由补偿涉及的省（自治区、直辖市）等地方政府通过协商确定。

（2）由上下游相邻政府协商实施的补偿。主要由上下游相邻政府协商确定，通常是当上游地区政府按照协议规定履行义务，满足目标考核要求时，补偿资金分配给上游地方政府。当上游地区政府未能协议规定履行义务，不能满足目标考核要求时，根据目标完成情况，扣减上游地方政府所得补偿资金或直接补偿下游地方政府。

10.3.3　补偿方式

（1）资金补偿。资金补偿是流域生态保护补偿的主要方式，其来源渠道应保持稳定，且专款专用，主要用于上游流域水源涵养与水土流失治理、水资源节约保护、水生态环境建设、水生态环境管理费用，以及移民安置、产业补偿、居民补偿等方面。

（2）政策补偿。通常体现为上级政府对下级政府的权利和机会的补偿。受补偿者在授权的权限内，利用制定政策的优先权和优惠待遇，制定一系列创新性的政策，在投资项目、产业发展和财政税收等方面加大对流域上游的支持和优惠，促进流域上游经济发展并筹集资金。

（3）产业补偿。借鉴由经济发展梯度差异而引发的产业转移机制来解决流域生态保护补偿问题，把下游补偿上游的发展落实到具体的产业项目上，这是一个现实的选择。产业补偿政策需要把流域作为一个系统来考虑，在一个流域框架内考虑产业的布局与资源的配置，上游地区可以搭建好产业转移承接平台以接纳和汇集上下游劳动密集型、资源型、高技术低污染型产业，形成产业集群和工业加工区。

（4）市场补偿。随着中国市场化进程的逐步推进，市场补偿机制将是中国流域生态保护补偿机制的发展趋势。逐步探索一对一贸易补偿模式和基于市场的生态标记模式。

（5）人才和技术补偿。主要包括实施专业人才培养和技术交流，大力发展职业教育，推动科研机构、高等院校开展多种形式交流和科研合作，加强劳务合作等方式。

10.4 相关建议

（1）衔接流域综合补偿与重点区域补偿。在流域尺度开展水流生态保护补偿，应涵盖所在流域范围内的重点区域，在补偿标准确定、补偿资金筹集与分配时，做好相互衔接，提出代表性好、操作性强、接受度高的补偿方案。首先，根据江河源头区、重要水源地等6类重点区域，分析相应的补偿主体、客体及其具体的损益关系特点。在此基础上，考虑各类重点区域补偿的损益关系，针对主要问题、补偿发起目的，以及资金规模、实施主体在不同阶段对补偿深度的要求等问题，按照需要与可能结合，对重点区域补偿要素进行综合。其次，在综合的基础上，确定相应的基准指标。这些指标既要反映各类重点区域生态保护补偿的主要损益关系，也要与流域管理的一些重要指标相结合，在此基础上，合理确定各个指标在方案中的权重比例，以及相应的多个主体（客体）根据指标测算确定的出资和分配比例或原则等。最后，根据补偿方案实施过程中的具体情况，对补偿基准指标、方式等进行动态调整。

（2）应结合流域上下游不同河段的生态功能特点。我国大江大河流经多个省（自治区、直辖市），上、中、下游不仅经济发展差距明显，生态资源的分布也极不均匀，存在生态资源与经济发展水平的错位及落差。如黄河流域，上游是产水区和水源涵养区，主要生态功能是水源涵养、生态保护和产流区；中游主要用于水资源运输和使用，其生态功能是输水、产沙和生态保护；下游主要是水资源使用区，其主要生态功能是农产品提供、土壤保持和洪水调蓄以及在泥沙沉积区进行污染物治理和消解。因此，在中央财政安排引导资金时，可以采取相对统一的分配标准，但流域上下游各省在开展横向生态保护补偿时，不宜搞大一统的补偿方案，可由国家对其生态保护补偿进行框架性、原则性的设计，流域上下游各省在开展横向生态保护补偿时，应充分结合当地实际，加强科学研究，选取适宜的生态保护补偿标准、方式以及考核指标，因地制宜地推动构建与当地区域自然资源和生态环境服务相适应、易于操作的流域生态保护补偿方案。

305

此外，应根据经济社会的发展，及时调整生态保护补偿方案，建立生态保护补偿动态调整机制，不断激励各地进行流域生态环境保护和改善[71-72]。

（3）积极探索多元化、市场化的生态保护补偿方式。扩展思路，探索多元化的补偿方式，保证政府投入，支持鼓励社会资金参与对生态建设、环境污染整治的投资，扩宽生态保护补偿资金渠道，形成多方并举、合力推进的态势。

1）鼓励购买生态标记产品。包括上游绿色农业产品的生态标记（如为支援江西东江流域上游赣州，广东省内在销售赣州地区的柑橘时额外增加了一部分价格；再如新安江流域的农夫山泉矿泉水，每销售一瓶，提取1分钱作为生态保护补偿资金）、旅游门票附加生态保护补偿费（如黄山在旅游门票中提取一定比例用于生态保护补偿）等。

2）通过水权交易开展生态保补偿。对于拥有较多初始水权的上游地区，鼓励推动节水制度、政策、技术创新，加大节水力度，将用水总量和江河水量指标范围内的结余水量，与下游行政区域之间开展水权交易，增加财政收入。

3）争取下游利益相关企业的市场化补偿资金。鼓励对上游来水水质、水量有特殊需求的下游企业，与上游地区建立生态保护补偿机制，确保上游来水满足要求。例如茅台集团，从2014年起，连续10年累计出资5亿元作为赤水河流域水污染防治生态保护补偿资金，用于赤水河保护事业。

4）征收流域内水能资源开发补偿金。对流域内实施水能资源开发的企业、电站征收水能资源开发生态保护补偿金，在加强生态保护与修复的同时，解决目前流域生态保护补偿资金来源单一的问题。

5）鼓励通过政策、产业、人才、技术等其他方式的生态补偿。支持鼓励上下游地区通过优惠政策，物质、劳力、土地等实物补偿，以及智力和技术补偿等多种方式开展流域生态保护补偿。

（4）建立健全流域生态保护补偿配套政策保障制度。为顺利推进流域生态保护补偿的实施，应从加强监测、建立沟通协调机制、建立资金监管机制、开展评估考核等方面，完善流域生态保护补偿的相关配套政策。

1）加强流域生态保护补偿监测。加强制定跨界断面水量、水生态、水质等补偿要素的监测方案，完善重要流域跨界断面监测网络，按照统一的标准规范开展监测和评价，并确保监测信息联网共享，为开展横向生态保护补偿提供客观权威的监测数据。

2）建立流域生态保护补偿协调机制。为保障生态保护补偿机制的顺利实施，需要加大各相关部门之间以及上下游政府之间的协调力度，建立由上级政府主导的、流域内地方政府为主的流域生态保护补偿协调机制，定期对水资源、水生态等要素分配和利益补偿进行定期协商和谈判，在协商的基础上，对水资源使用、水生态保护等作出决定，通过长期的动态博弈，强化区际激励和约束机制，实现流域生态环境保护的总体目标。

3）建立生态保护补偿资金监督管理机制。各地财政主管部门对生态保护补偿资金建立专户存储，实行专款专用制度，并提出合理的管理计划，相关部门按照管理计划进行资金使用、分配、监督，并按照信息公开制度，将补偿金的使用情况（包括使用方向、使用额度等信息）进行公开，接受其他相关部门以及公众的监督。

4）建立生态保护补偿评估考核机制。加强对流域生态补偿效益的科学评估、严格过程监管和效益考核。通过引入第三方等方式，科学评估流域生态保护补偿效益，及时发布评估结果，接受社会监督，并将评估结果纳入地方政府政绩考核体系，努力提高各级政府在流域生态保护补偿中的责任意识和效率意识。

参 考 文 献

［1］ PHILIPP AERNI. The sustainable provision of environmental services：from regulation to innovation ［M］. Springer International Publishing Switzerland，2016.

［2］ WWF. 地球生命力报告 2008 ［M］. World Wildlife Fund，2008.

［3］ IPBES. Summary for policymakers of the global assessment report on biodiversity and ecosystem services of the intergovernmental science – policy platform on biodiversity and ecosystem services ［M］. Bonn：IPBES Secretariat，2019.

［4］ SALZMAN JAMES，BENNETT G，CARROLL N，et al. The global status and trends of payments for ecosystem services ［J］. Nature sustainability，2018 (1)：136 – 144.

［5］ WUNDER S. Payments for environmental services：some nuts and bolts ［R］. 2005.

［6］ 张诚谦. 论可更新资源的有偿利用 ［J］. 农业现代化研究，1987 (5)：22 – 24.

［7］ 毛显强，钟瑜，张胜. 生态补偿的理论探讨 ［J］. 中国人口资源与环境，2002 (12)：38 – 41.

［8］ 吕忠梅. 超越与保守——可持续发展视野下的环境法创新 ［M］. 北京：法律出版社，2003.

［9］ 梁丽娟，葛颜祥. 关于我国构建生态补偿机制的思考 ［J］. 软科学，2006 (4)：66 – 70.

［10］ 任勇，俞海，冯东方，等. 建立生态补偿机制的战略与政策框架 ［J］. 环境保护，2006 (19)：18 – 23.

［11］ 王金南，万军，张惠远. 关于我国生态补偿机制与政策的几点认识 ［J］. 环境保护，2006 (19)：24 – 28.

［12］ 李文华，李世东，李芳，等. 森林生态补偿机制若干重点问题研究 ［J］. 中国人口资源与环境，2007 (2)：13 – 18.

［13］ 李文华，刘某承. 关于中国生态补偿机制建设的几点建议 ［J］. 资源科学，2010 (5)：791 – 796.

［14］ 徐绍史. 在第十二届全国人民代表大会常务委员会第二次会议上所作的《国务院关于生态补偿机制建设工作情况的报告》［R］. 2013.

［15］ 汪劲. 论生态补偿的概念——以《生态补偿条例》草案的立法解释为背景 ［J］. 中国地质大学学报（社会科学版），2014 (1)：1 – 8.

［16］ ENGEL S，PAGIOLA S，WUNDER S. Designing payments for environmental services in theory and practice：an overview of the issues ［J］. ECOL ECON，

2008（65）：663－674．

[17]　MILLENNIUM ECOSYSTEM ASSESSMENT. Ecosystems and human well－being：synthesis ［M］．Island Press Washington DC，2005．

[18]　KRUTILLA J V. Conservation reconsidered ［J］．The American economic review，1967（4）：777－786．

[19]　KRUTILLA J V，FISHER A C. The economics of natural environments：studies in the valuation of commodity and amenity resources ［M］．Washington DC：Resources for the Future，1985．

[20]　BOLAND J J，FREEMAN A M. The benefits of environmental improvement：theory and practice ［M］．Baltimore：the Johns Hopkins University Press，1979．

[21]　周晨，李国平．生态系统服务价值评估方法研究综述 ［J］．生态经济，2018（12）：207－213．

[22]　刘尧，张玉钧，贾倩．生态系统服务价值评估方法研究 ［J］．环境保护，2017（6）：64－68．

[23]　OECD. Paying for biodiversity－enhancing the cost－effectiveness of payments for ecosystem services ［M］．Paris：OECD，2010．

[24]　MICHAEL T BENNETT. Eco－compensation and payments for ecosystem services：connections ＆ differences ［J］．ADB ＆ NDRC international symposium on theoretical research and practice exploration of ecological compensation，2020．

[25]　张健，刘倡，陶以军，等．美国湿地补偿银行制度经验对我国滨海湿地生态补偿的启示 ［J］．环境与可持续发展，2021（4）：45－51．

[26]　王际杰．《巴黎协定》下国际碳排放权交易机制建设进展与挑战及对我国的启示 ［J］．环境保护，2021（13）：58－62．

[27]　WUNDER S，BROUWER R，ENGEL S，et al. From principles to practice in paying for nature's services ［J］．Nature sustainability，2018（1）：145－150．

[28]　柳荻，胡振通，靳乐山．生态保护补偿的分析框架研究综述 ［J］．生态学报，2018，38（2）：380－392．

[29]　刘昆．关于财政生态环保资金分配和使用情况的报告 ［R］．2019．

[30]　刘璨，张敏新．森林生态补偿问题研究进展 ［J］．南京林业大学学报（自然科学版），2019（5）：149－155．

[31]　王会．森林生态补偿理论与实践思考 ［J］．中国国土资源经济，2019（7）：25－33．

[32]　杨清，南志标，陈强强．国内草原生态补偿研究进展 ［J］．生态学报，2020，40（7）：2489－2495．

[33]　严有龙，王军，王金满，等．湿地生态补偿研究进展 ［J］．生态与农村环境学报，2020（5）：618－625．

[34]　刘新科，华国栋，邹璐璐，等．中国湿地生态补偿研究的文献计量学分析 ［J］．林业与环境科学，2021（2）：62－69．

[35] 智研咨询. 2021—2027 年中国碳交易行业市场经营管理及投资前景预测报告 [R]. 2020.

[36] 张越, 姜大川, 王尔菲耶, 等. 我国水流生态保护补偿机制建设的理论进展与实践探索 [J]. 水利规划与设计, 2020 (12): 55 - 59.

[37] 毕建培, 刘晨, 林小艳. 国内水流生态保护补偿实践及存在的问题 [J]. 水资源保护, 2019, 35 (5): 114 - 119.

[38] 刘青, 胡振鹏. 江河源区生态系统价值补偿机制 [M]. 北京: 科学出版社, 2012.

[39] 王浩, 王琳. 我国江河源头区水生态保护战略 [J]. 中国水利, 2017 (17): 15 - 18.

[40] 《三江源区生态补偿长效机制研究》课题组. 三江源区生态补偿长效机制研究 [M]. 北京: 科学出版社, 2016.

[41] 刘军政, 白绍斌, 张新华, 等. 江河源头区生态补偿标准测算方法研究 [J]. 灌溉排水学报, 2020, 39 (5): 120 - 126.

[42] 孔凡斌. 江河源头水源涵养生态功能区生态补偿机制研究——以江西东江源区为例 [J]. 经济地理, 2010, 30 (2): 299 - 305.

[43] 宋建军. 海河流域京冀间生态保护补偿现状、问题及建议 [J]. 宏观经济研究, 2009 (2): 29 - 34.

[44] 丁爱中. 与水有关的生态补偿实践与经验 [M]. 北京: 中国水利水电出版社, 2018.

[45] 周丽璇, 吴健. 中国饮用水水源地管理体制之困——基于利益相关方分析 [J]. 生态经济, 2010 (8): 28 - 33.

[46] 王淑云, 耿雷华, 黄勇, 等. 饮用水水源地生态补偿机制研究 [J]. 中国水土保持, 2009 (9): 5 - 7.

[47] 薄玉洁, 葛颜祥, 李彩红. 水源地生态保护中发展权损失补偿研究 [J]. 水利经济, 2011, 29 (3): 38 - 41.

[48] 于守兵, 李高仑, 管春城, 等. 黄河三角洲生态保护修复制度研究 [J]. 人民黄河, 2022, 44 (3): 80 - 84.

[49] 李有志, 崔丽娟, 张曼胤, 等. 基于辽河口湿地生态系统服务的等级补偿制度 [J]. 湿地科学与管理, 2016, 12 (1): 46 - 49.

[50] 艾金泉, 方伟城, 陈丽娟. 闽江河口湿地生态退化现状与保护对策 [J]. 云南地理环境研究, 2009, 21 (3): 37 - 41.

[51] 水利部水土保持司. 水土保持 70 年 [J]. 中国水土保持, 2019 (10): 3 - 7.

[52] 中国水土保持生态补偿机制研究课题组. 我国水土保持生态补偿机制研究 [J]. 中国水土保持, 2009 (8): 5 - 8.

[53] 张小林, 张安田. 对长江上游水土流失重点治理的回顾与思考 [J]. 中国水土保持, 2021 (8): 3 - 7.

[54] 水土保持生态补偿机制研究课题组. 我国水土保持生态补偿类型划分及机制研

究［J］. 中国水利, 2009 (14): 26-31.

［55］ 刘定湘, 刘敏. 蓄滞洪区生态补偿若干问题分析［J］. 水利经济, 2014 (5):
43-45, 54.

［56］ 杜霞, 耿雷华. 蓄滞洪区生态补偿研究［J］. 人民黄河, 2011, 33 (11): 4-6.

［57］ 王翔, 李兴学, 郭健玮, 等. 妥善处理蓄滞洪区建设与经济发展的关系——蓄
滞洪区经济社会发展状况及扶持政策调研报告［J］. 中国水利, 2015 (1):
55-57.

［58］ 李原园, 赵钟楠, 王鼎, 等. 河流生态修复——规划和管理的战略方法［M］.
北京: 中国水利水电出版社, 2019.

［59］ 彭文启. 新时期水生态系统保护与修复的新思路［J］. 中国水利, 2019 (17):
25-30.

［60］ 熊凯, 孔凡斌. 湖泊湿地生态补偿标准研究——以鄱阳湖湿地为例［M］. 北
京: 经济管理出版社, 2017.

［61］ 孔凡斌, 潘丹, 熊凯. 建立鄱阳湖湿地生态补偿机制研究［J］. 鄱阳湖学刊,
2014 (1): 64-70.

［62］ 胡苑. 对我国现阶段长江流域"退田还湖"政策的思考［C］//水资源、水环境
与水法制建设问题研究——2003 年中国环境资源法学研讨会 (年会) 论文
集 (上册). 2003: 340-344.

［63］ 周亚霖, 徐冰峰, 郭宗敏, 等. 湖泊生态补偿机制研究进展［J］. 中国水
运 (下半月), 2020, 20 (2): 118-119.

［64］ 王金南. 关于我国生态补偿机制与政策的几点认识［J］. 环境保护, 2006
(19): 24-25.

［65］ 秦玉才, 汪劲. 中国生态保护补偿立法 路在前方［M］. 北京: 北京大学出版
社, 2013.

［66］ 赵钟楠, 田英, 李原园, 等. 流域尺度综合与具体类型水流生态保护补偿相结
合的理论与方法初探［J］. 中国水利, 2018 (11): 15-18.

［67］ 邱凉, 郑艳霞, 翟红娟, 等. 赤水河流域生态补偿机制研究［J］. 人民长江,
2013, 44 (13): 94-96.

［68］ 陈蕾, 邱凉. 赤水河流域水资源保护研究［J］. 人民长江, 2011, 42 (2),
67-70.

［69］ 王金南, 刘桂环, 张惠远, 等. 流域生态补偿与污染赔偿机制研究［M］. 北
京: 中国环境科学出版社, 2014.

［70］ 刘桂环, 谢婧, 文一惠, 等. 关于推进流域上下游横向生态保护补偿机制的思
考［J］. 环境保护, 2016, 44 (13): 34-37.

［71］ 陈根发, 林希晨, 倪红珍, 等. 我国流域生态补偿实践［J］. 水利发展研究,
2020, 20 (11): 24-28.

［72］ 卢志文. 省际流域横向生态保护补偿机制研究［J］. 发展研究, 2018 (7):
73-78.